ABHANDLUNGEN DER DEUTSCHEN AKADEMIE
DER WISSENSCHAFTEN ZU BERLIN

Klasse für Bergbau, Hüttenwesen und Montangeologie
Jahrgang 1961 Nr. 2

BERICHT

ÜBER DAS
2. LÄNDERTREFFEN DES INTERNATIONALEN BÜROS FÜR GEBIRGSMECHANIK

Rahmenthema

Methodik der Festigkeitsuntersuchungen in den verschiedenen Ländern

Leipzig, 10. bis 14. November 1960

Herausgegeben von

Prof. Dr.-Ing. GEORG BILKENROTH

Leiter des Internationalen Büros für Gebirgsmechanik

Bearbeitet von

DR.-ING. KARL-HEINZ HÖFER

Wissenschaftlicher Sekretär des Internationalen Büros für Gebirgsmechanik

Mit 93 Abbildungen

AKADEMIE-VERLAG · BERLIN
1961

Vorgelegt von Hrn. BILKENROTH in der Klassensitzung vom 26. Januar 1961
Zum Druck genehmigt am gleichen Tage, ausgegeben am 19. Oktober 1961.

Erschienen im Akademie-Verlag GmbH, Berlin W 8, Leipziger Straße 3—4

Lizenznummer: 202 · 100/473/61
Gesamtherstellung: VEB Druckerei „Thomas Müntzer" Bad Langensalza

Printed in Germany
Bestellnummer: 2001/61/III/2 E S 20 F 1/18 F 2/18 E 2 Preis: DM 21,50

INHALTSVERZEICHNIS

Referate zum Thema

Methodik der Festigkeitsuntersuchungen in den verschiedenen Ländern

Zum 2. Ländertreffen des Internationalen Büros für Gebirgsmechanik vorgelegte Arbeiten

Wissenschaftliche Aussprache

Ergebnis der Absprachen zur gleichartigen Durchführung von Festigkeitsuntersuchungen

Exkursion zur Eisenerzgrube Schmiedefeld des VEB Maxhütte

BEGRÜSSUNGSANSPRACHE

des Leiters des Internationalen Büros für Gebirgsmechanik der Deutschen Akademie der Wissenschaften zu Berlin, Herrn Professor Dr.-Ing. G. BILKENROTHS

Meine sehr geehrten Herren!

Das Internationale Büro für Gebirgsmechanik hatte die Ehre, Sie, meine sehr geehrten Herren, als Wissenschaftler der Gebirgsdruckforschung zum 2. Ländertreffen im Namen der Deutschen Akademie der Wissenschaften zu Berlin einzuladen. Ich freue mich, daß Sie dieser Einladung zur gemeinsamen Diskussion gebirgsmechanischer Probleme Folge geleistet haben und begrüße Sie auf das herzlichste. Ich möchte Ihnen gleichzeitig die besten Grüße des Herrn Präsidenten der Deutschen Akademie der Wissenschaften zu Berlin, Professor Dr. HARTKE, übermitteln, der unserer Tagung einen vollen wissenschaftlichen Erfolg wünscht.

Die meisten der hier anwesenden Herren kennen sich schon durch vielfältige fachliche Verbindungen. Die internationalen Gebirgsdrucktagungen der letzten Jahre haben an einer persönlichen Zusammenarbeit der auf dem Gebiete der Gebirgsmechanik tätigen Wissenschaftler einen nicht unbedeutenden Anteil, und die gemeinsame Arbeit im kleineren Kreise anläßlich des 1. Ländertreffens des Internationalen Büros für Gebirgsmechanik im vergangenen Jahre hat viel dazu beigetragen, die schon bestehenden Verbindungen zu festigen. Ich darf mit Befriedigung feststellen, daß auch in diesem Jahre die meisten der bereits am 1. Ländertreffen teilnehmenden Herren wieder den Weg nach Leipzig gefunden haben, und ich darf Ihnen für das dem Internationalen Büro für Gebirgsmechanik bezeugte Vertrauen danken.

In gleicher Weise begrüße ich die erstmalig in diesem Kreise vertretenen Herren, die ich hiermit gleichzeitig vorstellen darf:

Herrn Bergingenieur SIBEK und Herrn Dipl.-Ing. KOHOUTEK vom Bergbauinstitut der Akademie der Wissenschaften der CSSR in Prag;

Herrn Dr. KVAPIL vom Laboratorium für Bergbau der Slowakischen Akademie der Wissenschaften in Košice;

Herrn Professor Dipl.-Ing. BORECKI, Direktor des Hauptbergbauinstitutes in Katowice, der uns allen bereits bekannt ist, aber am 1. Ländertreffen aus Krankheitsgründen nicht teilnehmen konnte;

Herrn Professor Dr. ALMÄSAN, Vizepräsident des Geologischen Komitees der Rumänischen Volksrepublik;

Herrn Dipl.-Ing. FODOR, Leiter des Laboratoriums für Gebirgsmechanik in Petrosani (Rumänien);

Herrn Dipl.-Ing. SIVKOVEC von der Technischen Hochschule Ljubljana als Vertreter von Herrn Professor GOGALA;

Herrn TANFIELD, Direktor of Extramural Research des National Coal Board, London;

Herrn JENKINS, Reader in Mining Engineering am King's College der University of Durham in Newcastle upon Tyne;

Herrn Buisson, Ingenieur bei der „Charbonnage de France“ in Nancy, als Vertreter von Herrn Generaldirektor Cheradame;

Herrn Dr. Pegoraro vom Istituto Sperimentale Modelli e Strutture in Bergamo (Italien) als Vertreter von Herrn Professor Oberti;

Herrn Dr.-Ing. Everling vom Steinkohlenbergbauverein, Essen;

Herrn Professor Dipl.-Ing. Berger, Direktor des Institutes für Grundbau und Baugrundmechanik an der Hochschule für Bauwesen in Leipzig.

Leider war es einigen Mitarbeitern des Internationalen Büros für Gebirgsmechanik nicht möglich, am 2. Ländertreffen teilzunehmen, da sie durch anderweitige dienstliche Beanspruchung bzw. Krankheit verhindert sind. Bei einigen Herren, Dr. Denkhaus, Pretoria, F. G. Hill, Johannesburg, Professor Mizuta, Tokyo, und Professor Hiramatsu, Kyoto, sind die Verhinderungsgründe in der zu großen Entfernung zu suchen. Bedauerlicherweise ist auch keiner der Mitarbeiter der Sowjetunion im Internationalen Büro für Gebirgsmechanik zum 2. Ländertreffen erschienen. Durch sich leider überschneidende Umstände mußten in letzter Minute die Ihnen bekannten Professoren Panow, Protodjakonow und Awerschin absagen.

Von den nicht anwesenden Mitarbeitern unseres Büros haben mehrere ihre Mitarbeit zu dem zum 2. Ländertreffen zur Diskussion gestellten Rahmenthema durch Einsenden ihrer Stellungnahme bekundet. Solche Referate gingen ein von den Herren Professor Protodjakonow (UdSSR), Dr. Denkhaus (Südafrika) und Dr. Müller (Österreich), für die ich den genannten Herren besonders danke.

Ohne die Ergebnisse der großen internationalen Gebirgsdrucktagungen der letzten Jahre zu unterschätzen, die wichtige Ergebnisse brachten und der Gebirgsdruckforschung einen großen Aufschwung gegeben haben, muß doch festgestellt werden, daß sie ihrem eigentlichen Wesen nach Leistungsübersichten der in den verschiedenen Ländern in der Zwischenzeit erzielten Ergebnisse darstellen, wobei naturgemäß die Diskussion über die Einzelprobleme in den Hintergrund treten muß. Bei der Schwierigkeit der gebirgsmechanischen Probleme, die der Bergbau in allen Ländern aufwirft, ist es nur allzu verständlich, daß innerhalb kurzer Fristen nicht immer mit neuen Erkenntnissen aufgewartet werden kann. Daher ist von vornherein die Möglichkeit der ergebnisreichen Durchführung einer großen internationalen Gebirgsdrucktagung eine Frage der Zeit. Damit ist aber, von persönlichen fachlichen Verbindungen abgesehen, die Aussprache über Einzelprobleme der Gebirgsmechanik auf eine ziemlich schwache Grundlage gestellt.

Diesen Zustand zu verbessern und eine fachliche Verbindung der unmittelbar in der Gebirgsdruckforschung arbeitenden Wissenschaftler zu ermöglichen ist eine der Aufgaben des Internationalen Büros für Gebirgsmechanik, und die in regelmäßigen Zeitabständen durchzuführenden Ländertreffen sind ein Mittel hierzu. Sie sollen und können die großen Tagungen nicht ersetzen, ihre Durchführung wird jedoch eine breite Aussprache über Probleme ermöglichen, wie sie auf den großen Tagungen gar nicht möglich ist. Der hier versammelte kleine Kreis von Wissenschaftlern des Fachgebietes gibt die Gewähr, daß die gestellte Aufgabe gut durchgeführt werden kann.

Abgesehen von einer im Laufe der Jahre möglichen Erweiterung des Kreises durch neue Mitarbeiter aus bisher noch nicht vertretenen Ländern ist nicht beabsichtigt, den Kreis wesentlich zu erweitern. Von Bedeutung ist jedoch, daß, soweit irgend möglich, die Repräsentanten der Gebirgsdruckforschung betreibenden Institutionen der verschiedenen Länder im Internationalen Büro für Gebirgsmechanik vertreten sind, um eine breite Ausstrahlung der hier geleisteten Arbeit zu gewährleisten.

Die Tätigkeit des Internationalen Büros für Gebirgsmechanik kann und darf nicht Selbstzweck sein, sondern muß dazu beitragen, daß das allumfassende Ziel der Beherrschung des Gebirges schneller und besser erreicht wird. Ich glaube, Sie sind mit mir einer Meinung, daß eine ständige Verbindung der Gebirgsdruckforscher und die Möglichkeit zur Aussprache über die Probleme ihrer Arbeit bereits in einem frühen Stadium einen größeren Nutzen für die Lösung der Probleme bringen kann als die spätere Diskussion nach der Vorlage der Ergebnisse. Mit anderen Worten, die durch das Internationale Büro für Gebirgsmechanik gegebene Möglichkeit zur ausgiebigen Aussprache mit Wissenschaftlern des Fachgebietes aus vielen Ländern über die verschiedenen Probleme der Gebirgsdruckforschung ist eine durchaus für den Erfolg der Forschungsarbeiten wesentliche Angelegenheit.

Meine sehr geehrten Herren! Für das 2. Ländertreffen des Internationalen Büros für Gebirgsmechanik ist als Rahmenthema *Methodik der Festigkeitsuntersuchungen in den verschiedenen Ländern* aufgestellt worden. Wenn auch in diesem Kreise nicht alle Wissenschaftler des Fachgebietes der ganzen Welt vertreten sein können, so glaube ich doch, feststellen zu können, daß der Kreis der hier anwesenden Fachleute einen repräsentativen Charakter für die Behandlung des gestellten Rahmenthemas trägt, so daß wir hoffen können, zu einem guten Arbeitsergebnis zu kommen. Als sehr glücklich empfinde ich es, daß in diesem Kreise auch Vertreter der Felsmechanik anwesend sind, die in gleicher Weise mit festigkeitsmechanischen Problemen zu tun haben und deren reiche Erfahrungen auch für die bergmännische Gebirgsmechanik von Bedeutung sind.

Auf der Grundlage unseres Rahmenthemas sind einige Referate vorbereitet worden, die Ihnen im Anschluß vorgetragen werden. Diese Referate wollen Sie bitte als Grundlage für die Diskussion betrachten, für die ausreichend Zeit vorgesehen ist. In Ihre Diskussionen wollen Sie bitte auch die Ihnen schriftlich übergebenen Referate der Herren Protodjakonow, Müller und Denkhaus mit einbeziehen.

Der dritte Tag unserer Zusammenkunft soll der weiteren Arbeit des Internationalen Büros für Gebirgsmechanik gewidmet sein; eine Reihe von Vorschlägen hierzu liegen bereits vor. Mit dem Abschlußprotokoll am Sonntag endet die wissenschaftliche Aussprache des 2. Ländertreffens.

Die Teilnehmer an der Exkursion fahren am Montag nach der Eisenerzgrube Schmiedefeld (Thüringen), wo sie interessante Gebirgsdruckbeobachtungen in der halbsteilen Lagerung anstellen können. Für die Exkursionsteilnehmer und andere interessierte Herren findet am Vortage (Sonntag) ein Einführungsvortrag statt, den Herr Professor Dr. Gimm, Freiberg, halten wird.

Gestatten Sie, daß ich an dieser Stelle der Deutschen Akademie der Wissenschaften zu Berlin für die dem Internationalen Büro für Gebirgsmechanik gegebene Unterstützung bei der Durchführung seiner Arbeiten meinen Dank zum Ausdruck bringe. In Anerkennung der großen Bedeutung gemeinsamer wissenschaftlicher Arbeiten auf dem Gebiete der Gebirgsmechanik sind dem Internationalen Büro für Gebirgsmechanik ausreichende Mittel zur Verfügung gestellt worden, die die umfangreichen Arbeiten des Büros ermöglichten.

Meine Herren!

Ich darf hoffen, daß die Arbeitstagung des Internationalen Büros für Gebirgsmechanik ein voller Erfolg wird und Ihnen allen das gibt, was Sie von dem 2. Ländertreffen erwarten.

Bevor wir in die Arbeitstagung eintreten, gedenken wir der im vergangenen Jahre verstorbenen Mitarbeiter des Internationalen Büros für Gebirgsmechanik.

Am 6. Juni 1960 verstarb der Altmeister der Gebirgsdruckforschung

Professor Dr.-Ing. GEORG SPACKELER, Freiberg.

Die Bedeutung Professor SPACKELERS liegt besonders in seiner Pionierarbeit auf dem Gebiete der Gebirgsdruckforschung. Bereits vor Beginn der allgemein in Deutschland einsetzenden Arbeit auf diesem Gebiete hat Professor SPACKELER Gebirgsdruckprobleme im Kalibergbau untersucht und seine Erkenntnisse den Fachleuten des Kalibergbaues schon auf dem Kalitag 1923 in Halberstadt vorgelegt.

Seine ersten großen Veröffentlichungen über Gebirgsmechanik stammen aus den Jahren 1928—1930. Sie dienten als Grundlage für spätere Untersuchungen und in ihnen wurden schon allein durch makroskopische Beobachtungen Gesetzmäßigkeiten erkannt, die in den späteren Jahren durch meßtechnische Untersuchungen ihre Bestätigung fanden.

Die Pionierarbeit Professor SPACKELERS und sein jahrzehntelanges unermüdliches Schaffen auf dem Gebiete der Gebirgsdruckforschung ist auch heute noch Basis für die Arbeit auf unserem Fachgebiet.

Wir gedenken weiter des ebenfalls verstorbenen Mitarbeiters des Internationalen Büros für Gebirgsmechanik,

Direktor Ing. ZIVKOVIC, Tuzla.

Herr ZIVKOVIC, als Vertreter der Gebirgsmechanik von der rein praktischen Seite her, hat seit Beginn der Arbeiten unseres Büros in enger Verbindung mit uns gestanden und die Verbindung mit den Fachwissenschaftlern der Jugoslawischen Volksrepublik hergestellt, wenn es ihm auch nicht mehr möglich war, persönlich an unseren Veranstaltungen teilzunehmen.

Wir werden der Toten stets in Ehren gedenken!

Sie haben sich zu Ehren der Verstorbenen von Ihren Plätzen erhoben, ich danke Ihnen, meine Herren!

Zum Rahmenthema

Methodik der Festigkeitsuntersuchungen

von G. BILKENROTH, Berlin

Es gibt, glaube ich, kaum einen Industriezweig, in dem eine Vergleichbarkeit von Betriebsergebnissen so ablehnend kritisch betrachtet wird wie im Bergbau und hier insbesondere in Fragen der Abbauführung sowie bei allen mit Gebirgsdruckfragen zusammenhängenden Problemen. Immer wieder hört man: „Ja, unter Ihren Bedingungen wird das schon möglich sein, aber unter Berücksichtigung unserer anders gearteten Verhältnisse ist das völlig anders bzw. undurchführbar“. Hinter all dem steckt, wenn man davon absieht, daß der Bergbau als sehr konservativ bekannt ist, das Unvermögen zu vergleichen, weil einfach die einen Vergleich ermöglichenden Kennziffern fehlen. Diese Kennziffern aber sind weiter nichts als Ausdruck der unterschiedlichen Verhältnisse, sie sind die den Aufbau des Gebirges in den verschiedenen Revieren und Bergbauzweigen beschreibenden Festigkeitswerte. Für die Erklärung der unterschiedlichen Erscheinungen genügen jedoch diese Werte allein noch nicht, und die Aufklärung der die Vorgänge beherrschenden objektiven Gesetzmäßigkeiten mit verschiedenen Methoden ist das Ziel unserer Arbeiten in der Gebirgsdruckforschung.

Wenn wir die Methodik der Festigkeitsuntersuchungen in verschiedenen Ländern als Rahmenthema des 2. Ländertreffens des Internationalen Büros für Gebirgsmechanik gewählt haben, so in der Hauptsache aus zwei Gründen:

1. Es ist wohl unbestritten, daß den Untersuchungen des Festigkeitsverhaltens der Schichten im Gebirge eine ganz besondere Bedeutung in der Gebirgsdruckforschung zukommt. Wir sind dabei der Meinung, daß wir in unserer Arbeit von der rein phänomenologischen Deutung der Erscheinungen loskommen müssen zu Gunsten einer fachmechanischen Auffassung, wobei die Kenntnis der Materialeigenschaften und des Materialverhaltens unumgänglich ist. Die auf diesem Gebiete noch bestehenden Lücken sind offensichtlich. Diese Lücken in unseren Kenntnissen sind es, die eine Deutung von Untertagemessungen oftmals so schwierig machen und sehr leicht zu Fehlschlüssen Anlaß geben können. Sehr deutlich wurde dies auch bei der Diskussion über die Methoden der Verformungs- und Spannungsmessungen, die im vergangenen Jahre anläßlich des 1. Ländertreffens an dieser Stelle geführt wurde. Bei diesen Diskussionen wurden die Probleme des Festigkeitsverhaltens des Gebirges und der Festigkeitsuntersuchungen immer wieder berührt und im Zusammenhang mit der Frage: „Messen, aber wissen, was man mißt" spielten sie wohl mit die entscheidendste Rolle.

2. Obwohl in den vergangenen Jahren in der Gebirgsdruckforschung die Festigkeitsuntersuchungen mehr und mehr Beachtung fanden, ist ein Vergleich der an verschiedenen Stellen ermittelten Ergebnisse nur sehr bedingt möglich. Angefangen von der Probenentnahme, über die Probenherstellung bis zur eigentlichen Versuchsdurchführung stehen die verschiedensten Methoden in Anwendung, die eine Vergleichbarkeit der Untersuchungsergebnisse sehr in Frage stellen. Wenn wir auch nicht erwarten können, auf dem Gebiete der gebirgsmechanischen Festigkeitsuntersuchungen zu einer schnellen endgültigen Standardisierung der Untersuchungsverfahren zu kommen, so erscheint uns doch eine erste Diskussion über dieses Problem und die damit im Zusammenhange stehenden Fragen besonders notwendig, um zu gegebener Zeit für die notwendige Standardisierung den zuständigen Organisationen entsprechende Vorschläge und Anregungen geben zu können. Sollte es jedoch jetzt schon möglich sein, in diesem Kreise zu Absprachen zu kommen, so wäre mehr erreicht, als bei einer Anfangsdiskussion über das Fachgebiet erwartet werden kann.

Wenn wir die Entwicklung der Gebirgsdruckforschung in Deutschland in den letzten dreißig Jahren verfolgen, so müssen wir mit Bedauern feststellen, daß nach einigen sehr erfolgreichen Arbeiten auf festigkeitsmechanischem Gebiete, von denen besonders die Arbeiten von O. Müller und H. Wöhlbier Anfang der dreißiger Jahre sowie von Stöcke, Hermann, Udluft, Bochert, Stamatiu und W. Schmidt in den Jahren bis zum zweiten Weltkrieg zu nennen sind, die Behandlung dieses Gebietes zu Gunsten eines Streites um Theorien sehr vernachlässigt worden ist. Erst Jahre nach dem Kriege begann man sich wieder mehr mit Festigkeitsfragen zu beschäftigen und insbesondere Einzelprobleme zu untersuchen. Ausdruck dieser Bemühungen sind zahlreiche Veröffentlichungen im In- und Auslande sowie besonders die Tatsache, daß allein sechs der einsundzwanzig Vorträge der Internationalen Gebirgsdrucktagung in Leipzig 1958 Untersuchungen der Gesteinseigenschaften gewidmet waren, während auf der Tagung in Essen im Jahre 1956 nur in einem Vortrag solche Fragen behandelt wurden und in Lüttich 1951 direkte Probleme der Festigkeitsuntersuchungen überhaupt nicht zur Diskussion standen.

Dies zeigt, daß das Streben nach der Erlangung von Kenntnissen über das Festigkeitsverhalten der Gebirgsschichten in der Gebirgsdruckforschung vieler Länder sehr stark ist, und wir selbst messen solchen Untersuchungen eine ganz besondere Bedeutung bei. Ich glaube deshalb, daß es richtig und an der Zeit war, dieses Rahmenthema in den Mittelpunkt unserer Aussprache zu stellen.

Die Arbeit des Internationalen Büros für Gebirgsmechanik im Jahre 1960

von K.-H. Höfer, Leipzig

Meine sehr geehrten Herren!

Gestatten Sie mir, einen kurzen Bericht über die Arbeit des Internationalen Büros für Gebirgsmechanik seit dem ersten Ländertreffen zu geben.

Im vergangenen Jahre waren, wie Ihnen durch den seinerzeit abgegebenen Bericht von Herrn Prof. Bilkenroth bekannt ist, Wissenschaftler aus 17 Staaten im Internationalen Büro für Gebirgsmechanik vertreten. Inzwischen sind Zusagen zur Mitarbeit aus weiteren 3 Ländern zu verzeichnen und zwar von Wissenschaftlern aus Canada, Italien und der Türkei. In Canada besteht die Verbindung mit Herrn Prof. Corlett von der Queens University in Kingston, Ontario und Herrn Emery, Lecturer of Mathematics, ebenfalls Ontario. Aus Italien haben die Herren Prof. Oberti vom Istituto Sperimentale Modelli e Strutture in Bergamo sowie Herr Direktor Semenza, Venedig, ihre Mitarbeit zugesagt sowie aus der Türkei Herr Dr. Özen von der Technischen Hochschule Istanbul. Somit arbeiten jetzt Wissenschaftler aus 20 Ländern im Internationalen Büro für Gebirgsmechanik. Außerdem besteht inzwischen eine engere Verbindung zu Wissenschaftlern der Gebirgsdruckforschung in den USA, und es bahnen sich Verbindungen mit der Akademie der Wissenschaften der Volksrepublik China an.

Durch personalmäßige Umsetzungen schied aus dem Internationalen Büro für Gebirgsmechanik der bisherige Vertreter der Volksrepublik Bulgarien, Herr Dipl.-Ing. Weltscheff, aus. Für ihn wurde Herr Dipl.-Ing. Christo Iwanow, Sofia, benannt.

In Anlehnung an das Arbeitsprogramm des Internationalen Büros für Gebirgsmechanik für das Jahr 1960 wurden folgende Arbeiten durchgeführt:

1. Zusammenstellung der Weltliteratur über Gebirgsmechanik

Es wurden Maßnahmen getroffen, um die bis zum Jahre 1950 vorliegende Zusammenstellung der deutschsprachigen Literatur über Gebirgsdruck im Bergbau und Tunnelbau, bearbeitet von Dr. Kirnbauer, auf den neuesten Stand zu erweitern und insbesondere auch die fremdsprachige Literatur mit zu erfassen.

Neben eigenen Literaturrecherchen wurde in einem Rundschreiben an uns bekannte Autoren gebirgsmechanischer Veröffentlichungen deren Hilfe durch Übersendung von Listen ihrer Arbeiten erbeten. Diese Bitte hat einen überaus starken Widerhall gefunden und ist nur bis auf einige wenige Fälle bis jetzt unerfüllt geblieben.

Eine besondere Unterstützung hatten wir bei der Realisierung unseres Vorhabens durch einige Mitarbeiter des Internationalen Büros für Gebirgsmechanik. So hat Herr Dipl.-Ing. Petyrek die gesamte in der CSSR veröffentlichte Gebirgsdruckliteratur, Herr Dr. Richter die in Ungarn erschienene und Herr Dr. Denkhaus die der Südafrikanischen Union zusammenstellen lassen und uns übersandt. Außerdem erhielten wir Zusammenstellungen von Arbeiten holländischer und bulgarischer Forscher.

Vollständige Zusammenstellungen von Institutsveröffentlichungen liegen bis jetzt vor vom INICHAR, Belgien, vom Kohlenforschungsinstitut des Donezbeckens DonUGI, vom

Glowny Institut Gornictwa, Katowice und von der Internationalen Arbeitsgemeinschaft für Geomechanik, Salzburg. Durch diese Unterstützung durch Gebirgsdruckforscher aus vielen Ländern sind wir jetzt schon in der Lage, den Mitgliedern des Internationalen Büros für Gebirgsmechanik als Arbeitsexemplar eine vorläufige Literaturzusammenstellung zu überreichen, die jedoch noch keinen Anspruch auf Vollständigkeit erheben kann. Um zu einem vorläufigen Abschluß zu kommen, wurden die bis zum 10. Oktober übersandten Arbeiten zusammengestellt.

Das Ihnen heute übergebene Arbeitsexemplar bedarf also noch einer Überarbeitung und Ergänzung. Es ist vorgesehen, die Zusammenstellung der Weltliteratur der Gebirgsmechanik später drucken zu lassen, wobei auch die russischen Originaltitel in kyrillischer Schrift mit angegeben werden.

Wir bitten also, die Ihnen übergebene Zusammenstellung nur als vorläufiges Arbeitsexemplar zu betrachten und zu berücksichtigen, daß wir es in nur einem Monat haben fertigstellen müssen, um es Ihnen hier überreichen zu können.

Bemerkt werden muß noch, daß wir das Bestreben hatten, auch wesentliche Arbeiten aus für die Gebirgsmechanik wichtigen Randgebieten mit zu erfassen. Auch hier fanden wir bei den angesprochenen Herren wie z. B. Dr. NADAI, Pittsburgh, Prof. FÖPPL, München, oder Prof. NEUBER, München, vollste Unterstützung.

2. Aufbau einer Bibliothek gebirgsmechanischer Veröffentlichungen

Gleichlaufend mit der Bitte um Übersendung von Literaturlisten erging an die Herren Autoren die Bitte um Sonderdrucke ihrer Arbeiten. Da diese auch zu einem großen Prozentsatz erfüllt wurde, macht der Aufbau der Gebirgsdruckbibliothek große Fortschritte. So ist jetzt schon der Tag abzusehen, an dem gesagt werden kann, daß in der Bibliothek des Internationalen Büros für Gebirgsmechanik von jeder Veröffentlichung auf dem Gebiete der Gebirgsmechanik ein Exemplar vorhanden ist, was für die künftige Arbeit von großer Bedeutung sein wird.

3. Ergänzung des dreisprachigen Wörterbuches für Gebirgsdruckfragen

Das in einer Gemeinschaftsarbeit zwischen Steinkohlenbergbauverein Essen, National Coal Board, London, INICHAR, Lüttich und CHERCHAR, Paris, geschaffene Wörterbuch für Gebirgsdruckfragen in Deutsch, Englisch und Französisch wurde durch die russische Sprache erweitert. Die Ergänzung der russischen Fachausdrücke wurde in Zusammenarbeit mit dem Bergbauinstitut der Akademie der Wissenschaften der UdSSR in Moskau-Panki durchgeführt. Für die Mitglieder des Internationalen Büros für Gebirgsmechanik wurden Arbeitsexemplare angefertigt, die Ihnen heute vorgelegt werden. Wir bitten Sie um kritische Durchsicht des Wörterbuchs und insbesondere um Vorschläge zur Ergänzung Ihnen wesentlich erscheinender mechanischer und gebirgsmechanischer Fachausdrücke. Ihre Vorschläge wollen Sie bitte an das Internationale Büro für Gebirgsmechanik einreichen. Nach Schaffung eines Index soll das Werk gedruckt werden.

Das Internationale Büro für Gebirgsmechanik informierte seine Mitglieder über wesentliche gebirgsmechanische Veröffentlichungen. Im Laufe des Berichtsjahres wurden 6 Informationen des Internationalen Büros für Gebirgsmechanik versandt und zwar:

a) Hinweis auf die in der Zeitschrift „Glückauf" 96 (1960) Heft 7 veröffentlichten Untersuchungen der Forschungsgemeinschaft Neumühl in dem gebirgsschlaggefährdeten Flöz Girondelle;

b) Inhaltsverzeichnis und Kurzreferate der in dem Sammelband Nr. 1/1959 vom Bergbauinstitut der Tschechoslowakischen Akademie der Wissenschaften veröffentlichten Arbeiten;
c) Inhaltsverzeichnis und Kurzreferate des unter der Redaktion von Prof. PROTODJAKONOW erschienenen Sammelbandes über die Mechanischen Eigenschaften der Gesteine, Moskau, 1959;
d) Hinweis auf die Arbeiten des Third Symposium of Rock Mechanics vom 20.—24. 4. 1959 in Golden, Colorado;
e) Information durch Übersendung von Sonderdrucken einer Arbeit von K. NEUBERT, Freiberg, und einer Besprechung des X. Kolloquiums der Internationalen Arbeitsgemeinschaft für Geomechanik in Salzburg;
f) Übersendung einer Zusammenstellung der in der CSSR erschienenen Veröffentlichungen über Fragen der Gebirgsmechanik;

Hinweis auf das Freiberger Forschungsheft C 81, Geophysik, mit wertvollen geophysikalischen Beiträgen zur Gebirgsdruckforschung;

Übersendung eines Sonderdruckes einer Arbeit von M. I. AGOSCHKOW.

Im Andenken an den am 6. Juni 1960 verstorbenen Altmeister der Gebirgsdruckforschung, Prof. Dr.-Ing. Georg SPACKELER, übersandten wir Ihnen eine Liste seiner wissenschaftlichen Arbeiten.

Der Bericht über das erste Ländertreffen des Internationalen Büros für Gebirgsmechanik ist im Druck. Leider war es durch eine verzögerte Manuskripteinreichung und dadurch bedingte drucktechnische Gründe nicht möglich, das Werk noch bis zum zweiten Ländertreffen herauszubringen, so daß es jetzt erst in Fahnenabzügen vorliegt.

Im wesentlichen wurden somit die im Arbeitsprogramm für das Jahr 1960 vorgesehenen Arbeiten durchgeführt. Bedingt durch zeitliche Schwierigkeiten war es jedoch nicht möglich, die für die Realisierung der Punkte 4 und 5 des Arbeitsprogrammes notwendige Bildung der Arbeitsgruppen durchzuführen. Das heißt, die Bearbeitung von Fragen der Definitionen und die im Punkt 5 festgelegten fachlichen Arbeiten wurden nicht in Angriff genommen.

Zum Schluß sind noch die mit der Vorbereitung des zweiten Ländertreffens notwendigen Arbeiten zu erwähnen, die es uns ermöglichen, heute an dieser Stelle zusammenzusitzen, um unsere Aussprachen über die Problematik der Festigkeitsuntersuchungen und über die weitere Arbeit des Internationalen Büros für Gebirgsmechanik zu führen.

REFERATE ZUM THEMA

Methodik der Festigkeitsuntersuchungen in den verschiedenen Ländern

Das Endflächenproblem beim Druckversuch

von G. Everling, Essen

1. Einfluß der Endflächenreibung auf die elastische Längenänderung
   a) Längenänderung der gesamten Probe
   b) Änderung eines Teils der Probenlänge
2. Einfluß von Endflächenform und -reibung auf die Festigkeit
   a) Endflächenform (ungenaue Bearbeitung)
   b) Endflächenreibung
3. Einfluß der Endflächenreibung auf die Bruchform.

Die Endflächenreibung behindert die Querdehnung von Druckproben und vermindert dadurch auch deren elastische Stauchung in der Nähe der Probenenden. Dies kann zu Fehlmessungen bezüglich des Elastizitätsmoduls führen. Noch größere Abweichungen kann die Endflächenreibung bei der Ermittlung der sogenannten Druckfestigkeit hervorrufen, da sie, ähnlich wie leicht gewölbte Druckflächen, Spannungsanhäufungen und Zugspannungen im Probeninnern bewirkt. Durch Schmierung können diese Einflüsse nur wenig abgemindert werden (Tabelle). Deshalb ist eine Normung der Probenabmessungen und der Oberflächenbearbeitung unbedingt erforderlich, um vergleichbare Ergebnisse zu erhalten. Parallele Längsrisse im Druckversuch beweisen nicht einen rein einachsigen Druck,

Eignung von Proben verschiedener Beschaffenheit für Druckversuche

Untersuchungsziel	Probenform	Endflächenbehandlung		
		rauh	geschliffen	geschmiert
E-Modul aus Änderung der Gesamtlänge	schlank	+	=	— ?
	gedrungen	+ ?	+	— ?
E-Modul aus Änderung einer Teillänge	schlank	=	=	=
	gedrungen	+ ?	+ ?	+
Druckfestigkeit	schlank	— ?	—	— ?
	gedrungen	— ?	+	— ?
Bruchform	schlank	?		?
	gedrungen	?	?	?

schlank: Verhältnis Länge zu Durchmesser etwa 2 bis 2,5
gedrungen: Verhältnis Länge zu Durchmesser bis etwa 1.

Gegenüber dem idealen, rein einachsigen Druckversuch sind die Ergebnisse

= ausreichend genau
+ zu hoch
— zu niedrig } aber bei gleichen Bedingungen vergleichbar
? in unbestimmbarem Maße verfälscht

sondern beruhen, wenn die Endflächen wirklich eben sind, auf der Wirkung einer verbliebenen, geringen Endflächenreibung.

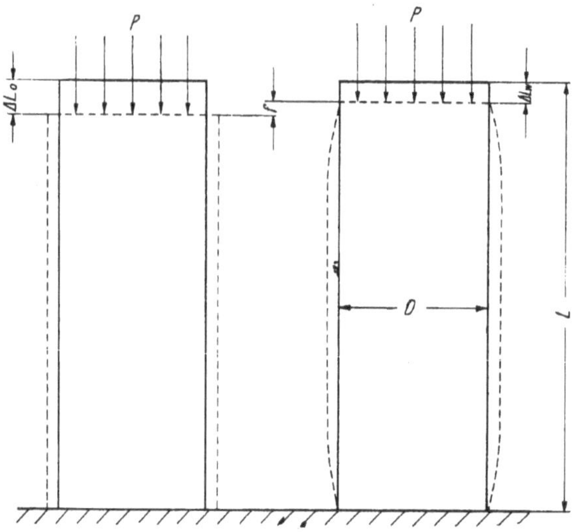

Bild 1. Einfluß der Endflächenreibung auf die elastische Gesamtlängenänderung einer Probe im Druckversuch

ΔL_0 = Verkürzung bei einachsigem Druck (freie Endflächenquerdehnung)
ΔL_w = Wirkliche Verkürzung bei behinderter Endflächenquerdehnung
f = Fehler infolge Querdehnungsbehinderung

POISSONSCHE Zahl m	3			6			10			∞
Schlankheit L/D	1	$\sqrt{10} =$ 3,2	∞	1	3,2	∞	1	3,2	∞	1 bis ∞
größtmöglicher Fehler $f/\Delta L_0$ in %	9,2	2,9	2,6	2,1	0,7	0,5	0,8	0,2	0,2	0

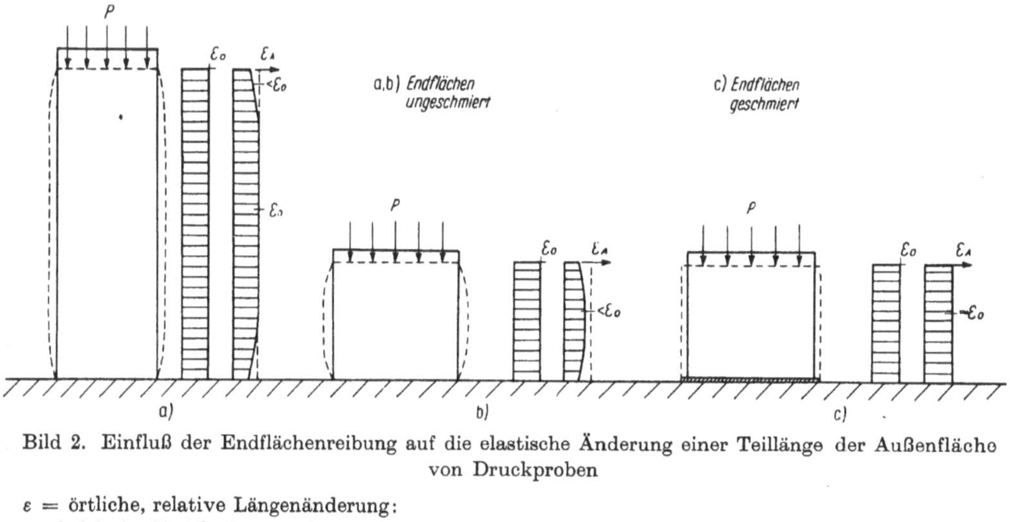

Bild 2. Einfluß der Endflächenreibung auf die elastische Änderung einer Teillänge der Außenfläche von Druckproben

ε = örtliche, relative Längenänderung:
ε_0 bei freier Endflächenquerdehnung in der ganzen Probe,
ε_A in den angegebenen Fällen an der Außenfläche der Probe

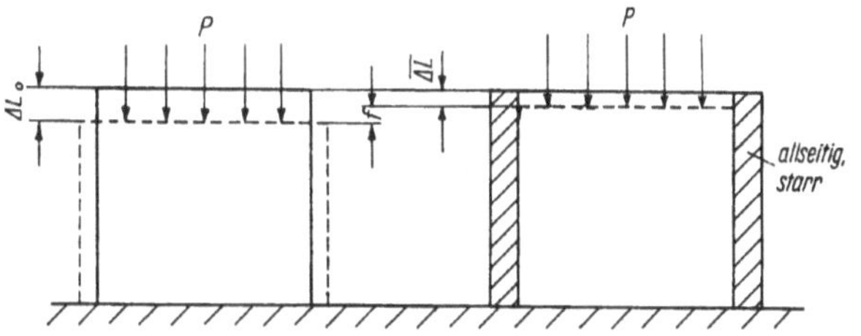

Bild 3. Einfluß einer völligen Behinderung der Querdehnung auf die elastische Verkürzung eines gedrückten Körpers

ΔL_0 = Verkürzung bei einachsigem Druck
$\overline{\Delta L}$ = Verkürzung bei behinderter Querdehnung
$f = \Delta L_0 - \overline{\Delta L}$

Die relative Verringerung der Probenkürzung beträgt in Abhängigkeit von POISSONS Zahl:

m	3	6	10	∞
$\frac{f}{\Delta L_0}$ (in %)	33,3	6,7	2,2	0

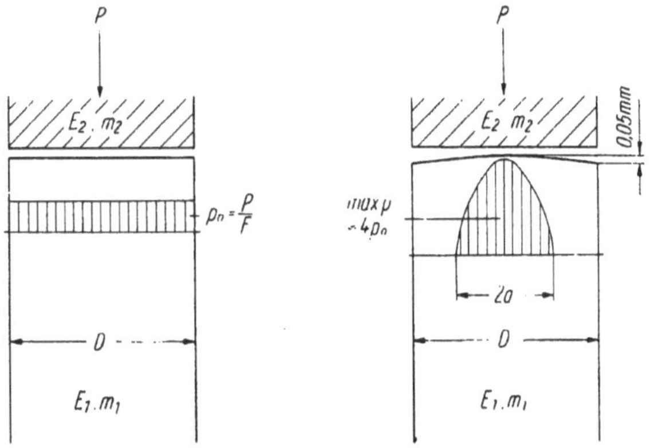

Bild 4. Einfluß einer kugeligen Endflächenwölbung auf die Druckverteilung (Beispiel)

E_1 = 200 000 kp/cm²; m_1 = 5; D = 40 mm;
E_2 = 2 100 000 kp/cm²; m_2 = 3,3; P = 1000 kp:
a = 11,7 mm; p_0 = 80 kp/cm²; max p = 350 kp/cm²

Für die praktische Durchführung von Druckversuchen und ihre Normung ergeben sich folgende Vorschläge:

1. Proben zylindrisch (Bohrkerne),
2. Schlankheitsverhältnis etwa $L/D = 2$; bei etwas kürzeren Proben, Umrechnung;
3. Probengröße entsprechend der Möglichkeit der Probennahme, im Steinkohlengebirge Bohrkerndurchmesser möglichst nicht über 40 mm;
4. Endflächen ungeschmiert, aber sehr sorgfältig eben geschliffen;
5. Zur Ermittlung des statischen Elastizitätsmoduls Verformungen nur im mittleren Drittel der Probenlänge messen.

Die Bedeutung elastizitätstheoretischer Untersuchungen für die Gebirgsmechanik

von R. Richter, Miskolc

Alle Fragen mechanischer Natur, die mit jenen Aufgaben in Zusammenhang stehen, die sich bei der Öffnung von unterirdischen Hohlräumen ergeben, gehören in das Gebiet der Gebirgsmechanik. Zur Öffnung von Hohlräumen in der festen Erdkruste kommt es meistens in Folge bergmännischer Tätigkeit und so ist es kein Zufall, daß sich mit diesen Fragen in erster Linie Bergingenieure befassen. Bei der Behandlung der einzelnen Fragen kommen überwiegend die Gesichtspunkte des Bergbaus, seine Ausdrucksweise und seine Beobachtungen zur Geltung und zwar in der Reihenfolge, wie sie vom Standpunkte ihrer wirtschaftlichen Bedeutung den Interessen des Bergbaus erwünscht erscheinen.

Daher sind die Hauptfragen, die dem Gegenstand der Gebirgsmechanik zugehören, folgende: Feststellung der ungestörten, primären Gebirgsspannungen, die Untersuchung der sekundären Spannungen, die sich um einen einzelnen Hohlraum entwickeln, die Analyse der Wechselwirkung mehrerer benachbarter Hohlräume, das Aufeinanderwirken und Zusammenwirken von Gebirge und Ausbau und endlich alle jene Versuche, Untersuchungen und Studien, die in Laboratorien meßtechnisch und mit Modellen zu diesem Zwecke durchgeführt werden.

Die gebirgsmechanischen Forschungen wurden im Laufe des letzten Jahrhunderts im wesentlichen in drei Richtungen durchgeführt:

1. Der Grubenausbau wurde nach der bei den Berechnungen der Festigkeitslehre gewohnten Weise als Tragkonstruktion betrachtet und die auf verschiedenen Prinzipien aufgebauten gebirgsmechanischen Theorien versuchten nun jene *von außen kommenden* Belastungen anzugeben, die von den verschiedensten Eigenschaften des Gesteins abhängig waren, das die Ausbaukonstruktionen umgibt, Eigenschaften, die eventuell in den Laboratorien bestimmt werden können. So bildeten sich gebirgsmechanische Theorien, die einer gewissen Gesteinsart einen in mathematischen Formeln ausgedrückten Gebirgsdruck zuordneten.

2. Viele Forscher hielten die Gesteinsarten für eine so inhomogene und anisotrope Materie, daß sie es von vornherein für ausgeschlossen hielten, die Eigenschaften dieser Materie und somit auch den Gebirgsdruck, der als Funktion derselben erscheint, in Form einer mathematischen Beziehung beschreiben zu können. Sie verwarfen daher den *theoretischen* Weg und ihr Schlagwort war: Der Gebirgsdruck muß mittels entsprechender Meßgeräte gemessen werden und auf Grund der Mannigfaltigkeit der Meßergebnisse muß auf die Beanspruchung des Ausbaus geschlossen werden.

3. Andere — in der Regel Fachleute aus der Praxis — führten ungewöhnlich viele Beobachtungen durch und beschrieben diese. Da jedoch die theoretischen Fragen noch nicht bereinigt waren, fehlten vielfach aus den Beobachtungen Aufzeichnungen wesentlicher Umstände, was manchmal dazu führt, daß die Brauchbarkeit dieser Wahrnehmungen unmöglich wird.

Als Kritik der in den beiden ersten Punkten enthaltenen Richtungen muß festgestellt werden, daß, obwohl wir viele gebirgsmechanische Theorien kennen und ungemein viele

Messungen durchführten, wir der Lösung der gebirgsmechanischen Fragen nicht wesentlich näher gekommen sind. Es fehlen uns solche allgemein gebräuchliche Definitionen, wie die Starrheit und Nachgiebigkeit von Ausbaukonstruktionen oder des Wesens des Gebirgsdruckes. Bei der Wahl der Ausbauart sind wir noch heute im gegebenen Falle mehr auf örtliche Gewohnheiten angewiesen. Ja, wenn es gilt, ein Fachgutachten über ein gegebenes Geschehen, z. B. den Bruch des Ausbaus oder einen Verbruch abzugeben, bilden sich selbst bei Fachleuten, die die Umstände kennen, meistens sehr verschiedene Ansichten aus.

Bei den gebirgsmechanischen Messungen haben wir es mit einer sehr ähnlichen Lage zu tun. Wenn uns auch die verschiedenartigsten Meßgeräte zur Verfügung stehen und wir die Ergebnisse zahlreicher Messreihen kennen, werfen wir die Fragen auf, was ist es denn eigentlich, was wir gemessen haben, warum und wie haben wir es gemessen und wie können wir die Messergebnisse ausnützen. Leider müssen wir uns oft sogar die Frage stellen, ob es denn überhaupt möglich ist, die Messergebnisse zu benützen. Gestatten Sie mir, daß ich hier nur eine Tatsache erwähne: Ein Gebirgsmechaniker, der von den theoretischen Untersuchungen nicht viel hält und der die Gesteine für nicht elastisch ansieht, wertet seine Verschiebungsmessungen mit Hilfe eines elastischen Modulus aus, der angenommen wurde oder im Laboratorium bestimmt worden ist.

Diese verhältnismäßige Ergebnislosigkeit bestärkt nur meine Überzeugung, daß man versuchen muß, die Erscheinungen der Gebirgsmechanik in erster Annäherung mit Hilfe der theoretischen Elastizitätslehre zu lösen.

Bei dieser Auffassung führt die elastizitätstheoretische Gebirgsmechanik, im Rahmen der Gebirgsmechanik, ihre Untersuchungen in einem Halbraum durch, der nach der Annahme von einem homogenen, isotropen und elastischen Stoff ausgefüllt ist und die Beanspruchung dieses ausschließlich unter seinem Eigengewicht stehenden Stoffes überschreitet nicht die Proportionalitätsgrenze. Auf diese Weise verfügen wir über ein mathematisches Modell von natürlicher Größe, an dem wir Arbeiten durchführen, die im Bergbau üblich sind. So teufen wir einen Schacht, treiben Strecken vor, bauen diese aus, ja wir führen sogar Druckmessungen durch usw.

Nach so vielen Annahmen erscheint es berechtigt, die Frage aufzuwerfen, inwieweit es denn möglich ist, Ergebnisse, die von einem angenommenen mathematischen Modell abgeleitet wurden, auf die Natur zu übertragen. Ich will diesbezüglich keine Voraussagen machen, aber immerhin müssen wir hier zwei Tatsachen festlegen. Die Eine ist, daß die Lösung gebirgsmechanischer Aufgaben von einem naturnäheren Modell, das also weniger auf idealisierten Annahmen aufgebaut ist, nicht zu erwarten ist, wenn wir die Lösung der Aufgabe an unserem mathematischen Modell nicht durchführen können. So können die elastischen Ergebnisse als erste Annäherung aufgefaßt werden. Die Andere ist folgende: würden mit Hilfe des der Gebirgsdruckmessung zugrunde gelegten, in der Praxis angewandten Prinzips und der dazu dienenden Einrichtung an dem mathematischen Modell Messungen durchgeführt werden, so müssen diese hier am Modell exakt sein sowie geeignet zur Bestimmung des zu messenden Wertes, weil sonst das angewandte Prinzip beziehungsweise die angewandte Methode und die Einrichtung auch bei den natürlichen Gesteinsbedingungen zur Durchführung der geplanten Messung nicht geeignet sein kann.

Diese beiden Folgerungen genügen schon, die Daseinsberechtigung der umrissenen elastizitätstheoretischen Berechnungen in der Gebirgsmechanik anzuerkennen.

Nehmen wir dazu noch als Begründung die Feststellungen, die sich auf den primären Spannungszustand beziehen. Die primäre Normalspannung in der horizontalen Ebene kann nur unter Annahme der Homogenität und der Kontinuität auf Grund der Gleichgewichtsgleichungen in der gewohnten Form:

$$\sigma_z = z \cdot \gamma$$

ausgedrückt werden. Die dazu senkrechten Normalspannungen geben wir in folgender Form an:

$$\sigma_x = \sigma_y = k\,\sigma_z.$$

Solange wir aber k keinen bestimmten Sinn geben, ist diese Formel nicht zu gebrauchen. Mit Hilfe der Elastizitätstheorie kann k folgenden Sinn erhalten:

$$k = \varphi(m)\,,$$

wobei m die POISSONsche Zahl ist. Stellt man die lokale Homogenität, die Isotropie und die elastische Proportionalität in Abrede, so haben wir kein Recht zu behaupten, daß wir die Intensität der primären Spannungen kennen, beziehungsweise daß wir sie berechnen können; σ_x und σ_y sind Unbekannte, und wir können auch nicht sicher sein, daß die horizontalen und vertikalen Ebenen Hauptspannungsebenen sind, obwohl wir dies im allgemeinen als Grundbedingung anerkennen [1], [2], [3], [4].

Nimmt man an, daß sich das Gebirge im elastischen Zustand befindet, könnte es den Anschein haben, daß die Analyse der Spannungen, die sich in der Umgebung von Strecken verschiedenen Profils entwickeln, schon deswegen Selbstzweck ist, weil in diesen Fällen die Hohlräume schon von selbst standhalten, ihr Ausbau daher nicht nötig ist und gerade deshalb ähnliche Fälle für den Bergbau kein Problem bedeuten. Aber gerade durch diese Untersuchungen gelang es uns, jene Zonen festzustellen, in denen die für das Gebirge so gefährlichen Zugspannungen entstehen und zwar dadurch, daß die Konturen dieser Zonen und die relative Intensität der entstehenden Zugspannungen in ihrer Beziehung zur primären Spannung feststellbar sind. Aus dem Spannungsfeld, das sich um die verschiedenen Profilformen bildet, kann man auch auf die im gegebenen Falle günstigsten Profilformen folgern. Die Untersuchung des sich um die Querschnitte ausbildenden Spannungszustandes ist auch geeignet, bei verschiedenen ausbaulosen Querschnitten die Grenztiefen festzustellen, oder — wählt man die Bruchbedingung entsprechend — so können wir die Zonen, die zu Bruch gehen, und auch ihre Ausdehnung untersuchen [5], [6], [7], [8], [9], [10], [11].

Elastische Berechnungen und die Anwendung des Modellgesetzes bewiesen, wieviel vorteilhafter es bei gebirgsmechanischen Untersuchungen im Laboratorium ist, solche Probekörper anzuwenden, durch die zylinderförmige Öffnungen gebohrt wurden, gegenüber den einfachen Versuchskörpern, wie sie in der Praxis der Festigkeitsuntersuchungen gebraucht werden [9].

Versuche, die sich zwar erst im Anfangsstadium befinden, führen bei der Untersuchung des Zusammenarbeitens von Ausbau und dessen Umgebung zu interessanten Ergebnissen [12], [13], [14].

Abgesehen von Ausbaukonstruktionen die in einem nicht tragenden Medium — zum Beispiel Schwimmsand — eingebaut werden, kann festgestellt werden, daß die Belastung des Ausbaus von der Verformung des Mediums bestimmt wird, das den Ausbau umgibt. Diese Verformung ist aber nicht nur eine Funktion der Materie als eines selbständigen Elementes sondern auch der Verformung des Ausbaues selbst. Das Gebirge und der mit ihm in Berührung stehende Ausbau ist daher ein Doppelsystem, bei dem die in seinen Elementen, dem Gebirge und dem Ausbau, entstehenden Spannungen durch diejenigen Verformungen bestimmt werden, die sich im Laufe des Zusammenarbeitens der Elemente des Doppelsystems herausbilden. Die im Ausbau entstehenden Spannungen können wir daher nur durch die gemeinsame Untersuchung des ganzen Doppelsystems bestimmen. Daher kann keine Gebirgsdrucktheorie existieren, die für einen bestimmten Stoff, zum Beispiel für Mergel von bestimmten und festgelegten Eigenschaften gültig ist und angibt, welche Belastungen auf den Ausbau eines in diesem Gestein ausgehobenen Hohlraumes wirken, weil diese „Belastungen" auch von den mechanischen Eigenschaften des Ausbaus abhängig sind. Wir können jedoch von einem System sprechen, das aus einem gegebenen Stoff und einem gegebenen Ausbau besteht, wenn wir die mechanischen Eigenschaften beider und ihre Berührungsbedingungen kennen, auf Grund derer die gemeinsame Verformung der Elemente, aus denen das System besteht, und somit seine Beanspruchung bestimmt werden können.

Die gemeinsame Untersuchung des Systems erübrigt sich jedoch dann, wenn nur einer der Teile des Systems tragend ist. Ist der Ausbau im Vergleich zum Gebirge unendlich nachgiebig, mit anderen Worten, ist der Ausbau nicht nötig, kommen wir zu ausbaulosen Strecken, wo nur das eine Element, nämlich das Gebirge, untersucht werden muß. Wenn hingegen nur das Medium nicht tragend ist (zum Beispiel im Falle des Schwimmsandes), dann muß nur das andere Element, nämlich der Ausbau untersucht werden, weil nur letzterer die ganze primäre Gebirgsspannung als Belastung aufnehmen muß.

Betrachtet man diese Frage von diesem Standpunkt aus, so gehören die Probleme der Belastung des Ausbaus zu den Aufgaben der mechanischen Berührung. Eine Schwierigkeit bildet hier die mathematische Beschreibung der Berührung der Grenzflächen. Untersucht man die auf verschiedenen Annahmen aufgebauten Berührungsgesetze einzeln, so zeigt es sich, daß sowohl vom Standpunkt des Mediums, das die Strecke umgibt, als vom Standpunkte der Belastungsfähigkeit des Ausbaues es von besonderer Bedeutung ist, daß es an möglichst vielen Punkten möglichst bald zur Berührung kommt.

Die Untersuchung der Bedingungen, unter denen die Berührung erfolgt, ermöglicht es, neue Begriffe einzuführen, die den Ausbau charakterisieren, wie z. B. seine *Aktivität* oder *Passivität*, beziehungsweise die Eigenschaft, die ihm hauptsächlich eigen ist, nämlich seine *Gelenkigkeit*. Der Ausbau ist dann aktiv, wenn er vom ersten Augenblicke seines Setzens schon eine bestimmte und womöglich regulierbare Reaktionskraft oder Ausbauwiderstand (Ausbauwiderstand = Gebirgsdruck) auf die freie Oberfläche der Strecke übertragen kann; passiv ist er dann, wenn er nach seinem Setzen nur dann mit dem Gebirge in Berührung kommt, wenn es im Gebirge zu weiteren Verformungen kommt. Ein aktiver Ausbau ist der hydraulische Stempel, ein passiver die starre Mauerung. Die Aktivität erzeugt ein nützliches Zusammenarbeiten beider tragender Elemente (des Gebirges und des Ausbaus), das für beide von Vorteil ist, während hingegen die Passivität vielfach zum Bruch des Gesteines führt, wodurch teilweise oder ganz das eine Element, nämlich das Gebirge, vom Tragen ausgeschlossen wird.

Es kann leicht bewiesen werden, daß als Last das Eigengewicht des Gebirgsprismas erscheint, das sich über der Grundfläche des Hohlraumes bis zur Erdoberfläche erhebt. Diese Belastung muß vom Ausbau und vom Gebirge gemeinsam getragen werden. Optimale Bedingungen erhalten wir dann, wenn wir das Gebirge bis zur Grenze seiner Tragfähigkeit sich verformen lassen, während wir die Formänderungen, die sich über diese Grenze hinaus erstrecken, schon durch den Ausbauwiderstand verhindern. Eben das können wir mit Spannungen folgendermaßen ausdrücken: auf die freie Oberfläche des Hohlraumes müssen wir mit Hilfe des aktiven Ausbaus Reaktionsspannungen von einer Intensität wirken lassen, daß auf dem Oberflächenpunkte des Hohlraumes, wo das Gebirge am meisten beansprucht wird, der Mohrsche Kreis — als Charakteristikum des Spannungszustandes — für das Gebirge noch tragbar ist, also die Grenzkurve des Gesteins nicht berührt.

Ein starrer Ausbau, den man früher für passiv hielt, kann durch Zementieren aktiviert werden. Das Ausmaß der Aktivität ist der durch das Zementieren ausgeübte Druck. Das Zementieren verbessert gleichzeitig die Berührungsbedingungen zwischen Gebirge und Ausbau. Wenn wir nicht zementieren, setzt die Berührung grundsätzlich an zwei Punkten ein und dehnt sich auf andere Punkte erst dann aus, wenn es zu weiteren Verformungen kommt. Die anfängliche Berührung an zwei Punkten bedeutet sowohl für das Gebirge als auch für den Ausbau eine konzentrierte Krafteinwirkung und somit eine unvorteilhafte Verformung. Zur Berührung an möglichst vielen Punkten kann es dadurch kommen, daß sich der Ausbau verformt und sich der Oberfläche des Gebirges anpaßt, während in ihm Spannungen auftreten. Sie kann aber auch so zustande kommen, daß die in den Ausbau eingebauten *Gelenke* es ermöglichen, daß die Ausbaukonstruktion sich dem Gebirge anpaßt, ohne daß es während der Anpassung dazu kommt, daß sich Spannungen entwickeln.

Dieser Gedankengang — denke ich — drückt markant die Bedeutung aus, die darin liegt, wenn der Ausbau gelenkig gestaltet wird, aber zugleich bringt er auch zum Ausdruck, daß man bei der Verformung des Ausbaus einen Unterschied zu machen hat zwischen den in ihm entstehenden nützlichen und schädlichen Spannungen, abhängig davon, ob dieselben am Ausgleich des Gewichtes der Gebirgssäule teilnehmen oder nicht.

Erkennt man die Rolle an, die das Gebirge beim Tragen spielt, erscheint die Nachgiebigkeit des Ausbaus in einem neuen Licht. Die Nachgiebigkeit des Ausbaus zeigt sich darin, daß er bei einer bestimmten Belastung durch eine Verformung größeren Ausmaßes der weiteren Belastung ausweicht. Bei gewissen Konstruktionen tritt sogar auch eine bedeutende Entlastung ein. Dieser Vorgang ist zweifelsohne vorteilhaft, wenn man die Erscheinung ausschließlich vom Standpunkte des Ausbaus untersucht. Im Hinblick auf das Doppelsystem muß man jedoch feststellen, daß in dem Maße, wie das eine Element entlastete wird, das andere Element, nämlich das Gebirge, gezwungen ist, eine höhere Belastung zu übernehmen. Also kann es im gegebenen Falle geschehen, daß ein nachgiebiger Ausbau den Bruch des tragenden Gesteinmantels verursacht, er kann teilweise oder ganz das Gebirge vom Tragen ausschalten und kann dazu gezwungen werden, daß der Ausbau allein den größten Teil oder fast das ganze Gewicht des Gesteinsprismas in Gleichgewicht halten muß.

Der ideale Ausbau von Hohlräumen, die dauernd offen gehalten werden sollen, nimmt daher von der Zeit seines Einbaus an, womöglich in jedem Punkte seiner Berührungsfläche, zusammen mit dem Gebirge daran teil, den Gleichgewichtszustand zu erhalten. Er muß konstruktiv so ausgeführt sein, daß bei seiner zwangsläufigen schmiegsamen Verformung ohne Verminderung seiner Tragkraft möglichst geringe Spannungen entstehen.

Bei der Analysierung der beschriebenen Vorgänge müssen die Verformungen des Gebirges und des Ausbaus untersucht werden und so erscheint es als zweckdienlich, auch bei der Berücksichtigung der Beanspruchung mit den zulässigen Verformungen zu arbeiten. Wenn wir dazu noch die Tatsache berücksichtigen, daß nur Verformungen meßbar sind, so liegt die Folgerung auf der Hand, daß es bei Untersuchungen von Ausbaukonstruktionen und auch auf anderen Gebieten der Gebirgsmechanik zweckdienlich ist, unsere gewohnte, von Spannungen ausgehende Denkungsart auf Verformungen umzustellen und die Kategorien der Spannungen vollkommen auszulassen.

Die Untersuchung des Zusammenarbeitens von Gebirge und Ausbau erhält eine besondere Bedeutung beim Studium des Ankerausbaus. Der Verzug anderer Ausbauarten verdeckt meistens das Gebirge und zwingt uns daher fast dazu, unsere Aufmerksamkeit auf den Ausbau selbst zu konzentrieren. Im Gegensatz dazu ist der Ankerausbau undenkbar ohne ein Zusammenarbeiten von Gebirge und Ausbau. Das Gleichgewicht des Hohlraumes wird durch die Elemente des Doppelsystems gemeinsam gewährleistet.

Elastizitätstheoretische Untersuchungen beweisen, daß der Ankerausbau in seinen charakteristischen Eigenschaften mit den übrigen Ausbauarten vollkommen identisch ist und sich nur dadurch von den anderen unterscheidet, daß er seinen Ausbauwiderstand nicht an der Oberfläche des Profils findet wie z. B. ein Stempel im Liegenden, sondern in der Gebirgsumgebung des Hohlraumes dort, wo die Spitzen der Gebirgsspannungen infolge ihrer Entfernung von der freien Oberfläche nur mehr in geringerem Maße dazu geeignet sind, die Widerstandsspannung aufzunehmen. An der Stelle, wo der Anker im Gebirge sitzt, steht dasselbe unter einer Beanspruchung in drei Richtungen. Die charakteristischen Spannungskomponenten nähern sich ihren primären Werten und sind so fähig, die auf Reibung beruhende Verbindung, die Widerstandskraft des Ankers — die Ankerkraft —, als zusätzliche Beanspruchung aufzunehmen.

Beim Ankerausbau gewährleisten die Unterlegescheibe und die damit etwa zusammenhängenden Bestandteile, daß die Ankerkraft sich auf der freien Oberfläche möglichst gleichmäßig und auf einer möglichst großen Fläche verteilt. Durch seine Länge findet der Anker den Widerstand der Ankerkraft weit von der freien Oberfläche dort, wo die Spannungskonzentration, die sich um das Profil bildet, schon gemäßigter ist. Die verschiedenartigen Fixiermechanismen der Anker sichern die Möglichkeit der Widerstandskraft. Seine konstruktive Lösung wiederum trachtet die Widerstandsspannung in einem Ausmaße zu verteilen, die der Festigkeit des Gebirges entspricht, mit der das Gestein dem Eindringen des Ankers widersteht.

Der Ankerausbau ist als aktiv anzusehen. Durch das Vorspannen der Schraubenmutter kann auf der freien Oberfläche des Querschnittes dem Gebirge eine Druckkraft mitgeteilt werden und zwar unmittelbar nach dem Setzen, bevor es noch zu größeren Verformungen kommt. Dadurch, daß man die Schraubenmutter in verschiedenen Ausmaßen anziehen kann, kann der erwünschte und berechenbare Ausbauwiderstand eingestellt werden und zwar auch dann, wenn er sich von Punkt zu Punkt nach Richtung und Größe ändert. Durch die Vergrößerung der Oberfläche der Unterlegeplatte und dadurch, daß man benachbarte Ankerschrauben mit Verzugselementen kombiniert, kann der Ausbauwiderstand auf der freien Oberfläche auf ein für das Gebirge tragbares Maß verteilt werden. Endlich kann die aus mehreren Ankerschrauben und dem Gebirge bestehende Tragkonstruktion als eine Konstruktion betrachtet werden, die aus soviel beschränkt wirkenden Gelenken besteht, als sie Anker zählt, ohne daß die Gefahr besteht, daß ein labiler Gleichgewichtszustand auftritt.

Der Anker besitzt also alle jene Eigenschaften, die auf Grund der theoretischen Untersuchungen als ideal angesehen werden können. Wegen seiner einfachen und daher wirtschaftlichen Ausführung ist zu erwarten, daß er in nächster Zukunft eine allgemeine und weit verbreitete Anwendung findet, auch unter Gebirgsbedingungen, die weit schlechter sind, als diejenigen, die wir bisher gewohnt waren [15].

Die theoretischen Grundlagen all dieser Untersuchungen konnten wir an dem bereits beschriebenen mathematischen Modell klären. Eine solche Analyse hat den großen Vorteil, daß die so erhaltenen theoretischen Ergebnisse jederzeit mit spannungsoptischen Methoden überprüft werden können. Diese Form der Kontrolle konnte allgemeine Verbreitung finden, seitdem mit Hilfe des Einfrierens von Modellen die Aufgabe der Untersuchung der Spannungs-Verformungsbeziehung räumlicher Modelle gelöst werden konnte [16].

Auch die Grundlagen der Untersuchungen auf dem Gebiete der Gebirgsdruckmessungen werden durch die Anwendung der Elastizitätstheorie gegeben [17]. In einem senkrecht niedergebrachten Bohrloch werden Meßgeräte eingebaut, mittels derer man eine Verformung messen kann und zwar so, daß das Meßgerät der freien Oberfläche des Gebirges keine Reaktion mitteilt. In dieser Lage kann der Verschiebungsvektor der Wand des Bohrlochs errechnet, aber nicht gemessen werden, da die Verformung schon vor dem Einbau des Meßgerätes stattgefunden hat. Nach dem Einbau des Meßgerätes bringen wir in einem kleinen Abstand davon achsenparallel ein weiteres Bohrloch nieder. Wir messen die Verformung, zu der es infolge des Entstehens dieses Hohlraumes in jenen beiden Punkten kommt, die auf einer, die beiden Bohrlochachsen verbindenden Geraden liegen, das heißt, die ausschließlich eine radiale Verschiebung erleiden. Diese Verschiebung kann schon sowohl berechnet als auch gemessen werden, sie ist also geeignet, eine Konstante zu bestimmen. Vergrößert man den Bohrlochdurchmesser, der diese Wirkung ausübt, zweimal, so erhalten wir weitere zwei meßbare und berechenbare Verformungsdaten und können so aus drei Beobachtungen drei Konstanten bestimmen, nämlich am Meßort den primären Druck, den Elastizitätsmodul und die POISSONsche Zahl. Von dieser Meßmethode erwarten wir, daß sie die Lösung der Bestimmung der mechanischen Konstanten des Gebirges bringt „in situ". Unsere theoretischen Berechnungen sind fertiggestellt, die Ausarbeitung der Meßeinrichtung ist in nächster Zukunft beendigt und so können nächstes Jahr die Versuchsmessungen beginnen.

Wir behaupten nicht, daß die zahlenmäßigen Ergebnisse der elastizitätstheoretischen Gebirgsmechanik unmittelbar auf die Natur übertragbar sind, aber wir müssen unsere Auffassung betonen, daß die für das mathematische Modell gültigen Ergebnisse nicht nur zu den tatsächlichen Erscheinungen nicht im Gegensatz stehen können, sondern daß sie infolge der Genauigkeit der mechanischen Methode in jeder Hinsicht zur Beschreibung und Bestimmung, zur Prüfung der Theorien und Verfahren, ja sogar zur Wahl der Forschungsrichtungen und zur Festlegung deren Grundsätze geeignet sein müssen.

Literatur

[1] EVERLING, G.: Der Spannungszustand im unverritzten Gebirge. Glückauf (1960), 1199—1202.

[2] PHILLIPS, D. W.: Tectonics of mining. Colliery Engineering (1948), 199—202, 206, 278, 282, 312—316, 349—352, 364—368, 387.

[3] WILLMANN, E. von: Über einige Gebirgsdruckerscheinungen in ihren Beziehungen zum Tunnelbau. Diss. Darmstadt, 1911.

[4] BEYL, Z. S.: Die Vorspannung des Gebirges, ihre Ursachen und ihre Erhaltung. Int. Tagung über Gebirgsdruck, Lüttich, 1951, F. 2.

[5] KÜHN, P.: Spannungszustand und Bruchgefahr im ungestörten Gebirge. Glückauf (1931), 1033—1037.

[6] FENNER, R.: Untersuchungen zur Erkenntnis des Gebirgsdruckes. Glückauf (1938), 681—695, 705—715.

[7] BÖRGER, H.: Die Gebirgsdruckhypothesen für elastische Gesteine und ihre Anwendungsmöglichkeiten im Bergbau. Kali und Steinsalz (1954), 10—20.

[8] RICHTER, R.: Grenztiefen ausbauloser Strecken mit kreisförmigen Querschnitt, Mitteilungen der Fakultäten für Bergingenieure und Geo-Ingenieure. Technische Universitäts-Fakultäten, Sopron, Band XX, 15—20.

[9] RICHTER, R.: Elastizitätstheoretische Untersuchungen über Fragen der Gebirgsmechanik. Mitteilungen der Fakultäten für Berging. u. Geo-Ing. Sopron, Band XVIII, 160—186.

[10] RICHTER, R.: Huzófeszültségü zónák vizsgálata, rugalmas állapozu körszelvények környezetében. Untersuchung von Zugspannungen in der elastischen Umgebung von Kreisprofilen. Bányászati Lapok (Ungarische Zeitschrift für Bergbau) (1957), 294—297.

[11] RICHTER, R.: Az idó szerepe vágathajtáscknál rugalmas feszültségi állapot mellett. / Einfluß des Zeitfaktors beim Streckenvortrieb im elastischen Spannungszustand. Bányászati Lapok. (Ungarische Zeitschrift für Bergbau) (1954), 617—627.

[12] RICHTER, R.: Vágatbiztositásck terhelésmeghatározásának elméleti alapjai. / Theoretische Grundlagen der Belastungsbestimmung beim Streckenausbau). Bányászati Lapok. (Ungarische Zeitschrift für Bergbau) (1957), 84—94.

[13] RICHTER, R.: Untersuchungen von starrer Schachtmauerung im elastischen Gebirge. Mitteilungen der Fakultäten f. Berging. u. Geo-Ing. Sopron, Bd. XXI.

[14] RICHTER, R.: Wechselwirkung zwischen dem Gebirge im elastischen Zustande und dem Ausbau. Bergakademie (1960), 366—370.

[15] RICHTER, R.: Gebirgsmechanik der Firstenverankerung. Bergbau-Kongreß, Budapest (1960), Vortrag Nr. 28.

[16] KAPOLY, L.: Fotorugalmasság a kósetmechanikában. (Spannungsoptik in der Gebirgsmechanik). Bányászati Lapok. (Ungarische Zeitschrift für Bergbau) (1958), 459—466.

[17] RICHTER, R.: The measurements of the "in situ" pressure in elastic rocks. Publications of the Faculties of Mining and Geotechnics. Technical University-Faculties of Sopron. Tom XXI.

Zur Problematik der Festigkeitsuntersuchungen der Gesteine

von R. Kvapil, Košice

In der Forschung der Gebirgsmechanik haben wir die größten Schwierigkeiten mit der Problematik der mechanischen Eigenschaften der Gesteine und hauptsächlich mit der der Festigkeitseigenschaften.

Der Erfolg einer Lösung jedes einzelnen Problems ist auch davon abhängig, wie wir an dessen Lösung herangehen. In der Erforschung der mechanischen Eigenschaften der Gesteine gehen wir davon aus, daß jede Eigenschaft im Grund eine Beziehung ist; von diesem Standpunkt gesehen, unterscheiden wir bei den Gesteinen drei Kategorien der Festigkeitseigenschaften.

Die erste Kategorie ist durch die Bestimmung vereinbarter, konventioneller Festigkeitseigenschaften gekennzeichnet. Im Grunde handelt es sich hier um Ergebnisse verschiedener Prüfungen, welche durch eine bestimmte Norm oder Vorschrift gegeben sind; wobei diese Norm oder Vorschrift den Prüfungsvorgang bestimmt. Da die Festigkeitseigenschaften unter bestimmten vereinbarten Bedingungen festgestellt werden, haben sie auch unbedingt einen vereinbarten konventionellen Wert.

Die zweite Kategorie zeigt die Festigkeitseigenschaften der Gesteine in der natürlichen Lagerung. Die Festigkeitseigenschaften eines und desselben Gesteins sind hier eine Beziehung, welche von den beeinflussenden Bedingungen abhängig ist. Wenn ein natürliches Gesteinsmilieu bestimmte Bedingungen schafft, so bedingt es dann auch bestimmte Festigkeitseigenschaften des Gesteins. Es ist logisch, daß es für bestimmte natürliche Bedingungen bei ein und demselben Gestein gesetzmäßig auch bestimmte Festigkeitseigenschaften gibt.

Daraus geht hervor, daß die Festigkeitseigenschaften ein und desselben Gesteins in natürlichen Bedingungen weder konstant sind noch sein können, sondern sich ändern, und zwar in Abhängigkeit von den Änderungen der natürlichen Bedingungen.

Die dritte Kategorie ist durch das Studium und die Erforschung der Festigkeitseigenschaften vom Standpunkt der Physik gekennzeichnet; ihrem Charakter nach gehört diese Kategorie in die Grundforschung der Physik fester Körper.

Eine solche Einteilung der Festigkeitseigenschaften der Gesteine in drei Kategorien ist unserer Ansicht nach sehr wichtig, und wir legen ihr eine große Bedeutung zu. Sie gibt uns nämlich eine eindeutige Vorstellung über die Begrenzung und Qualität der Beziehungen, nach der sich die Festigkeitseigenschaften ein und desselben Gesteins richten. Gleichzeitig ermöglicht uns diese Einteilung, eine richtige Arbeitsverteilung vorzunehmen, was für die Lösung einer so komplizierten Problematik nicht weniger wichtig ist.

In der Forschung der Festigkeitseigenschaften der Gesteine richten wir unsere Aufmerksamkeit auf die Erkennung und Bestimmung kausaler Beziehungen, die für die Eigenschaft eines und desselben Gesteins maßgebend sind. Betrachten wir von diesem Standpunkt die Eigenschaften eines Gesteins in seiner natürlichen Lagerung, so bedeutet es wenigstens, die Hauptkomponenten zu bestimmen, welche — da sie in verschiedener Kombination auftreten können — sehr komplizierte und unterschiedliche Beziehungen bilden können, von denen nicht nur die Festigkeitseigenschaften ein und desselben Gesteins, sondern auch die Form und Art seiner Zerstörung abhängig sind.

Wir gehen von der Erkenntnis aus, daß die Hauptkomponenten, von denen die Festigkeitseigenschaften ein und desselben Gesteins abhängig sind, folgende sind:

1. Art der Beanspruchung, einschließlich der Größe der Beanspruchung;
2. Geschwindigkeit der Beanspruchung, einschließlich des sogenannten Zeitfaktors;
3. Strahlungsenergie, deren Einfluß das Gestein ausgesetzt ist.

Die Vielfältigkeit der Natur äußert sich auch in der Kombination der Komponenten, welche die Eigenschaften des Gesteins bedingen. Außer einer enorm großen Anzahl von Fällen, wo verschiedene Kombinationen dieser Komponenten verschiedener Größe unterschiedliche Festigkeitseigenschaften ein und desselben Gesteins bedingen, können auch solche Fälle auftreten, wo verschiedene, im gewissen Maße aber günstige Kombinationen der Komponenten eine gleiche Wirkung haben, so daß sich die Eigenschaften des Gesteins in diesen Fällen nicht ändern.

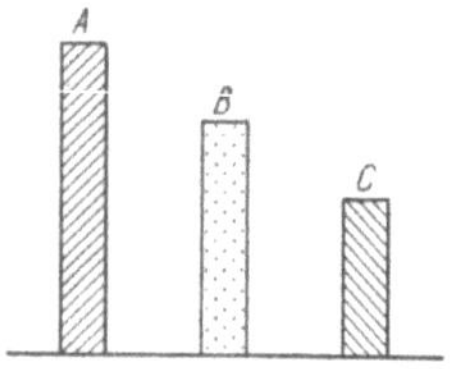

Bild 1

Erwägen wir zum Beispiel einen bestimmten plastischen Zustand eines Gesteins. Diese bestimmte Plastizität des Gesteins wurde durch eine bestimmte Kombination aller drei Hauptkomponenten, deren Wirkung in Bild 1 gezeigt wird, erreicht. Auf dieser Abbildung bedeutet die mit A bezeichnete Fläche die Wirkung einer allseitigen Beanspruchung, die Fläche B den gegebenen Zeitfaktor und die mit C bezeichnete Fläche die Wirkung der Strahlungsenergie, z. B. der Wärmeenergie.

Derselbe Plastizitätsgrad kann bei demselben Gestein aber auch dann erreicht werden, wenn sich das Verhältnis der Komponenten A, B und C günstig verändert.

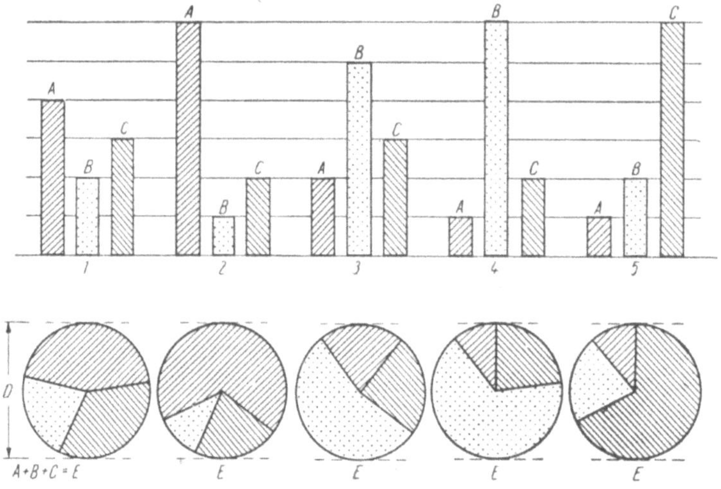

Bild 2

Benützen wir dieselbe symbolische Bezeichnung der einzelnen Komponenten wie in Bild 1, so können wir einige mögliche Kombinationen der Komponenten darstellen, welche eine gleiche Plastizität des Gesteins bedingen wie im Falle des Bildes 1. Diese Kombinationen sind in Bild 2 aufgezeichnet. Die einzelnen Kombinationen sind hier mit den Ziffern 1, 2 bis 5 bezeichnet.

Um die Erläuterung möglichst kurz zu halten, betrachten wir im weiteren A als Beanspruchung, B als Zeit, C als Temperatur. Aus Bild 2 können wir dann entnehmen, daß wir dieselbe Plastizität wie im Falle 1 z. B. durch eine Kombination der Komponenten nach 2 in Bild 2 erreichen können, d. h. in einer verhältnismäßig kurzen Zeit B und durch eine nicht sehr starke Wirkung der Wärmeenergie C, wobei aber die Beanspruchung A sehr groß ist.

Bei derselben Temperatur C wie im Falle 2 aber bei einer kleineren Beanspruchung A, erreichen wir denselben Plastizitätsgrad nur dann, wenn das Gestein bei dieser Temperatur und Beanspruchung während einer längeren Zeitdauer B „beansprucht" wird. Diese Kombination sehen wir im Beispiel 4. Ist in der Kombination der Komponenten die Zeitkomponente B überwiegend, wie dies in Bild 2 Beispiel 3 und 4 der Fall ist, so haben diese Kombinationen einen rheologischen Charakter.

Die Kombination der Komponenten nach Beispiel 5 zeigt die Erreichung derselben Plastizität bei einer verhältnismäßig kleinen Größe der Komponente A, bei einer nicht zu großen Komponente B, aber bei einem großen Wert der Komponente C. Im Extremfalle, d. h. bei einer sehr hohen Temperatur, ist diese Kombination durch die Änderung des Aggregatzustandes gekennzeichnet, z. B. Schmelzen des Basaltes oder Kieselsteines.

Es ist offensichtlich, daß zur Erreichung ein und desselben Ergebnisses eine kleine Verminderung einer Komponente durch eine stärkere Wirkung einer der zwei übrigen Komponenten ersetzt werden kann. Es sind im Grund sehr komplizierte Vorgänge der energetischen Transformation von Wirkungen der Komponenten A, B und C, welche dies ermöglichen. „Die Geheimnisse" dieser Vorgänge kennen wir heute noch nicht. Nichtsdestoweniger können wir aber voraussetzen, daß dasselbe Ergebnis (d. h. dieselbe Eigenschaft) bei verschiedener Kombination der Komponenten dadurch bedingt ist, daß der summare energetische Wert aller drei Komponenten A, B und C gleich groß ist.

Bezeichnen wir das Quantum der beteiligten Energie E durch eine Fläche einer bestimmten Größe, z. B. durch einen Kreis mit einem Durchmesser D, so ist die Fläche der Kreise für die in Bild 2 angeführten Fälle 1 bis 5 gleich groß. Die Anteile der Komponenten A, B und C, welche sich an dem Vorgang beteiligten, sind in den einzelnen Kreisflächen als Kreisausschnitte angegeben, und zwar schraffiert oder punktiert, so wie die Komponenten A, B und C im oberen Teil des Bildes 2.

Ändert sich der summare energetische Wert der Komponenten A, B, C, dann ändert sich auch die Eigenschaft des gegebenen Gesteins.

Die Gegebenheit, daß die kleine Wirkung einer Komponente durch eine größere Wirkung einer anderen Komponente erreicht werden kann, können wir in einem großen Umfang anwenden.

Es interessieren uns z. B. die Fragen einer langdauernden Beanspruchung des Gesteins sehr, aber nicht nur einer solchen die im Zeitraum einiger Jahre liegt, sondern die eine viel größere Zeit erfordert, eine so große Zeitdauer, die im Labor überhaupt nicht nachgeahmt werden kann. In diesen Fällen werden wir den Zeitfaktor durch Wärmeenergie ersetzen.

Vom Standpunkt der Kombination der Komponenten A, B, C können wir verschiedene Zustände der Gesteine beurteilen.

In der Gebirgsmechanik, die auf Bergbauprobleme gerichtet ist, treffen wir auf die Problematik der Gesteinssprödigkeit auf einem der gefährlichsten Gebiete, d. i. bei Gebirgsschlägen.

Es hat sich die Meinung gefestigt, daß die Sprödigkeit nur für bestimmte Gesteinsarten charakteristisch ist und daß sie bei diesen Gesteinen eine konstante Eigenschaft ist.

Die Sprödigkeit des Gesteins, in Folge welcher das Gestein z. B. durch Zersplittern zerstört wird, ist ein bestimmtes Verhalten und deshalb im Grund eine bestimmte Beziehung, welche bei ein und demselben Gestein durch eine bestimmte Kombination der Komponenten A, B und C bedingt ist.

Die Sprödigkeit des Gesteins ist also keine konstante Eigenschaft, sondern Folge bestimmter günstiger Bedingungen. Dies gilt nicht nur für Gesteine, sondern für alle festen Stoffe.

Als Beispiel erwägen wir diese Erkenntnis an Glas. Glas, welches sich bei normalen Laborbedingungen als völlig spröder Stoff benimmt und z. B. durch Zersplittern zerstört wird, ändert seine Eigenschaft — die Sprödigkeit —, wenn die Kombination der beeinflussenden Komponenten günstig verändert wird. In diesem Falle genügt es z. B. das Glas anzuwärmen, wodurch die ursprüngliche Sprödigkeit in den plastischen Zustand übergeht, in welchem das Glas auch bei einer verhältnismäßig kleinen Beanspruchung leicht verformbar ist.

Bild 3

Wir können aber auch einen umgekehrten Effekt anführen. Wir können z. B. einen Stoff, der unter normalen technischen Bedingungen plastisch ist, durch eine bestimmte Kombination der Komponenten A, B, C in einen spröden Stoff überführen. Hierzu genügt es z. B., die Art oder die Geschwindigkeit der Beanspruchung zweckmäßig zu verändern. Als Beispiel sei hier auf Bild 3 die spröde Zerstörung des natürlichen Asphaltes angeführt, welcher durch die Änderung der Beanspruchungsart bei einer zweckmäßigen Geschwindigkeit — also in Folge einer zweckmäßigen und günstigen Kombination der Komponenten — zerstört wurde.

Selbst die Änderung der Beanspruchungsgeschwindigkeit hat einen großen Einfluß auf die Eigenschaften des Gesteins. Den Einfluß der Beanspruchungsgeschwindigkeit auf die Änderung der Eigenschaften ein und desselben Gesteins können wir symbolisch so darstellen, wie es auf Bild 4 gezeigt wird. Hier bedeutet σ — die Spannung, Δ — die axiale Verformung der Gesteinsprobe, v_1 bis v_4 die allmählich steigende Beanspruchungsgeschwindigkeit, M die Elastizitätsgrenze, N die Festigkeitsgrenze und v_k' die kritische Beanspruchungsgeschwindigkeit.

Die Verformungen sind um so größer und die Festigkeit ist um so kleiner, je langsamer die Beanspruchung ist. Wenn sich die Beanspruchungsgeschwindigkeit vergrößert, so sind die Verformungen kleiner, aber die Festigkeit des Gesteins steigt. Dabei vermindert sich auch der Unterschied zwischen der Elastizitäts- und Festigkeitsgrenze. Bei der kritischen Geschwindigkeit sind die Werte der Elastizitäts- und Festigkeitsgrenze gleich groß. In Bild 4 wurde dieser Zustand bei einer Geschwindigkeit v_4 erreicht, wo M gleich N ist. Bei einer Beanspruchungsgeschwindigkeit, die gleich groß oder größer als die kritische Geschwindigkeit ist, ist das Gestein ausgesprochen spröde und wird durch Zersplittern zerstört.

Es ist selbstverständlich, daß die kritische Beanspruchungsgeschwindigkeit v_k bei verschiedenen Gesteinen oder anderen festen Stoffen einen unterschiedlichen Wert hat.

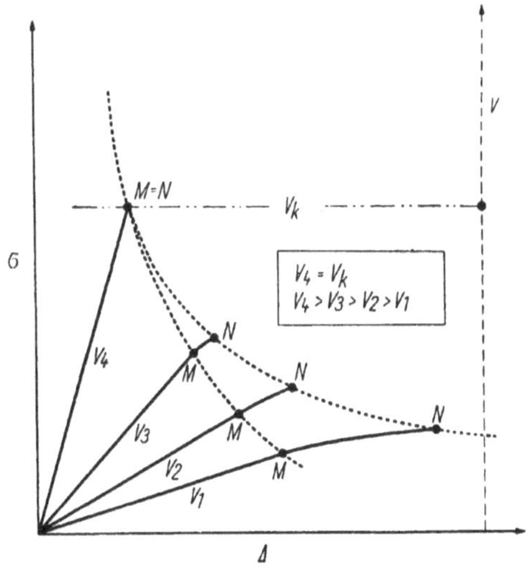

Bild 4

In der Forschung der Gebirgsmechanik genügt es nicht nur, die Festigkeitseigenschaften des Gesteins festzustellen, z. B. daß seine Festigkeit größer oder kleiner ist. Von viel größerer Bedeutung ist es, zu bestimmen, unter welchen Bedingungen, also bei welcher Kombination der Komponenten A, B, C das Gestein diese oder jene Eigenschaft hat und ob diese Bedingungen auch in der Natur — in der Grube — möglich sind und auftreten.

Um aber eindeutig über die einzelnen Fragen sprechen zu können, ist es unbedingt notwendig, eine Vereinbarung über eine internationale Norm zu treffen, eine Norm über die Bestimmung der konventionellen Festigkeitseigenschaften, die aber nicht nur die Feststellung der Eigenschaften standardisiert, sondern auch die Bedingungen, welche bestimmte Eigenschaften des Gesteins bedingen. Eine Anzahl solcher präziser Normen würde uns nicht nur ermöglichen, die Eigenschaften der Gesteine besser vergleichen zu können, sondern sie würde gleichzeitig eine gegenseitige richtige Anwendung der erzielten Ergebnisse erleichtern.

Methoden gebirgsmechanischer Festigkeitsuntersuchungen in der Deutschen Demokratischen Republik

von K.-H. Höfer, Leipzig

Einleitung

Die Notwendigkeit einer Diskussion über die Methodik der Festigkeitsuntersuchungen in verschiedenen Ländern für die Zwecke der Gebirgsmechanik ist offensichtlich. Dies insbesondere, da die Vergleichbarkeit der in vielen Ländern durchgeführten Untersuchungen durch unterschiedliche Prüfmethoden sehr in Frage gestellt ist. In einigen Ländern haben sich schon im Verlaufe der Jahre gewisse Prüfnormen für gebirgsmechanische Untersuchungen herausgebildet, sie sind aber nur eben auf diese Länder und manchmal sogar nur auf einzelne Institutionen in ihrer Anwendung beschränkt geblieben.

Obwohl im internationalen Maßstabe eine Standardisierungsorganisation — die *International Organization for Standardization* (ISO) — besteht, wurde den Fragen der Normung gebirgsmechanischer Festigkeitsuntersuchungen bis jetzt nur wenig Aufmerksamkeit geschenkt. Vielleicht waren auch die von bergmännischer Seite bis jetzt in dieser Angelegenheit gegebenen Anregungen zu gering, um mit aller Deutlichkeit die Wichtigkeit dieses Problems für den Bergbau herauszustellen.

Daß der Wunsch nach einer Vereinheitlichung der Gesteinsprüfung immer wieder geäußert wird, zeigen auch nachstehende Äußerungen Hoffmanns [1] nach der Internationalen Tagung über Gebirgsdruckforschung in Paris 1960: „Eine Tagung wie die in Paris gibt nicht nur einen ausgezeichneten Einblick in den heutigen Entwicklungsstand der Gebirgsdruckforschung, sondern läßt auch Betrachtungen über eine Verbesserung der organisatorischen Zusammenarbeit zu. Jedes Land untersucht heute beispielsweise die Gesteine seiner Lagerstätten, um die Ausgangswerte jeder Art von Berechnungen, nämlich der technisch mechanischen Kennwerte zu erhalten. Die Ergebnisse sind aber leider nicht ohne weiteres miteinander vergleichbar, weil Prüfverfahren und Prüfvorgang in den einzelnen Ländern nicht miteinander übereinstimmen. Eine dankbare Aufgabe wäre es für einen Arbeitskreis, die Gesteinsprüfung einheitlich zu gestalten und die Ergebnisse miteinander nutzbringend austauschbar zu machen."

Unter diesen Gesichtspunkten möchte ich über die bisher in der DDR im wesentlichen während meiner Tätigkeit an der Forschungsstelle Prof. Spackeler durchgeführten Festigkeitsuntersuchungen berichten, wobei eine Trennung zwischen Vergleichsuntersuchungen und Untersuchungen zur Erforschung von Einzelproblemen notwendig erscheint. Die Untersuchungen von Einzelproblemen sind u. a. unumgängliche Voraussetzungen zur Klarstellung des physikalischen Aussagewertes gewisser Versuchsanordnungen. Sie sind Grundlage für spätere routinemäßig durchzuführende Vergleichsuntersuchungen, können aber selbst nicht mit in eine Standardisierung einbezogen werden. Ich darf mich daher in diesem Kreise auf Vergleichsuntersuchungen beschränken.

DIN-Normen und bergmännische Festigkeitsuntersuchungen

Aus den Bedürfnissen des Bauwesens sind schon seit langem Prüfverfahren entwickelt, die in entsprechenden Normen ihren Niederschlag gefunden haben. So sind für Natursteine durch Normen [2] geregelt:

Im Normblatt 52100: Die Prüfung von Naturstein, mit Richtlinien zur Prüfung und Auswahl von Naturstein;

52101: Auswahl von Naturstein für die Probenahme;
52103: Die Ermittlung der Wasseraufnahme und Wasserabgabe;
52104: Die Ermittlung der Frostbeständigkeit;
52105: Die Ermittlung der Druckfestigkeit;
52106: Die Ermittlung der Wetterbeständigkeit;
52107: Die Ermittlung der Schlagfestigkeit, ermittelt an Würfeln;
52108: Die Ermittlung der Abnutzbarkeit durch Schleifen;
52109: Die Ermittlung der Widerstandsfähigkeit von Schotter gegen Schlag und Druck;
52110: Die Bestimmung des Raummetergewichtes und die Ermittlung des Gehaltes an Steingekörn;
52111: Die Durchführung des Kristallisationsversuches;
52112: Die Ermittlung der Biegefestigkeit.

Außerdem bestanden nach STÖCKE [3] zwischen den großen Materialprüfanstalten Abmachungen, die noch nicht zur Industrienorm erklärt worden sind, über die Ermittlung der Scherfestigkeit, der elastischen Eigenschaften, der Wärmedehnung und der Wärmeleitzahl.

Obwohl also von seiten der Bauindustrie für Naturgesteine, zu denen ja auch die Materialien gehören, mit denen es der Bergmann zu tun hat, schon weitgehende Regelungen ihrer Untersuchungen getroffen worden sind, besteht doch von seiten des Bergbaues das Bedürfnis, zu spezifizierteren Abmachungen zu gelangen, die den besonderen Anforderungen der Gebirgsmechanik gerecht werden. Es hat den Anschein, als ob die für die Bauindustrie ausreichenden Normen also für den Bergbau nicht ausreichen. Andererseits sind einige im Bauwesen genormte Untersuchungen für den Bergbau nicht von Interesse.

Der Hauptgrund liegt wohl in der unterschiedlichen Aufgabenstellung der beiden Industriezweige. Während der Bauingenieur die natürlichen Gesteine benutzt, um mit ihnen Bauwerke zu errichten, bei denen sie Belastungen ausgesetzt sind, die weit unterhalb ihrer natürlichen Festigkeit liegen und er stets im rein elastischen Bereich arbeiten kann und muß, da die Lebensdauer des Bauwerkes auf „unendliche" Zeiten bestimmt ist, muß der Bergmann in dem Gestein arbeiten, von dem er in den meisten Fällen weiß, daß es den Beanspruchungen, die er ihm durch den Abbau zumuten muß, nicht gewachsen sein kann. Seine mit bergmännischer Kunst durchgeführten Operationen an der Bruchgrenze erfordern daher ganz besondere Kenntnisse der Festigkeitseigenschaften und des Festigkeitsverhaltens des Gebirges, in dem er arbeitet, wofür die im Bauwesen notwendigen Kennziffern nicht ausreichen, da im Bergbau nicht nur die reine Gesteinsfestigkeit von Interesse ist, sondern besonders die Verbandsfestigkeit. Trotzdem dürfte es wesentlich sein, über die Durchführung von Festigkeitsuntersuchungen übereinzukommen.

Betrachtet man die bergmännische Gebirgsmechanik, die Geomechanik für den Fels- und Tunnelbau und die Baumechanik, so findet man, daß sich die Baumechanik und die Geomechanik in der Aufgabenstellung für die Haltbarkeit ihrer Bauwerke sehr nahe stehen, was auch in den für diese Zweige notwendigen Untersuchungen zum Ausdruck kommen muß. Andererseits haben die bergmännische Gebirgsmechanik und die Geomechanik eine viel engere Verbindung durch die Großräumigkeit ihrer *Bauten*. Daher erscheint insbesondere eine Zusammenarbeit mit den Felsmechanikern für die bergmännische Gebirgsmechanik sehr wertvoll.

Methodik der Festigkeitsuntersuchungen in der DDR zur Erlangung von Vergleichswerten

1. Probenahme

Die Deutschen Industrienormen sehen für die Probenahme vor, daß die Proben durch Spitzarbeit in Handstücken von 20 × 20 × 30 cm aus dem Stoß entnommen werden.

Diese Art der Probenentnahme erfordert bei einer massenhaften Probenuntersuchung einen sehr großen Arbeitsaufwand, so daß wir für Vergleichsuntersuchungen auf eine derart sorgfältige Probenentnahme verzichteten und statt dessen Handstücke gleicher Größenordnung aus dem Haufwerk entnahmen und diese durch Abklopfen mit einem Handhammer auf offensichtliche Risse untersuchten. Auf diese Weise mußten etwa 20% der entnommenen Proben verworfen werden. Aus den offensichtlich festen Stücken wurden dann später die entsprechenden Probekörper in der Gesteinsbearbeitungswerkstatt hergestellt. Bei hygroskopischen Salzgesteinen erwies sich außerdem ein Schutz durch einen Lacküberzug als notwendig.

Die Nachteile einer solchen Probenahme sind offensichtlich, insbesondere macht bei wenig geschichtetem Material die Orientierung einige Schwierigkeiten. Außerdem muß das Material als durch die Schießarbeit beansprucht gelten. Trotzdem betrachteten wir diese Methode für Vergleichsuntersuchungen als ausreichend, da wir die damit verbundene Arbeitserleichterung höher einschätzten als die exaktere Möglichkeit der Bestimmung eines doch problematischen Kennwertes.

Mit dieser Art der Probenentnahme beschritten wir einen Mittelweg. Die von Dreyer und Borchert [4], [5], [6] an der Bergakademie Clausthal durchgeführten Untersuchungen wurden an Proben vorgenommen, die aus Blöcken von annähernd cbm-Größe stammten, die durch Loch-an-Loch-Schrämen ohne Schießarbeit aus dem Gebirgsstoß heraus gearbeitet worden sind. Zur Ermittlung echter Materialkonstanten ist eine solche Arbeitsweise unbedingt notwendig.

Das andere Extrem stellt die von Protodjakonov [7] beschriebene Versuchsdurchführung dar, bei der Proben unregelmäßiger Form direkt aus dem Haufwerk unter die Presse gelangen, wobei allerdings Großzahlversuche unumgänglich sind.

Soweit keine Bohrkerne zur Verfügung stehen, an denen die Festigkeitsuntersuchungen an relativ wenig beeinflußtem Material durchgeführt werden können, neige ich persönlich dazu, für Vergleichsuntersuchungen zur Bestimmung von Relativwerten unserer bisherigen Methode den Vorzug zu geben und in bestimmten Fällen sogar die Methode nach Protodjakonov mit unregelmäßigen Probekörpern anzuwenden.

Die Festigkeitsuntersuchungen an Bohrkernen werden jedoch in Zukunft eine besondere Rolle spielen, da Vorsorge getroffen wurde, daß die Kerne aus geologischen Bohrungen zur mechanischen Untersuchung zur Verfügung gestellt werden. Dies hat den großen Vorteil, daß man Festigkeiten an relativ ungestörten Proben ermitteln kann und darüberhinaus Kenntnis über die Festigkeitseigenschaften der Hangendschichten erlangt, die in der Vergangenheit nur vereinzelt in die Untersuchungen mit einbezogen wurden.

2. Probenherstellung und Probenform

Weichere Gesteine werden allgemein auf der Drehbank bis zur gewünschten Probengröße abgedreht. Es wird also bei solchen Gesteinen, alle Salzgesteine, weiche Schiefer, Kohlen bis zum Anhydrit, bei Druck- und Scherversuchen mit zylinderförmigen Proben gearbeitet. Als Durchmesser wurde 56,4 mm gewählt, d. h. die Druckfläche beträgt 25 cm². Hierdurch ergibt sich eine leichte Umrechnung auf kp/cm². Die Probenhöhe wurde ebenfalls mit 56,4 mm eingehalten.

Auf einer guten Drehbank ist es ohne weiteres möglich, die Zylinder auf $^1/_{100}$ mm Genauigkeit abzudrehen und auch genügend planparallele Druckflächen zu erhalten. Aus Gründen der Spannungsverteilung halten wir Zylinder für günstiger als würfelförmige Proben.

Bei Druckfestigkeitsuntersuchungen an härteren Gesteinen, z. B. chamositischem Eisenerz der Grube Schmiedefeld, an Lederschiefer oder an Quarzit, wurden würfelförmige Proben mit 5 cm Kantenlänge verwendet, die auf einer Gesteinsschneidmaschine bearbeitet wurden. Hierbei waren jedoch umfangreiche Nachschleifarbeiten notwendig, um die Plan-

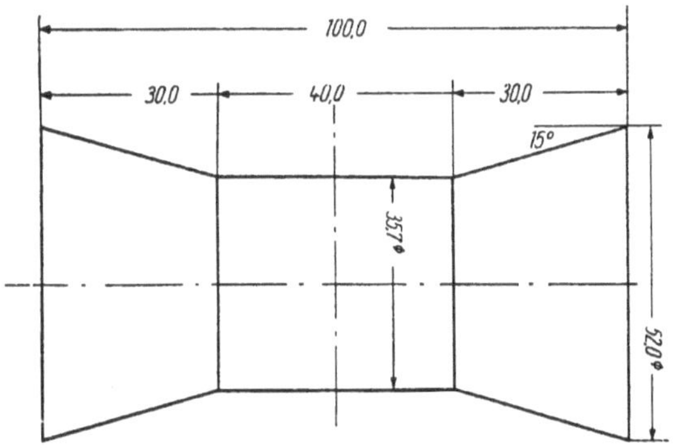

Bild 1. Probenform für Zugversuche an Salzgesteinen

Bild 2. Gerissene Zugprobe mit halber Einspannhülse

parallelität der Druckflächen zu erreichen. Außerdem schwankten die Würfelmaße bis zu 1 mm um den Normwert.

Für die Herstellung der Zugproben wurden, da sich semmelförmige Proben zu schwierig herstellen ließen, doppelkegelförmige Proben mit einem zylindrischen Mittelteil ebenfalls auf der Drehbank hergestellt. Nach umfangreichen Vorversuchen wurde die in Bild 1 gezeigte Probenform als zweckentsprechend gefunden. Die Länge der gesamten Probe betrug 100 mm, die freie Zuglänge 40 cm, die Einspannlängen je 30 mm bei einer Steigung von 15,4° entsprechend einem Enddurchmesser der Proben von 52 mm und einem Querschnitt der Zugflächen von 10 cm² = 35,7 mm Durchmesser.

Diese Zugproben wurden in Einspannhülsen gem. Bild 2 verwendet.

3. Wesentliche Merkmale bei der Versuchsdurchführung

a) Druckversuch

Alle Versuche werden ohne Manteldruck durchgeführt, d. h. nur einachsige Belastung. Bei einer nach der Norm vorgeschriebenen Belastungsgeschwindigkeit von 12—15 kp/cm² je sec, das sind 600 bis 900 kp/cm² · min, ergaben sich bei gut verformbarem Material Schwierigkeiten in der Ablesung der Verformungswerte, so daß allgemein mit der Belastungsgeschwindigkeit heruntergegangen wurde und eine solche von etwa nur 2 kp/cm² je sec eingehalten wurde. Eine Möglichkeit auch bei schnellen Verformungen und größeren Belastungsgeschwindigkeiten alle Zwischenwerte zu erfassen, besteht darin, die Meßwertanzeigen, sowohl des Kraftmessers als auch des Verformungsmessers, durch Filmaufnahmen zu registrieren und später auszuwerten. Von dieser Möglichkeit wurde bei Spezialuntersuchungen im Institut für Materialprüfung und Werkstoffkunde an der Bergakademie Freiberg Gebrauch gemacht.

Zu bemerken ist, daß mit den bisher üblichen Prüfmaschinen keine Belastungsgeschwindigkeit eingestellt werden konnte, sondern nur die Verformungsgeschwindigkeit. Dadurch wurde die Einhaltung einer bestimmten Belastungsgeschwindigkeit eine gewisse Routineangelegenheit des die Untersuchungen durchführenden Mannes.

Bei den Druckfestigkeitsuntersuchungen zur Ermittlung von Vergleichswerten wurden die Druckflächen der Proben *nicht* geschmiert.

Für die Messung der axialen Verformung wurden Keilpartmeßuhren mit $^1/_{100}$ mm bzw. $^1/_{1000}$ mm Anzeige verwendet und die Verformung über die *ganze* Probehöhe gemessen.

Für die Untersuchungen im Laboratorium werden allgemein Universalprüfmaschinen des VEB Werkstoffprüfmaschinen, vormals Fa. Louis Schopper, Leipzig, angewendet. Schwierigkeiten bei der Untersuchung sehr hygroskopischer Materialien, die umfangreiche Schutzmaßnahmen notwendig machten, brachten den Wunsch nach einer wesentlichen Vereinfachung der Druckfestigkeitsuntersuchungen zur Ermittlung von Vergleichswerten. Das Kennenlernen der von Protodjakonov beschriebenen Methode der Festigkeitsuntersuchungen mit unregelmäßig geformten Probekörpern veranlaßte uns, erste Versuche mit dieser Methode durchzuführen, und zwar unter Tage. Als Druckpresse dient eine transportable Baustoffpresse mit 300 t Maximallast und zwei Meßbereichen von 0—60 und 0—300 t, die ursprünglich für die Prüfung von Betonwürfeln mit 20 cm Kantenlänge vorgesehen war. Eine solche Maschine haben wir jetzt in einem Kaliwerk unter Tage aufgestellt, um dort die Untersuchungen des stark hygroskopischen Carnallites durchführen zu können. Die bis jetzt ermittelten Werte stehen in guter Übereinstimmung mit aus Laborversuchen bekannten Werten.

b) Scherversuch

In den deutschen Industrienormen für Natursteine ist der Scherversuch nicht aufgeführt. Der im DIN-Blatt 50141 genormte Scherversuch ist auf metallische Werkstoffe abgestimmt.

Alle bei uns durchgeführten Scherfestigkeitsuntersuchungen wurden als zwei-schnittiger Scherversuche in einem eigens dafür konstruierten Gerät vorgenommen. Das Schergerät, vgl. Bild 3 und 4, besteht aus dem Fuß, zwei Scherbacken und einem Scherstempel von 17 mm Breite. Es wird in Verbindung mit einer normalen Prüfmaschine angewendet.

Die zweischnittige Scherung mit fest am Scherstempel und den Scherbacken anliegenden Zylinderproben verhindert eine Durchbiegung und ein radiales Ausweichen der Proben. Wohl verursacht durch diese Art der Versuchsdurchführung, ergaben sich relativ hohe Werte der Scherfestigkeit, wie später noch gezeigt werden soll.

Die Aufnahme der Verformungskurve erfolgte auch bei diesen Versuchen mittels Keilpartmeßuhr. Als Belastungsgeschwindigkeit wurde 0,5 kg/cm² je sec gewählt.

Bild 3. Gerät für zweischnittige Scherversuche

Bild 4. Gerät für zweischnittige Scherversuche mit Probekörper

c) Zugversuch

Zur Durchführung der Zugversuche ist nur noch zu bemerken, daß die Belastungsgeschwindigkeit etwa 1,5 kp/cm² sec betrug und die Verformungen ebenfalls mittels mechanischer Meßuhr erfaßt wurden.

Bei allen Versuchen wurde angestrebt, daß von jedem Ort der Probenahme mindestens 10 Proben untersucht wurden.

4. Vergleich einiger Festigkeitswerte

Mit den vorgenannten Methoden wurden zahlreiche Festigkeitsuntersuchungen an Hartsalzen verschiedener Werke durchgeführt. Ohne auf die Einzelwerte hier einzugehen, seien nur die Verhältniszahlen der verschiedenen Festigkeiten mitgeteilt:

Kaliwerk	Druckfestigkeit a) σ_D kp/cm²	Fehler ±%	Scherfestigkeit b) τ kp/cm²	Fehler ±%	Zugfestigkeit c) σ_Z kp/cm²	Fehler ±%
Karl Marx, Sollstedt	404,9	±3,3	124,3	±1,4	13,9	±11,2
Thomas Müntzer, Bischofferode	385,1	±3,4	121,2	±1,7	26,6	±16,4
Karl Liebknecht, Bleicherode	368,2	±3,0	123,9	±1,6	12,6	±10,4
Glückauf, Sondershausen	403,3	±3,6	121,1	±2,0	17,8	±12,4
Volkenroda	286,5	±8,7	99,8	±2,8	13,0	±10,8
Roßleben	334,3	± 3,1	110,1	±3,3	11,8	± 9,8
Mittelwert	374,3	±3,6	120,5	±2,5	14,6	±12,3

a) Messungen als Meldearbeit nach Angabe des Verfassers durchgeführt von D. Harzt,

b) Messungen als Meldearbeit nach Angabe des Verfassers durchgeführt von G. Karnapp,

c) Messungen als Meldearbeit nach Angabe des Verfassers durchgeführt von G. Pukocz,

Am auffallendsten sind in dieser Zusammenstellung die relativ hohen Schubfestigkeitswerte, die etwa nur $^1/_3$ der Druckfestigkeit betragen. Auf den möglichen Einfluß der Versuchsanordnung wurde schon hingewiesen. Vergleichsweise ist jedoch auch die Zugfestigkeit mit $^1/_{20}$ der Druckfestigkeit gegenüber älteren Literaturangaben noch recht hoch.

Interessant ist noch ein Vergleich der mit den eben beschriebenen Methoden der Druckfestigkeitsuntersuchungen ermittelten Werte und den von Dreyer auch an Hartsalz des Flözes Staßfurt ermittelten.

Vergleich von Druckfestigkeitswerten nach verschiedenen Methoden (Salze des Flößes Staßfurt):

A nach Dreyer [4] Versuche mit Schmierung Probenahme aus dem Stoß ohne Sprengarbeit Würfel Druckfestigkeit σ_D kp/cm²	Fehler %	B nach Höfer [8] Versuche ohne Schmierung Probenahme aus dem Haufwerk Zylinder Druckfestigkeit σ_D kp/cm²	Fehler %
477	±3	404,9	±3,3
392	±3	403,3	±3,6
362	±3	385,1	±3,4
366	±4	386,2	±3,0

In beiden Fällen stammen die Einzelwerte aus etwa je 10 Versuchen.

Im Fall B nach unseren Versuchen ist zwar der Fehler um ein geringes größer und die Werte können nicht als spezifische Stoffkonstante angesehen werden, sondern nur als Vergleichswerte, da dazu die notwendigen Voraussetzungen in der Versuchsdurchführung fehlen. Es ist offensichtlich, daß die Proben der Reihe A ohne Schmierung wesentlich höhere Werte ergeben hätten, erfahrungsgemäß etwa um 30—40% höher, und daß der Einfluß der durch Schießarbeit angeschreckten Proben in der Größenordnung des Einflusses der Schmierung zu liegen scheint. Die Größenordnung der ermittelten Festigkeitswerte beider Reihen ist jedoch dieselbe.

5. Untersuchung spezieller Festigkeitsprobleme

Nach den Anfangsuntersuchungen von Höfer [8] über das Kriechen der Salzgesteine wurden diese Versuche an der Forschungsstelle Prof. Spackeler weiter fortgeführt, nachdem nach Angaben des Verfassers noch ein mechanischer Dauerprüfstand mit Hebelübertragung gebaut worden war sowie ein Prüfstand mit Federbelastung zur Verfügung stand.

Außer diesen hier angeführten Untersuchungen werden an verschiedenen Instituten, wie im Institut für Bergbau Tiefbau unter der Leitung von Prof. Gimm, im Institut für Materialprüfung und Werkstoffkunde der Bergakademie Freiberg unter der Leitung von Prof. Erdmann-Jesnitzer und an der Zentralen Forschungsstelle für die Kaliindustrie Untersuchungen von festigkeits-mechanischen Einzelproblemen durchgeführt, wie Ultraschallmessungen, Festigkeitsuntersuchungen bei verschiedenen Schlankheitsgraden, Untersuchungen über die Plastizität wasserbenetzter Salzkristalle u. a.

Eine wesentliche noch nicht in Angriff genommene Aufgabe ist die Durchführung von Triaxialversuchen. Vorarbeiten für den Bau eines Gerätes, mit dem drei voneinander unabhängige Hauptspannungen erzeugt werden können, sind im Gange.

Ich habe mich bewußt auf die Art unserer Versuchsdurchführung zur Ermittlung von Vergleichswerten beschränkt. Es scheint mir notwendig, die Vor- und Nachteile der einen oder anderen Methode, die hier von verschiedenen Seiten vorgetragen wurden, abzuschätzen und darüber zu diskutieren.

Für die Normung sollten berücksichtigt werden:

a) Art der Probenahme,
b) Probenbehandlung,
c) Probenform — Würfel oder Zylinder,
d) bei Zylindern deren Schlankheitsmaß,
e) Probengröße,
f) Reibungsverhältnisse an den Druckplatten,
g) die Belastungsgescheindigkeit,
h) die Art der Verformungsmessungen an den Probekörpern.

Literatur

[1] Hoffmann, H.: Ein Querschnitt durch die internationalen Tagungen für Gebirgsdruckforschung, insbesondere durch die in Paris im Früjhahr 1960. Mitteilungen aus dem Markscheidewesen 67 (1960), 107—135.
[2] DIN-Normblätter.
[3] Stöcke, K.: Die Bedeutung der Stoffkonstanten natürlicher Gesteine für Bauwesen, Geologie und Bergbau. Fortschr. d. Mineralogie 24 (1939), 65.
[4] Dreyer, W.: Über die Bruchfestigkeit mono- und polykristallinen Gesteins in Abhängigkeit von Prüfkörperform, Belastungsgeschwindigkeit und Art der Einspannung. Die Bergbauwissenschaften 6 (1958), 15—22.
[5] Dreyer, W.: Über das Festigkeitsverhalten sehr verschiedenartiger Gesteine. Die Bergbauwissenschaften 2 (1955), 183—191.
[6] Borchert, H.: Ozeane Salzlagerstätten. Verlag Bornträger, Berlin 1959.
[7] Protodjakonov, M. M.: Neue Verfahren zur Bestimmung der mechanischen Eigenschaften der Gesteine im Bergbau. Vortrag Internationaler Kongreß für Gebirgsdruckforschung in Paris 1960.
[8] Höfer, K.-H.: Beitrag zur Frage der Standfestigkeit der Bergfesten im Kalibergbau. Freiberger Forschungshefte A 100, Akademie-Verlag, Berlin 1958.

Methoden der Festigkeitsuntersuchungen in verschiedenen Ländern

Von H. Wöhlbier, Clausthal

1. Themenabgrenzung

Bei Festigkeitsuntersuchungen an Gesteinen im Sinne der Gebirgsmechanik wollen wir unterscheiden zwischen den Verfahren, die zur Ermittlung von Kennwerten im Labor durchgeführt werden und solchen, die unter Tage am oder im Gebirge zur Anwendung kommen. Letztere führen vielfach über die Messung der Verbandseigenschaften zu Erkenntnissen über das Gebirgsverhalten, setzen jedoch meist Laborversuche voraus. Um das Thema nicht zu stark auszuweiten, will ich mich jetzt auf die Laboruntersuchungen beschränken.

Wir sind heute in der glücklichen Lage, durch Kontakte aller Art über die Landesgrenzen hinaus unsere Erfahrungen auszutauschen. Irgendwelche nach Ländern klassifizierten Unterschiede lassen sich nicht aufzeigen. Vielmehr richten sich die Methoden nach den Auffassungen der einzelnen Forscher, und so muß die Themenstellung von dieser Seite her etwas abgewandelt werden.

Zur Untersuchungsmethodik im engeren Sinne gehören die Probenahme, die Behandlung der Probe, die Versuchsapparatur in ihrem grundsätzlichen Aufbau und die Versuchsdurchführung unter Beachtung verschiedener Abhängigkeiten, wie z. B. Temperatur, Feuchtigkeit oder Belastungsgeschwindigkeit. Im weiteren Sinne gehört auch noch die Auswertung dazu, die hier aber nur gelegentlich gestreift werden kann.

In dem vorliegenden Vortrag werde ich in knapper Form über Fragen der Probenform, der Ermittlung des Elastizitätsmoduls und der Poisson'schen Zahl berichten. Ferner wird das Festigkeitsverhalten der Gesteine zu behandeln sein. Darunter ist die Beanspruchung einer Probe bis zu ihrer Zerstörung zu verstehen. Dies kann durch Druck, Zug, Biegung, Scherung, Torsion oder durch die Kombination dieser Beanspruchungen hervorgerufen werden. Im wesentlichen haben uns bisher die Druckversuche mehr beschäftigt, die deshalb auch im Vordergrund stehen sollen.

Auf die noch interessanten Kompressibilitätsversuche kann hier aus Zeitgründen nicht mehr eingegangen werden.

2. Probenform

Die Probenform hängt wesentlich von der Gewinnungs- und Bearbeitungsmöglichkeit des Gesteins ab. Ein weiterer Grund für die Dimensionierung der Prüfkörper ist die Größe und Einrichtung der vorhandenen Meßapparatur.

Es ist hinreichend bekannt, daß aus dem Gebirgsverband genommenes Gestein Einflüssen ausgesetzt ist, die seine Verhaltensweise ändern. Um solche Einflüsse möglichst geringfügig werden zu lassen, muß auf eine schonende Gewinnung geachtet werden. Diese ist bei der Bohrkerngewinnung weitgehend gewährleistet. Das Gestein hat hierbei die Möglichkeit, sich nach allen Seiten gleichmäßig auszudehnen. Man kann in keinem Fall erwarten — wenn wir die vorhandenen petrographischen Unterschiede einmal vernachlässigen —, daß aus dem Haufwerk gewonnene Prüfkörper die gleichen Kennwerte liefern wie Bohrkerne.

Auch ausgeschrämte Proben haben keine gleichmäßigen Entspannungsmöglichkeiten und führen daher zu anderen Ergebnissen.

1931 habe ich bei meinen Versuchen schon darauf hingewiesen [1], daß die Angabe der Schichtungsrichtung von wesentlicher Bedeutung ist. Vielfach ist diese Tatsache bekannt, aber leider wird sie noch nicht in allen Mitteilungen mit angegeben. Auch Hoffmann [2] wies auf der Gebirgsdrucktagung 1958 darauf hin, daß die Richtung des Hauptdruckes zur Schichtung berücksichtigt werden muß.

Neben der Lage der Hauptspannung zur Schichtung wirken sich selbstverständlich auch Einlagerungen oder verwachsene Klüfte auf die Kernfestigkeit aus. Everling [3] teilte kürzlich die gleichen Beobachtungen mit und wies darauf hin, daß der Einfluß der Festigkeitsanisotropie erheblich größer ist als der der Gesteinsart. Keine übereinstimmende Ansicht läßt sich bisher darin erkennen, ob und inwieweit der petrographische Aufbau der Gesteine von Bedeutung für Festigkeits- und Elastizitätswerte ist. Dreyer und Borchert [4], [5] fordern zu jeder Untersuchung eine genaue petrographische Analyse. Mainzer [6] berichtet über Versuche von Obert in den USA ebenfalls, daß dort die petrographischen Eigenschaften zu jedem Probekörper vermerkt werden, und auch Bredthauer in den USA [7] schließt sich dem weitgehend an. Die eben dargelegte Auffassung wird in Deutschland nicht überall geteilt. Everling [3] konnte bei Druckversuchen keine Abhängigkeit der Festigkeitswerte vom petrographischen Aufbau erkennen, die eine eingehende Analyse rechtfertigen würden. Diesen Fragen wird in Zukunft mehr Beachtung geschenkt werden müssen.

Die Abmessungen der Prüfkörper variieren erheblich. Dabei wollen wir die Salzgesteine ausklammern. Bei ihnen bestehen auch heute noch erhebliche Schwierigkeiten, unbeschädigte Kerne zu ziehen. Wohl aus diesem Grund, wie auch aus Gründen der leichteren Handhabung mit Meßgeräten haben sich hierbei die Würfel- und die Prismenform überall weitgehend durchgesetzt. Borchert [8] identifiziert die Bruchfestigkeit mit der Würfeldruckfestigkeit. Ich habe mit Prismen bei einem Schlankheitsgrad von 2 gearbeitet [1], den auch Dreyer und Borchert [9] bei einer größten Kantenlänge von 200 mm benutzen.

Bei allen anderen Gesteinen werden recht unterschiedliche Formen herangezogen. v. Kármán [1] benutzte zylindrische Körper, die er abgedreht hatte. Diese Form habe ich auch gewählt [1], da sie sich den Gegebenheiten der Versuchsapparatur für dreiaxiale Belastung gut anpaßt. Heute finden wir in Deutschland überwiegend die zylindrische Form. Aus den USA wird berichtet, daß bisher sowohl Prismen [6] als auch zylindrische Proben [11] zur Anwendung kamen. Durch die neueren Normen des US Bureau of Mines sollen in Zukunft nur noch Bohrkerne herangezogen werden [11]. Während für Druckversuche in Japan [12] prismatische Proben $35 \times 35 \times 70$ mm verwandt werden, nimmt man bei Zugversuchen Gesteinszylinder mit gleichem Durchmesser und Höhe von jeweils 50 mm. Schließlich werden für Scherversuche wieder Prismen mit noch anderen Abmessungen herangezogen. Mit ebenfalls sehr unterschiedlichen Formen führte Znanski [13] Versuche in Polen durch.

Während der Schlankheitsgrad bei v. Kármán [10] z. B. noch als Verhältnis von Höhe und Durchmesser angegeben wird, oder andere Forscher aus Japan [12], Deutschland [3] und den USA [11] die einzelnen Abmaße angeben, fehlt bei vielen Arbeiten im In- und Ausland ein solcher Hinweis ganz. Aufgrund der Vielfalt der verschiedenen Angaben haben Dreyer und Borchert [4], [5] den Schlankheitsgrad neu definiert als das Verhältnis aus Höhe zur Wurzel aus der Grundfläche. Dieser Schlankheitsgrad weicht von dem in der Mechanik üblichen ($\lambda = l/i$; i = Trägheitsradius $= \sqrt{I/F}$) ab und berücksichtigt nicht die Form des Probekörpers. Dreyer und Borchert haben bei ihren Versuchen [5], [14] festgstellt, daß bei der Ermittlung von Materialkennwerten — wie z. B. Bruchfestigkeit bei ein- oder dreiaxialer Belastung — die Prüfkörperform ohne Ausschlag ist.

Der benutzte Schlankheitsgrad schwankt in weiten Grenzen von 5 bis 0,5 und noch darunter. Die Mehrzahl der Forscher wählt $\lambda = 2$. Dieses Maß erscheint mir in bezug auf die Knicksicherheit niedrig genug. Gegen eine weitere Verkleinerung von λ spricht die Tatsache, daß an den Preßflächen bei sehr hohen Drücken die Gleitschicht teilweise herausgepreßt werden kann und dann die Querdehnung behindert wird.

Auf die neuerdings in Rußland entwickelte Methode, vollkommen unregelmäßige Körper zu benutzen, wird später einzugehen sein.

Die Bearbeitung der Proben muß mit besonderer Sorgfalt vorgenommen werden. Für Druckversuche müssen die an den Preßplatten anliegenden Flächen planparallei geschliffen und poliert werden, um unerwünschte Spannungsverteilungen zu vermeiden. Bei Zugversuchen können die Stirnflächen einfacher gestaltet werden [15].

3. Messung des Elastizitätsmoduls

In der Gebirgsmechanik unterscheiden wir zwei Elastizitätsmoduln, die in ihren Werten durchaus abweichen können. Der statische E-Modul wird durch die Messung von Längenänderungen, der dynamische durch Geschwindigkeitsmessungen elastischer Wellen ermittelt.

Schon bei der Definition des statischen E-Moduls gehen die Meinungen auseinander. Innerhalb des rein elastischen Bereichs gilt das Hookesche Gesetz $E = \sigma/\varepsilon$, wobei der E-Modul proportional dem Verhältnis aus aufgenommener Spannung zur relativen Längenänderung ist. Die Beanspruchung hierbei ist ideal einachsig. Bei gradliniger Entlastungskurve im teilplastischen Bereich liegt die Definition, der sich auch Dreyer [4] anschließt, als Verhältnis von Spannungsaufnahme zur zugehörigen elastischen Verformung auf der Hand. Da die Entlastungszweige aber fast immer gekrümmt sind, so argumentiert Dreyer [4], müßte für den E-Modul das Verhältnis aus Spannungsdifferential und elastischem Verformungsdifferential gebildet werden. Dem kann man nicht folgen, denn das gesamte Maß der bei der Entlastung rückverformbaren Teile bestimmt den E-Modul. Bei einer nur teilweisen Entlastung bleiben die restlichen Teile unberücksichtigt. Aus dem folgt nun, daß der für einen bestimmten Spannungszustand definierte E-Modul nur dann gemessen wird, wenn eine anschließende Entlastung auf Null durchgeführt wird. In dieser Weise bin ich auch mit Stöcke einig, der die gleiche Meßmethode empfohlen hat.

Bei den Bestimmungen des statischen E-Moduls kann mit ein- oder dreiaxialer Belastung verfahren werden. Die Untersuchungen bei einaxialer Belastung, die in meinem Institut vorgenommen werden, führen wir mit Werkstoffpressen durch. Bild 1 zeigt eine 60 t-Presse mit drei Meßbereichen, deren Genauigkeit vollkommen hinreichend ist. Die planparallel geschliffenen Proben werden an den Stirnflächen mit einer Paraffinschicht überzogen, die den einaxialen Belastungszustand gewährleistet. In Polen werden ebenfalls diese Versuche mit einachsiger Belastung durchgeführt. Znanski allerdings hat in die Preßplatten Vertiefungen eingelassen und das Paraffin darin untergebracht, um bei sehr hohen Drücken das Ausweichen dieser plastischen Masse zu verhindern [13].

Weit mehr als über einachsige Versuche wird über solche mit dreiaxialer Belastung berichtet. Wegweisend für diese Versuche war die bekannte Entwicklung des Kármánschen Apparates. Die heutigen Geräte unterscheiden sich im Grundaufbau kaum, sie sind lediglich konstruktionsmäßig verbessert und um einige Zusatzgeräte erweitert worden. Bild 2 zeigt das von Hoffmann und Everling benutzte Gerät. Es ist von vornherein für Ultraschall-

und Dehnstreifenmessung mit der erforderlichen Apparatur ausgerüstet. Dieses Gerät erlaubt Längsdrücke bis zu 8000 und Manteldrücke bis zu 2000 kp/cm².

Die beim US Bureau of Reclamation zur Verfügung stehenden Geräte erlauben Drücke bis zu 8800 kp/cm². Bild 3 zeigt das in Japan entwickelte Gerät, das davon abweichend

Bild 1. 60-t-Werkstoffprüfmaschine für einaxiale Belastung mit drei Meßbereichen von 6, 20 und 60 t

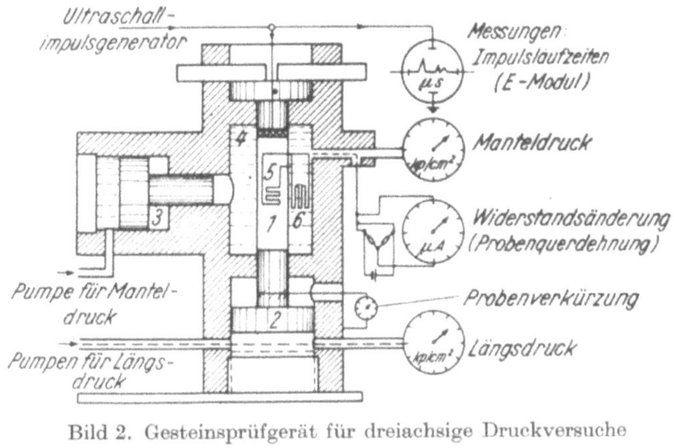

Bild 2. Gesteinsprüfgerät für dreiachsige Druckversuche

nur Drücke zuläßt, die den dort erreichten Teufen entsprechen. Dafür ist der Druckraum mit 24 *l* Inhalt so groß ausgebildet, daß darin noch zusätzliche Untersuchunsggeräte eingebracht werden können.

Zur Messung der Längenänderung sei nur darauf hingewiesen, daß bei Meßuhren — die vielfach in Japan und teilweise in Deutschland verwendet werden — die Zusammenpressung des Stempels berücksichtigt werden muß. Bei einaxialer Belastung bietet sich das in Bild 4 gezeigte Martenssche Spiegelmeßgerät an. Bei Dehnstreifenmessung ist auf einen Blindgeber zu achten, der die reine Widerstandsänderung durch die Druckverhältnisse in der Flüssigkeit angibt. Seltener werden Dehnungssaitenmeßgeräte für Laborversuche benutzt. Alle Meßgeräte sind hinreichend beschrieben worden [16], ebenso sind der Literatur die mit ihnen erreichten Genauigkeiten zu entnehmen.

Hoffmann [2] führt sehr richtig an, daß der E-Modul nicht nur vom Verhältnis von Längs- zu Manteldruck abhängt, sondern auch davon, wie dieser erreicht wird. Als günstigste Methode gibt er eine wechselnde Erhöhung von p und σ an. Die erforderlichen Druckintervalle werden unterschiedlich angegeben. Allgemein liegen sie zwischen 10 und 40 kp/cm². Auf die Belastungsgeschwindigkeit wird später einzugehen sein.

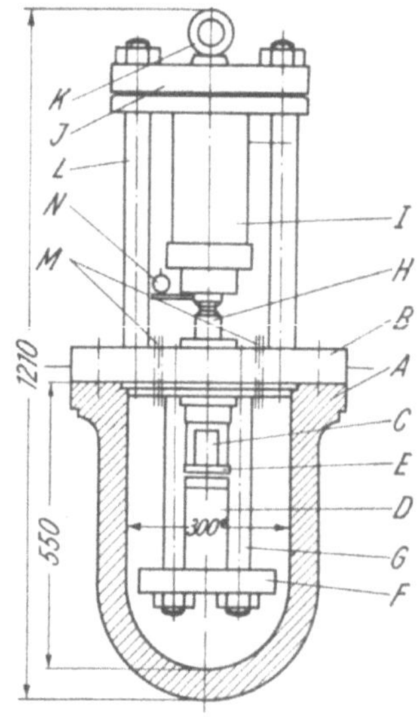

Bild 3. Japanisches Gesteinsprüfgerät für dreiachsige Druckversuche
A — Druckkammer mit 300 mm ⌀; B — Deckel; C — Probekörper; D — auswechselbarer Amboß für verschiedene Probengrößen; E — verstellbare Tragplatte auf dem Amboß; F — Bodenplatte; G und L — Schrauben; H — Druckkolben; I — Hydraulischer Druckzylinder; J — Querhaupt; K — Ösenschraube; M — Anschlußdrähte; N — Meßuhr

Bild 4. Martenssches Spiegelmeßgerät

Der durch Laufzeitmessungen ermittelte dynamische E-Modul unterscheidet sich in seinem Verlauf wesentlich von dem mechanisch ermittelten. Allgemein strebt er mit der Druckbelastung einem Höchstwert zu, den er bis zum Bruch beibehält [15].

Zunächst betrachten wir die Fremdimpulsmethode, bei der elastische Wellen von einem Sender ausgehen. Buchheim [17] berichtet, daß derartige Untersuchungen in Rußland von Baldin und Goichmann und in den USA von Obert durchgeführt werden. Während in Freiberg bekanntlich an Salzgesteinen gearbeitet wird, werden in der UdSSR Kohlenflöze und deren Nebengestein untersucht.

Bei einaxialen Voruntersuchungen benutzte EVERLING [3] Piezoquarze mit einer Frequenz von 1 MHz bei Anwendung der Reflexions- und auch der Durchschallungsmethode. Hierbei dient der Quarz sowohl als Sender wie auch als Empfänger der elastischen Wellen. Die hohe Frequenz hat den Vorteil, daß hierzu nur sehr kleine Sender erforderlich sind. Als nachteilig stellt EVERLING [15] heraus, daß damit nur gute Leiter durchschallt werden können. Nach HOFFMANN [2] gelang es EVERLING erstmalig, die Laufzeitgeschwindigkeiten unter dreiaxialem Druck aufzunehmen. Die in den USA entwickelte Prüfmaschine für derartige Versuche zeigt Bild 5.

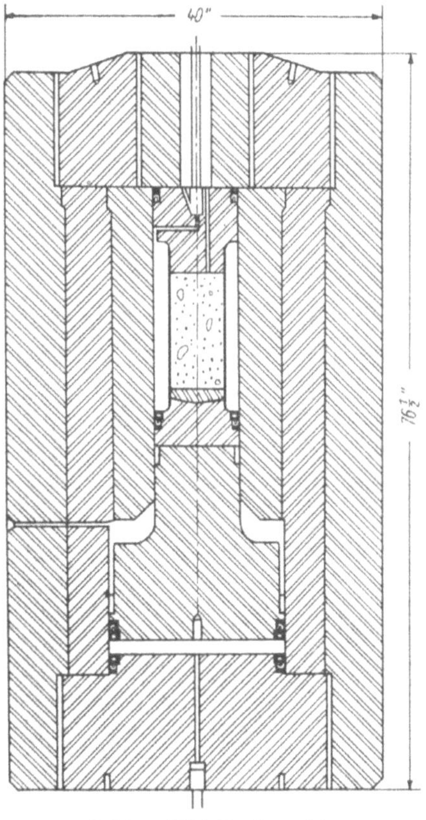

Bild 5. USA-Prüfmaschine

RÖSSLER benutzte bei seinen Durchschallungsmessungen einen Geber, der die Wellen aufgrund des magnetostriktiven Effekts erzeugt [16]. Ein Nickelpaket ist mit einer Erregerspule umwickelt, durch die der Entladungsstrom eines Kondensators fließt. Durch den einsetzenden Strom wird das Nickelpaket magnetisiert und ändert seine Länge bis zu einem Maximum, um sich dann wieder zu verkürzen und so in gedämpfte Eigenschwingungen zu geraten. Der auf die Probe gegipste Geber überträgt die Schwingungen auf das Gestein. Als Schallsonde wird auf der gegenüberliegenden Seite der Probe ein piezoelektrisches Seismometer verwendet. Das Seismogramm läßt sich auf einer Kathodenstrahlröhre sichtbar machen. Bild 6 zeigt einen Laborgeber dieser Art.

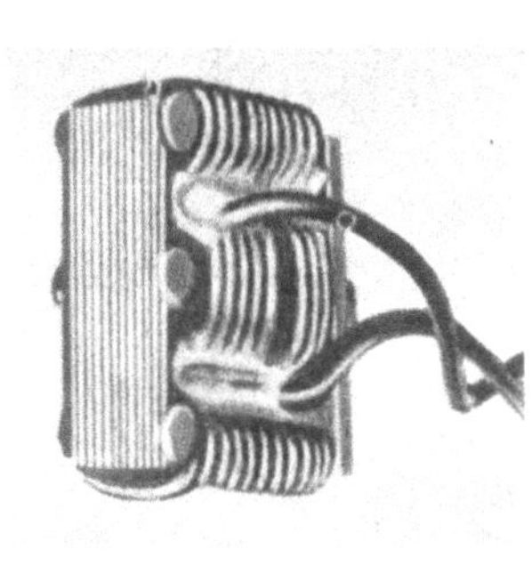

Bild 6. Nickel-Laborgeber für Ultraschallmessungen

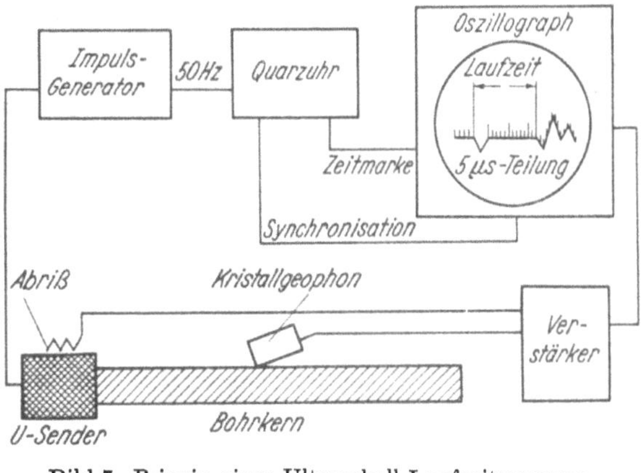

Bild 7. Prinzip einer Ultraschall-Laufzeitmessung nach BAULE

Auch die von Baule entwickelte Methode arbeitet mit dem gleichen Geber [18]. Mit 50 Stößen pro Sekunde werden Ultraschallimpulse von 22 kHz in den Bohrkern eingegeben. Ein Kristallgeophon nimmt sie an mehreren Stellen des Kerns wieder auf. Damit ist es möglich, Geschwindigkeitsschwankungen durch Inhomogenität innerhalb des Kerns aufzunehmen. Bild 7 zeigt die Versuchsanordnung.

Die Eigenimpulsmethode sei hier kurz der Vollständigkeit halber erwähnt. Sie beruht auf der Tatsache, daß ein unter Spannung stehendes Gestein von bestimmten Druckwerten an Geräusche abgibt, die in der Literatur als Mikroseismen bezeichnet werden. Sie rühren von feinsten, makroskopisch nicht sichtbaren Rissen.

Buchheim [17] hat diese Wellen mit Geophonen aufgenommen und die Oszillogramme festgehalten, die dann mit solchen aus der Grube verglichen werden. Aus der Form der Oszillogramme kann auf die Bruchform geschlossen werden.

4. Messung der Poissonschen Zahl

Ebenso wie bei der Bestimmung des E-Moduls kann man die zur Bestimmung der Poissonschen Zahl führenden Werte mechanisch oder über elastische Wellen messen. Die benutzten Geräte sind die gleichen, so daß sich eine nochmalige Beschreibung erübrigt.

Everling [15] hat die Bestimmung der Poissonschen Zahl sowohl auf mechanischem Wege als auch mit Ultraschallmessungen durchgeführt. Die Querverformungen wurden mit Dehnmeßstreifen ermittelt.

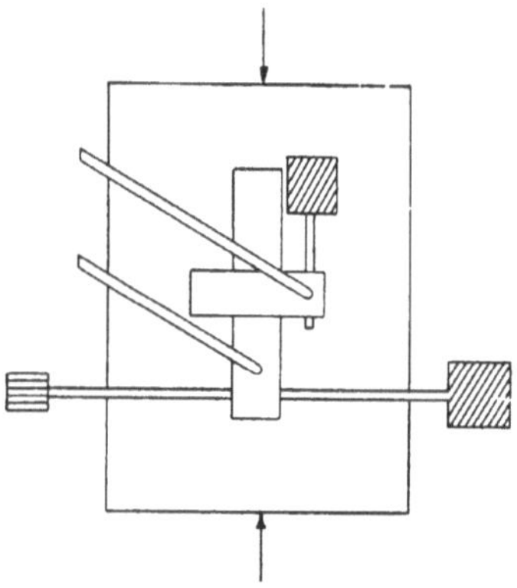

Bild 8. Querdehnungsmeßgerät

In Japan werden die Messungen mit dem bereits beschriebenen Gerät unter verschiedenen Längs- und Umschließungsdrücken durchgeführt [12].

Bei einaxialer Belastung benutzt Dreyer ein Meßkreuz, wie es Bild 8 zeigt [4]. In meinem Institut wird die Poissonzahl unter verschiedenen einaxialen Drücken bestimmt, wobei wir allgemein die Querdehnung mit Meßstreifen, die Längenänderung mit dem Martensschen Gerät ermitteln.

Wie bei der Bestimmung des E-Moduls, so ist auch die Ermittlung der Poissonschen Zahl durch Zugversuche möglich, auf die nicht näher eingegangen zu werden braucht.

Bei Ultraschallmessungen ist für die Poisson-Zahl die Geschwindigkeit der Transversalwellen entscheidend. Everling hat die Gesteinsproben mit der Reflektionsmethode untersucht, wobei die Transversalwellen von einem besonderen Y-Quarz erzeugt wurden [15].

Müller [19] berichtet über eine in Göttingen entwickelte Methode, die den großen Vorteil hat, nur eine Seite des Prüfkörpers bearbeiten zu müssen. Das Gesteinsstück wird in eine Flüssigkeit mit bekannter Schallgeschwindigkeit getaucht. Die die Kompressions- und Scherungswellen auslösende Explosion wird durch einen Funken auf der Gesteinsoberfläche verursacht. Die im Gestein schneller als in der Flüssigkeit laufenden Wellen erzeugen an der Grenzfläche Gestein–Wasser Mintropwellen. Deren Neigung gegen die Oberfläche des Gesteinskörpers ist ein Maß für die Wellengeschwindigkeit in der Probe. Diese Wellen kann man mit der Schlierenmethode sichtbar machen und anschließend auswerten.

5. Bruchfestigkeitsuntersuchungen

Mit der Methode von KICK gelang es mir 1931 zum ersten Mal, plastische Verformungen an Salzgesteinen durchzuführen [1]. Bei diesem Verfahren werden zylindrische Gesteinsproben in einem Kupferzylinder gestaucht. Als Einbettungsmaterial für Salzgesteine wurde Paraffin oder Schwefel verwendet. Ein Nachteil dieser Methode liegt darin, daß der Umschließungsdruck nur äußerst schwierig oder gar nicht zu ermitteln ist.

Zur gleichen Zeit habe ich diese Versuche auch mit dem KÁRMÁNapparat durchgeführt [1], wobei ebenfalls eine plastische Verformung nur bei Salzgesteinen gelang. Die Druckfestigkeit aller Gesteine wurde bei verschiedenen Manteldrücken festgestellt. HOFFMANN [2] berichtet, daß bei diesen Versuchen die Längsdrücke so gesteigert werden, daß der Bruch aufeinanderfolgender Bohrkerne *eines* Bohrloches bei verschiedenen Manteldrücken eintritt. Diese Versuchsdurchführung erlaubt dann das Zeichnen der MOHRschen Hüllkurve, so daß nicht alle σ-p-Zustände durch Versuche ermittelt zu werden brauchen.

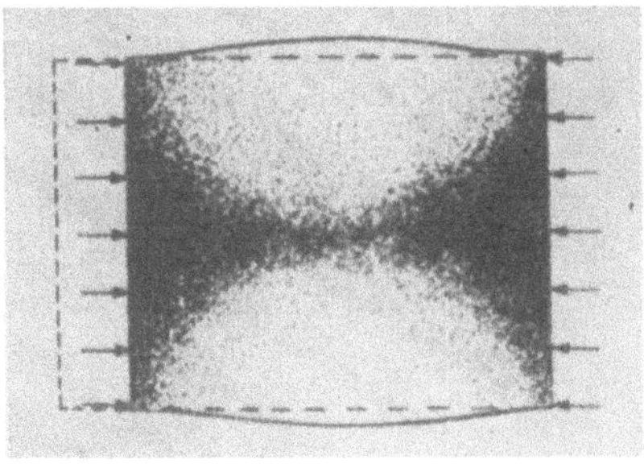

Bild 9. Spannungsanhäufung bei Belastung mit behinderter Querdehnung

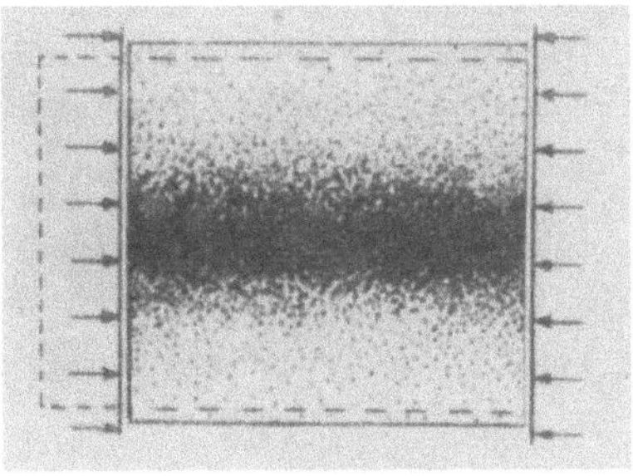

Bild 10. Spannungsanhäufung bei Belastung ohne Querdehnungsbehinderung

Neben den durchgeführten dreiaxialen Druckversuchen wird in Japan auch noch die Zugfestigkeit unter Manteldruck ermittelt. Man kam zu dem Ergebnis, daß die Zugfestigkeit der Proben bei einem Manteldruck von 120 kp/cm^2 einen 2,5 bis 3fachen Wert von dem bei atmosphärischem Druck hat. Bei weiteren Versuchen konnte dieser Sachverhalt bestätigt werden [12].

In der CSSR wurden Brucherscheinungen bei einaxialen Beanspruchungen untersucht [20]. Bei verschiedenen Druckplatten treten unterschiedliche Spannungshäufungen auf, die für die Bruchform bestimmend sind. Die Bilder 9 und 10 von KVAPIL zeigen die schematische Darstellung der gedachten Spannungsanhäufung bei Druckbelastung mit und ohne behinderter Querdehnung. Während bei der ersten Art Bruchkegel entstehen, treten bei der zweiten allgemein Risse auf.

Die Untersuchungsmethodik von DENKHAUS [21] geht von dem Gedanken aus, daß der Bruchzustand durch eine Anzahl einzelner Spannungszustände gekennzeichnet ist. Dementsprechend werden einzelne reine Zug-, Druck-, Scher- und Torsionsversuche durchgeführt. Die Beanspruchungen werden dann für verschiedene beliebige Spannungszustände durch Interpolation in einem dreidimensionalen Schaubild ermittelt.

Meines Erachtens hat das Verfahren einige schwerwiegende Nachteile. Einmal ist es sehr aufwendig, und zweitens kann die einzelne Probe nur zu *einem* Versuch herangezogen werden. Die nächste Probe hat aber wieder eine andere Zusammensetzung und unterschiedliche petrographische Eigenschaften, so daß die Werte nicht zu einem einwandfreien Ergebnis führen.

Aus der UdSSR berichtet Protodjakonov [22], daß man von der regelmäßigen Körperform für Festigkeitsuntersuchungen abgehen könne. Deren Herstellung ist zeitraubend und kostspielig. In Paris teilte Protodjakonov die Abhängigkeit zwischen der Bruchspannung einaxial belasteter regelmäßiger Körper und der unregelmäßiger Körper mit. Aufgrund der leichten Probengewinnung ist damit eine Großzahlforschung möglich.

Nicht nur für Bruchfestigkeitsuntersuchungen, sondern auch für die Ermittlung aller anderen mechanischen Daten spielt die Belastungsgeschwindigkeit eine entscheidende Rolle. Wie auch Kvapil [20] erklärt, sind die unterschiedlichen Erscheinungen bei verschiedenen Belastungsgeschwindigkeiten so zu erklären, daß bei schneller Belastung sich die Potentialenergie auch an Stellen anhäuft, die über die Elastizitätsgrenze beansprucht sind. Durch die somit nicht mehr erfüllten Gleichgewichtsbedingungen setzt eine plötzliche Energieumwandlung in Zersplitterungsarbeit ein.

Höfer und Pickert [23] konnten feststellen, daß der Einfluß der Belastungsgeschwindigkeit nicht bei allen Gesteinen gleich ist. Bei Carnallit zeigte sich eindeutig, daß bei schneller Belastung Bruchverformung, bei quasistatischer jedoch Plastizität auftritt. Auch in den USA von Griggs und in England von Pomeroy werden derartige Versuche durchgeführt. Während Pomeroy Kohlen untersuchte, befaßte sich Griggs mit Solnhofner Kalk, Schiefer und Alabaster. Er erreichte ein Kriechen des Kalkes erst bei dreiaxialer Beanspruchung.

Aus dem Gesagten zeigt sich, daß keine bestimmten Belastungsgeschwindigkeiten angegeben werden können. Als richtig dürfte sich aber erweisen, die volle Verformung vor einer neuen Laststufe abzuwarten. Damit ist eine Annäherung an die im Gebirge herrschenden Verhältnisse weitgehend gewährleistet.

6. Schluß

Abschließend und zusammenfassend kann gesagt werden, daß im Rahmen der gesamten laboratoriumsmäßigen Festigkeitsuntersuchungen besonders die Ermittlung der Bruchfestigkeiten in der letzten Zeit eine Reihe neuer Methoden gebracht hat. Die entwickelten Verfahren sind sehr unterschiedlich, und es bleibt abzuwarten, zu welchen weiteren Ergebnissen sie führen.

Literatur

[1] Wöhlbier, H.: Untersuchungen an Gesteinen der Zechsteinformation zur Klärung von Gebirgsdruckfragen im Mansfelder Kupferschieferbergbau und im Kalibergbau. Dissert. TH Breslau 1931.

[2] Hoffmann, H.: Untersuchungen an Karbongesteinen unter dreiaxialem Druck zwecks Berechnung von Gebirgsspannungen. Vortrag auf der Internationalen Gebirgsdrucktagung 1958, Akademie Verlag, Berlin 1958.

[3] Everling, G.: Gesteinsmechanische Untersuchungen und Grundlagen zur Ermittlung des Gebirgsdruckes aus Bohrlochverformungen. Glückauf **96** (1960), H. 7, S. 390—408.

[4] Dreyer, W.: Über das Festigkeitsverhalten sehr verschiedenartiger Gesteine. Bergbauwiss. **2** (1955), H. 7, S. 183—191.

[5] Dreyer, W. und Borchert, H.: Gesteinsmechanik und Gebirgsdruck. Ein Überblick über einige Entwicklungen in Deutschland. Bergbauwiss. **7** (1960), H. 9/10, S. 237—241.

[6] Mainzer, F.-J.: Seismische Untersuchungen zur Gebirgsschlagforschung im Ausland. Glückauf **92** (1956), H. 13/14, S. 414—420.

[7] Bredthauer, R. O.: Strength Characteristics of Rock Samples under Hydrostatic Pressure. Sonderdruck: The American Society of Mechanical Engineers ,29 West, 39th Street New York 18, N. Y.

[8] BORCHERT, H.: Ozeane Salzlagerstätten. Gebr. Bornträger Verlag, Berlin-Nikolassee 1959, S. 173.

[9] DREYER, W. und BORCHERT, H.: Die Bestimmung des Gebirgsdrucks nach dem Knickpunktverfahren. Kali und Steinsalz **2** (1957), H. 5. S. 159—165.

[10] KÁRMÁN, TH. VON: Festigkeitsversuche unter allseitigem Druck. VDI-Zeitschr. **55** (1911), H. 42 S. 1749—1757.

[11] WUERKER, R.: Gesteinsmechanik und Gebirgsdruck. Ein Überblick über einige Entwicklungen in den USA. Bergbauwiss. **7** (1960), H. 9/10, S. 233—237.

[12] HORIBE, T. und KOBAYASHI, R.: Physikalische und mechanische Eigenschaften von Karbongesteinen unter dreiachsigem Druck. Vortrag auf der Internationalen Gebirgsdrucktagung in Paris, 1960.

[13] ZNANSKI, J.: Kennzeichen eines allmählichen oder plötzlichen Lockerungsfließens des Gebirges. Vortrag auf der Internationalen Gebirgsdrucktagung in Paris, 1960.

[14] DREYER, W.: Über die Bruchfestigkeit mono- und polykristallinen Gesteins in Abhängigkeit von Prüfkörperform, Belastungsgeschwindigkeit und Art der Einspannung. Bergbauwiss. **5** (1958), H. 1, S. 15—22.

[15] EVERLING, G.: Gesteinsmechanische Untersuchungen an Bohrkernen und bearbeiteten Handstücken aus dem Flöz Girondelle und seinem Nebengestein auf der Schachtanlage Neumühl. Glückauf **92** (1956), H. 13/14, S. 380—388.

[16] THÜMMLER, K. W.: Meßmethoden und Meßgeräte zur Erfassung von Gebirgsdruckerscheinungen. Bergbauwiss. **7** (1960), H. 9/10.

[17] BUCHHEIM, W.: Geophysikalische Methoden der Erforschung des Spannungszustandes des Gebirges im Steinkohlen- und Kalisalzbergbau. Vortrag auf der Internationalen Gebirgsdrucktagung in Leipzig 1958. Akademie-Verlag Berlin (1958), S. 119—125

[18] BAULE, H.: Seismische Untersuchungen an Bohrkernen und Gesteinsproben mit elektronischen Mitteln. Geophysical Prospecting **1** (1953), H. 2.

[19] MÜLLER, E.: Eine neue Methode zur Messung der elastischen Konstanten und der Geschwindigkeiten von Gesteinsstücken. Kurzreferat Erdöl und Kohle **6** (1953), S. 76.

[20] KVAPIL, R.: Zur Theorie der Gesteinszerstörung. Vortrag auf der Internationalen Gebirgsdrucktagung in Leipzig 1958. Akademie Verlag Berlin (1958).

[21] DENKHAUS, H. G.: Über die Bedeutung einiger Eigenschaften des Gesteins für das Problem der Gebirgsschläge in Gruben großer Teufe. Vortrag auf der Internationalen Gebirgsdrucktagung in Leipzig 1958. Akademie-Verlag Berlin (1958).

[22] PROTODJAKONOV, M. M.: Neue Verfahren zur Bestimmung der mechanischen Eigenschaften der Gesteine im Bergbau. Vortrag auf der Internationalen Gebirgsdrucktagung in Paris, 1960.

[23] HÖFER, K.-H. und PICKERT, W.: Untersuchungen über das Festigkeitsverhalten von Carnallit — Kriechversuche und zügige schnelle Belastung. Bergakademie **12** (1960), H. 7, S. 370—376.

Physikalisch-mechanische Untersuchungen der Gesteinseigenschaften

durchgeführt im Główny Institut Górnictwa

von M. Borecki, Katowice

1. Entnahme und Vorbereitung der Gesteinsproben

In der Regel werden für die mechanischen Untersuchungen die Proben untertage entnommen, und zwar orientierte Gesteinsstücke von 20 × 20 × 20 cm bis ungefähr 50 × 50 × 50 cm, aus welchen man anschließend im Laboratorium Proben der erwünschten Bemessungen und Orientierung aussägt. Zur Bestimmung der Festigkeit bei einaxialem Druck, für Untersuchungen des Youngsmoduls und der Poissonschen Zahl, der Abscherung und des 3-axialen Druckes werden mittels einer Kernbohrmaschine Proben von ungefähr 56 mm Durchmesser und 56—70 mm Höhe ausgesägt. Zur Bestimmung der Biegefestigkeit sägt man mittels einer Kreissäge Balken der Abmessungen 40 × 40 × 160 mm aus. Zu rheologischen Untersuchungen des Druckprozesses verwendet man analoge Proben wie bei der Bestimmung der Druckfestigkeit, dagegen werden bei rheologischen Untersuchungen bezüglich des Biegungsvorganges Balken von großer Schlankheit und Bemessungen 20 × 20 × 400 mm angewandt.

2. Ausmaße der Proben bei Hauptuntersuchungen

Das Ziel der durchgeführten Bestimmungen der physikalisch-mechanischen Gesteinseigenschaften ist die Ermittelung solcher Werte, welche den Gebirgskörper möglichst genau im Massiv charakterisieren und bei der Lösung praktischer, geologisch bergtechnischer Probleme wirksam angewandt werden könnten. Diesen Forderungen kann man auf zwei Arten nachkommen. Erstens durch möglichst breit angewandte, unmittelbare Untertagebestimmungen und zweitens, indem man die Masse der im Laboratorium untersuchten Proben so vorbereitet, daß diese gewisse Eigenschaften des Gebirgskörpers in sich enthalten, vor allem dessen Nichthomogenität, die aus der Zerklüftung hervorgeht. Das karbonische Gestein des oberschlesischen Kohlenbeckens wie Steinkohlen, Tonschiefer, fester Tonschiefer und Sandschiefer weisen solch eine Häufigkeit des Auftretens von Spaltungen auf (Bild 19), daß man diese einerseits in den im Laboratorium untersuchten Proben nicht weglassen kann und andererseits, wenn man die Sandsteine ausläßt und die Wahrscheinlichkeit der Untersuchungsergebnisse für Tonschiefer und festen Tonschiefer als 90% annimmt, einen Probendurchmesser von 56 mm erhält (aus der Kurve für Tonschiefer in Bild 19). Daher wird im GIG der größte Teil der Bestimmungen an Hand von Proben mit diesem Durchmesser durchgeführt. Bei den Sandsteinen würde die Anwendung dieses Gedanken-Vorganges zu sehr großen Probenausmaßen führen, was im Laboratoriumsmaßstab unmöglich wäre. Daher haben zur Erkenntnis der mechanischen Eigenschaften der Sandsteine die Meßmethoden im Untertagebetrieb erstrangige Bedeutung, wie zum Beispiel die Anwendung hydraulischer Hebevorrichtungen der Type Freyssinet.

3. Laboratoriumsuntersuchungen

Auf dem Interessengebiet der Gebirgsmechanik werden im GIG folgende Bestimmungen physikalisch-mechanischer Gesteinseigenschaften durchgeführt:

a) Allgemein angewandte Untersuchungsmethoden

Im einaxialen Spannungszustand:

1. Einaxiales Zusammendrücken gleichförmiger Proben
2. Bestimmung des Elastizitätsmoduls (E) und der POISSONschen Zahl für die Gesteine
3. Biegung frei aufliegender Balken

Im zweiaxialen Spannungszustand:

4. Abscherung von Proben unter verschiedenen Winkelgrößen

Im triaxialen Spannungszustand:

5. Triaxiales Zusammendrücken in einem kreisförmig-symmetrischen System
6. Bestimmung des Volumengewichtes der Gesteine

b) Spezielle Untersuchungsmethoden

1. Zusammendrücken kreisförmiger Proben im Axiator
2. Bestimmung des dynamischen Reibungskoeffizienten der Gesteine
3. Bestimmung der Gewinnbarkeit mittels der Isotopenmethode
4. Untersuchungen der rheologischen Eigenschaften
5. Untersuchung des Verhaltens der Gesteine unter mehrmals wiederholter Belastung
6. Zusammendrücken ungleichförmiger Proben

4. Untersuchungen im Untertagebetrieb

1. Abscheren der Gesteine mittels hydraulischer Hebevorrichtungen, die in der Schrämspalte eingebaut sind
2. Bestimmung des Elastizitätsmoduls (E) im anstehenden Gestein
3. Untersuchungen über die Richtungen und Häufigkeit des Auftretens der Klüfte

3. a) 1. Einaxiale Druckbeanspruchung der Proben. Derartige allgemein durchgeführte Untersuchungen erlaubten es, Mittelwerte der Druckfestigkeit, bestimmt ohne Reibungsverminderung mittels Unterlegescheiben, für das karbonische Gestein Oberschlesiens zu ermitteln. Die Ergebnisse sind für die wichtigsten karbonischen Gesteinsarten (senkrecht zur Schichtung) folgende:

Gesteinsart	Mittelwert R_d
Steinkohle	170—220 kp/cm²
Tonschiefer	190—310 „
Fester Tonschiefer	270—370 „
Sandschiefer	350—440 „
Feinkörniger Sandstein	680—760 „

3. a) 2. Die Bestimmung des Elastizitätsmoduls (E) und der POISSONschen Zahl wird mittels einer in Bild 1 dargestellten Vorrichtung durchgeführt. Diese ist mit Meßuhren ausgerüstet, welche ein Ablesen von vier waagerechten und vier senkrechten Verformungen mit einer Genauigkeit von $\pm 0{,}002$ mm ermöglichen.

Die so ermittelten E- und μ-Werte sind für die hauptsächlichsten karbonischen Gesteinsarten folgende:

Bild 1. Vorrichtung zur Bestimmung des Elastizitätsmoduls (E) und der Poissonschen Zahl (μ) an Gesteinsproben

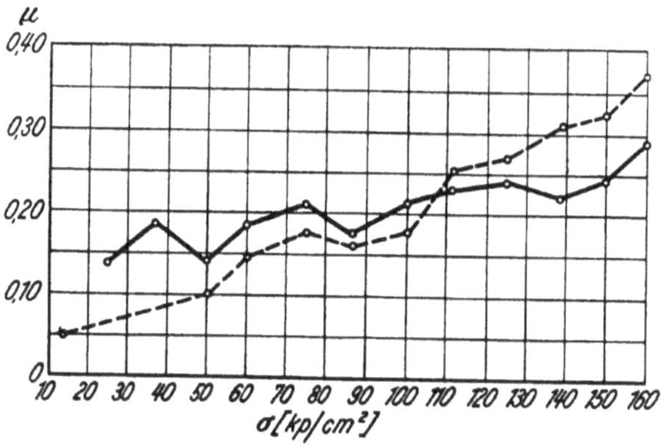

Bild 2. Größenveränderung der Poissonschen Zahl der oberschlesischen Steinkohlen in Abhängigkeit von der Belastung

——— ermittelt aus den durchschnittlichen Deformationen über die ganze Probenhöhe

- - - - - - ermittelt aus den durchschnittlichen Deformationen der Proben in der Mitte

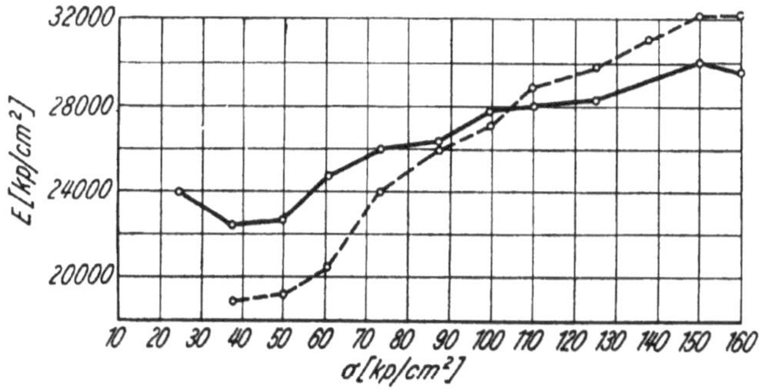

Bild 3. Größenveränderung des Elastizitätsmoduls (E) der Kohle in Abhängigkeit von der Belastung

——— ermittelt aus den durchschnittlichen Deformationen über die ganze Probenhöhe

- - - - - - ermittelt aus den durchschnittlichen Deformationen der Proben in der Mitte

(E) Steinkohle: 12000—60000 kp/cm² (meistens ungefähr 30000 kp/cm²)
Fester Tonschiefer 60000—167000 kp/cm² (meistens ungefähr 120000 kp/cm²)
Fein- und mittelkörniger Sandstein: 80000—235000 kp/cm² (meistens ungefähr 110000 kp/cm²)

Die Poissonsche Zahl für die oben angeführten Gesteinsarten schwankt zwischen 0,240 und 0,275 (bei Erreichen der Festigkeitsgrenze für einaxiale Druckbeanspruchung). Sowohl der Elastizitätsmodul (E) wie auch die Poissonsche Zahl hängen bei einaxialer Druckbeanspruchung deutlich vom Verhältnis der jeweiligen Belastung zur Festigkeit des Stoffes ab. Außerdem stellte man fest, daß bei einaxialer Druckbeanspruchung unter der Presse die Proben längs der senkrechten Schnittfläche keinen gleichmäßigen Formänderungen

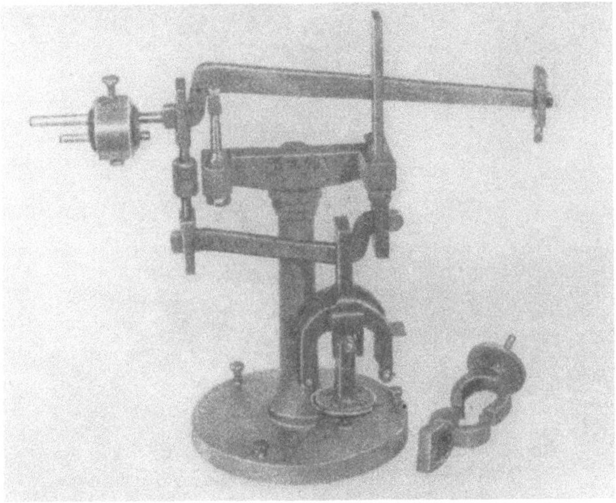

Bild 4. Michaelis-Vorrichtung für Biegung frei aufliegender Balken (mit Sonderausrüstung für Druck- und Zugbeanspruchung)

unterliegen. Es wurde bemerkt, daß anfangs die Mitte der Belastungsprobe größeren Deformationen unterliegt. Diese beiden Abhängigkeiten faßte man in den Bildern 2 und 3 zusammen, auf welchen die Untersuchungsergebnisse typischer oberschlesischer Steinkohlen aus den Sattelflözen dargestellt wurden.

Weitere Untersuchungen sollen diese Charakteristik vervollständigen und für die einzelnen Gesteinsarten die Abhängigkeit E und μ von der Kornzusammensetzung der Gesteine, der Art und Anzahl des Bindemittels, der natürlichen Feuchtigkeit, der Wasseraufnahme und Porosität wie auch von der Größe der Normalspannungen und der Geschwindigkeit deren Anwachsens festlegen.

3. a) 3. Biegung frei aufliegender Balken wird mittels einer Michaelis-Vorrichtung inländischer Herstellung (Bild 4), die mit besonderer Ausrüstung für Zug- und Druck-

Gesteinsart	Mittlere Biegefestigkeit (kp/cm²)
Steinkohle	16
Tonschiefer	54
Fester Tonschiefer	78
Sandschiefer	105
Feinkörniger Sandstein	148

beanspruchung versehen ist, durchgeführt. Die Durchführung einer statistischen Anzahl von Bestimmungen ermöglichte es, Mittelwerte der Biegefestigkeit für karbonische Gesteine des oberschlesischen Kohlenbeckens zu ermitteln.

3. a) 4. Das Abscheren der Gesteine wird mittels einer Vorrichtung, die in Bild 5 dargestellt ist, durchgeführt. Diese Vorrichtung ermöglicht eine Untersuchung zylindri-

Bild 5. Rollvorrichtung zur Untersuchung des inneren Reibungswinkels und der Kohäsion der Gestein

Bild 6. Vorrichtung für triaxiale Druckbeanspruchung

scher Proben mit Ausmaßen: Durchmesser 56 mm und Höhe 70 mm, wie auch würfelförmiger Proben mit gleichen Kantenlängen und einer Seitenabmessung von 70 mm. Diese Untersuchungen führt man paarweise durch, damit durch Abscherung von zwei Proben unter verschiedenen Winkelgrößen gleichzeitig der Winkel der inneren Reibung und die Kohäsion der Gesteine bestimmt werden kann.

Die auf diese Art ermittelten Mittelwerte des Winkels der inneren Reibung für karbonische Gesteine betragen:

Steinkohle	21—24°,
Tonschiefer	23—27°,
Fester Tonschiefer	26—29°,
Mittelkörniger Sandstein	30—32°,
Grobkörniger Sandstein	33—35°.

Die Winkel der statischen Reibung sind für die Flächen der Klüftung und Schichtung durchschnittlich um 5—10° niedriger als die angeführten Werte.

Die Kohäsion der Gesteine ist sehr veränderlich und hängt von der Struktur und Textur der Gesteine, wie auch von der Einstellung der Probe im Verhältnis zu Kluftrichtung und Schichtung ab.

Bild 7. Axiator für Festigkeitsuntersuchungen an scheibenförmigen Proben

Bild 8. Gesteinssäge für scheibenförmige Proben

3. a) 5. Triaxiale Druckbeanspruchung wird mittels einer einfachen Vorrichtung eigener Konstruktion (Bild 6) im kreisförmig-symmetrischen System durchgeführt. Die Proben sind zylindrischer Form und durch eine Gummihaut vor der einen Seitendruck ausübenden Flüssigkeit geschützt.

Durch diese Untersuchungen erlangt man die äußersten Einhüllenden im Koordinatensystem (τ — σ), woraus man über das Verhalten der Gesteine in einem beliebigen System von drei Paar Spannungen Schlüsse ziehen kann.

3. a) 6. Das Volumengewicht der Gesteine wird im GIG mittels zweier Typen Quecksilbervolumenometer, der Überlauftype und der geschlossenen Type, bestimmt. Die Volumengewichte der karbonischen Hauptgesteine im oberschlesischen Steinkohlenbecken schwanken in folgenden Grenzbereichen:

Steinkohle	1,26—1,48,
Tonschiefer	2,23—2,61,

Fester Tonschiefer	2,46—2,71,
Sandschiefer	2,38—2,60,
Feinkörniger Sandstein	2,35—2,64.

3. b) 1. Festigkeitsuntersuchungen mit scheibenförmigen Proben werden nach der von G. V. Kuznecov und B. V. Matwiejev im Jahre 1949 ausgearbeiteten Methode durchgeführt. Die Meßapparatur fertigte man nach sowjetischer Dokumentation an (Bild 7 — Axiator, Bild 8 — Gesteinssäge). Wie im Falle der Druckversuche mit ungleichförmigen Proben bestimmte man auch hier die Werte der reduzierenden Koeffizienten K_d und K_z, welche für die karbonischen Gesteine des oberschlesischen Steinkohlengebietes maßgebend sind. Dadurch konnte man eine praktische Anwendung der von den sowjetischen Wissenschaftlern aufgestellten Formeln ermöglichen. Der in der Formel

$$R_d = \frac{\sigma_n}{K_d}$$

auftretende Koeffizient K_d ist in einem Diagramm auf dem Bild 9 dargestellt. In der Formel ist:

R_d — Druckfestigkeit
σ_n — Zerstörungsspannung im Axiator,

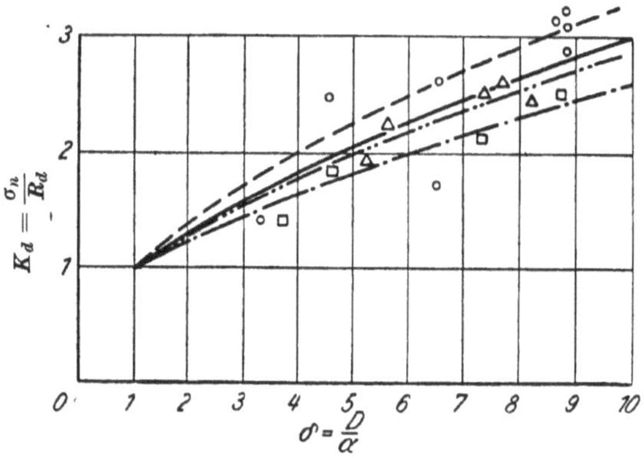

Bild 9. Abhängigkeit des reduzierenden Koeffizienten K^d vom Verhältnis des Probendurchmessers zum Durchmesser des Axiatorbolzens (für Karbongesteine des oberschlesischen Steinkohlenbeckens) — — ○ Sandstein; — · — □ Tonschiefer; — · · — △ Fester Tonschiefer; — Mittel

wobei diese Kennwerte auf Grund vergleichender Untersuchungen von kreisförmigen Proben aus den oberschlesischen Gesteinen mit einfachen, gleichförmigen Proben bestimmt worden sind.

3. b) 2. Die dynamische Reibung der Gesteine bestimmt man mittels einer Vorrichtung, die ursprünglich der einfachen Abscherung von Böden diente (Bild 10). Dazu verwendet man entweder die Hälften der bereits vorher abgescherten Proben oder aber speziell ausgesägte doppelte Proben mit den Ausmaßen 30 × 60 × 60 mm. Die bisherigen Untersuchungsergebnisse erwiesen, daß der dynamische Reibungskoeffizient f für große Normalspannungen mit dem in der Abscherungsprobe ermittelten statischen Reibungskoeffizienten übereinstimmt.

3. b) 3. Bestimmung der Gewinnbarkeit mittels der Isotopenmethode. Bei den Forschungen über die Anwendungsmöglichkeiten radioaktiver Isotopen im Bergbau erwies es sich, daß zwischen dem Festigkeitsgrad des Stoffes und der Intensität der gestreuten Strahlung eine Abhängigkeit besteht. Diese Abhängigkeit nützte man zur Be-

stimmung der Festigkeit der oberschlesischen Steinkohlen (genauer genommen der Gewinnbarkeit *f*) aus. Diese Forschungen, bei welchen ein radioaktives Kobaltisotop Co^{60} von einer Aktivität $16/\mu C$ angewandt wird, führen im GIG mgr. J. Bujok und mrg. inž. W. Sikora durch. Bisher wurde von diesen Forschern die oben erwähnte Abhängigkeit

Bild 10. Angepaßte Vorrichtung zur Untersuchung der dynamischen Gesteinsreibung

zahlenmäßig nur für Steinkohlen ermittelt. Die folgende Tabelle und das in Bild 11 dargestellte Diagramm zeigen den Verlauf dieser Abhängigkeit.

Nr.	Flöz	*f*	I %
1	405	2,1	12
2	620	1,4	10
3	407	2,3	16
4	501	2,5	17
5	510	1,7	11
6	510	1,9	14
7	620	1,4	9

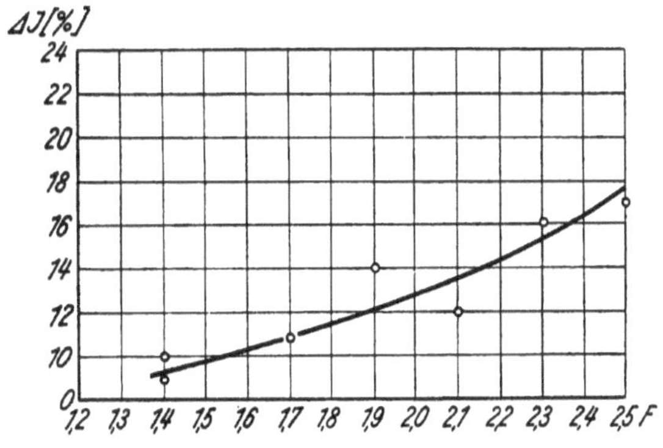

Bild 11. Diagramm der Beziehung zwischen der Intensität der gestreuten Strahlung und dem Gewinnbarkeitskoeffizienten *f*

Die Anwendung von Isotopen in dieser Richtung wird weiter entwickelt, um sowohl ähnliche Abhängigkeiten für andere karbonische Gesteine als auch die genannte Abhängigkeit von der Kohäsion und Druckfestigkeit der Gesteine bestimmen zu können.

3. b) 4. Die Untersuchung rheologischer Eigenschaften der Gesteine umfaßt folgende Bestimmungen:

a) Rheologischer Verformungsverlauf (Untersuchungen des Kriechens bei konstanter Belastung),
b) Zeit der elastischen Nachwirkung,
c) Untersuchung des Verhaltens der Gesteine bei mehrfach wiederholter Belastung,
d) Zusammendrücken der kriechenden Gesteine im triaxialen Spannungszustand,
e) Spannung und kritische Verformung (d. h. minimale Spannung und Verformung, die eine Zerstörung des Stoffes als Zeiteffekt hervorruft),
f) Relaxationszeit der Spannungen (τ), das heißt, Untersuchung des Kriechens im System ε = const., σ = var.

Im GIG werden zur Zeit Untersuchungen betreffs der ersten drei Punkte (a, b, c) durchgeführt, für die restlichen Bestimmungen bereitet man die nötige Meßapparatur vor. Die durchgeführten Untersuchungen über die rheologischen Eigenschaften der Gesteine betreffen die Druck- und Biegeprozesse. Eine konstante Belastung der Proben erreicht man mittels Federstabilisatoren für hydraulische Pressen.

In Bild 12 ist ein Stabilisator mit einem Arbeitsbereich bis zu 8,0 Mp (und Regulierungsmöglichkeit je 0,5 Mp) dargestellt. Als unmittelbares Untersuchungsergebnis des Kriechens

Bild 12. Federstabilisator für rheologische Messungen (Meßbereich 0,5—0,8 Mp)

der Gesteine berechnet man die Verzögerungszeit des Kriechvorganges als Tangens des Neigungswinkels der Kriechkurve im Koordinatensystem (ε, t), wobei $t = 0$. Bei Messungen in diesem System (σ = const., ε = var.) benützte man Gesteinsproben mit Ausmaßen $20 \times 20 \times 400$ mm. In Bild 13 ist das Schema des elektrischen Meßsystems mit automatischer Registrierung dargestellt.

Die Größe des Zeitkoeffizienten wächst mit der Belastung. In Bild 14 ist ein Diagramm der Abhängigkeit der Verzögerungszeit von der Belastung für einen typischen karbonischen, feinkörnigen Sandstein dargestellt. In den Bildern 15 und 16 sind typische Diagramme des Verhaltens von Sandsteinproben unter mehrfach wiederholter Belastung angegeben.

Im Entwicklungsstadium befindet sich eine Meßapparatur zur Untersuchung des vom kriechenden Gestein ausgeübten Seitendruckes im triaxialen Spannungszustand. Man kann hoffen, daß diese Forschungen den wirklich ausgeübten Druck, zum Beispiel auf den Schachtausbau in festen Gesteinen, näher erklären werden. — Außerdem wird zur Zeit eine elektromagnetische Meß- und Registrierungsapparatur zur Bestimmung der Relaxationszeit (τ), also zur Untersuchung des Kriechens im System $\varepsilon = \text{const.}$, $\sigma = \text{var.}$ vorbereitet.

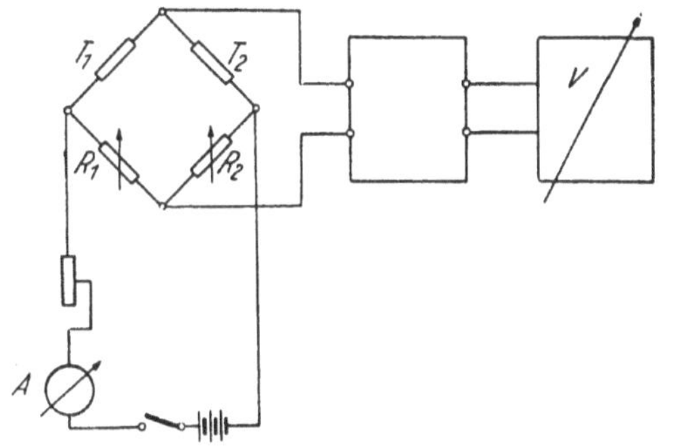

Bild 13. Elektrisches Schema der Vorrichtung zur Registrierung des Kriechvorganges im System $P = \text{const.}$, $\varepsilon = \text{var.}$, T_1 — aktiver Dehnungsmeßstreifen, T_2 — passiver Dehnungsmeßstreifen, R_1, R_2 — Ergänzungswiderstände für die WHEATSTONEsche Brücke

3. b) 6. Zusammendrücken ungleichförmiger Proben. Außer Druckbeanspruchungen an gleichförmigen Proben werden Belastungsversuche an ungleichförmigen Proben nach der im Jahre 1957 von M. M. PROTODJAKONOV und V. S. VOBLIKOV bearbeiteten Methode durchgeführt. Auf Grund einer statistischen Anzahl durchgeführter Vergleichsuntersuchungen über das Zusammendrücken gleichförmiger und ungleichförmiger Proben stellte man fest (W. SIKORA), daß die von sowjetischen Wissenschaftlern aufgestellten Formeln für das karbonische Gestein Oberschlesiens andere Zahlenwerte aufweisen, und zwar gilt:

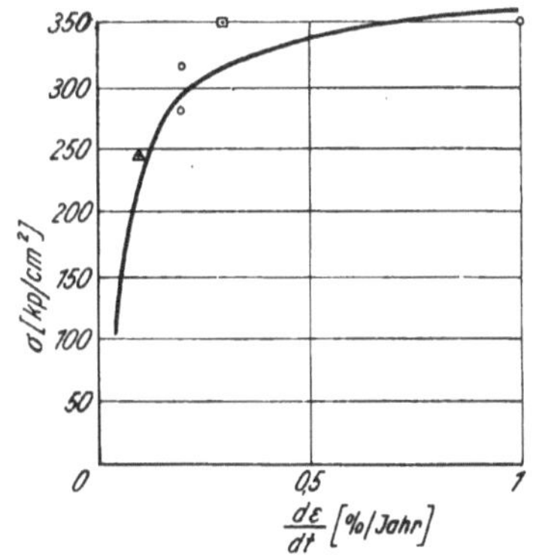

Bild 14. Abhängigkeit der Kriechgeschwindigkeit des Sandsteines von der Belastung

$$R_d = \frac{P\left(\frac{\gamma}{q}\right)^{0,67}}{n_1}$$

$$f = \frac{P\left(\frac{\gamma}{q}\right)^{0,67}}{n_2}$$

hierin ist:

P = Zerstörungskraft,
γ = Spezifisches Gewicht des Gesteins,
q = Gewicht der Probe,
n_1; n_2 = Zahlenkoeffizienten.

Werte der Koeffizienten für sehr harte Gesteine (nach sowjetischen Forschern)		Werte der Koeffizienten für karbonische Gesteine des oberschlesischen Kohlenbeckens	
n_1	n_2	n_1	n_2
0,19	23	0,15	15

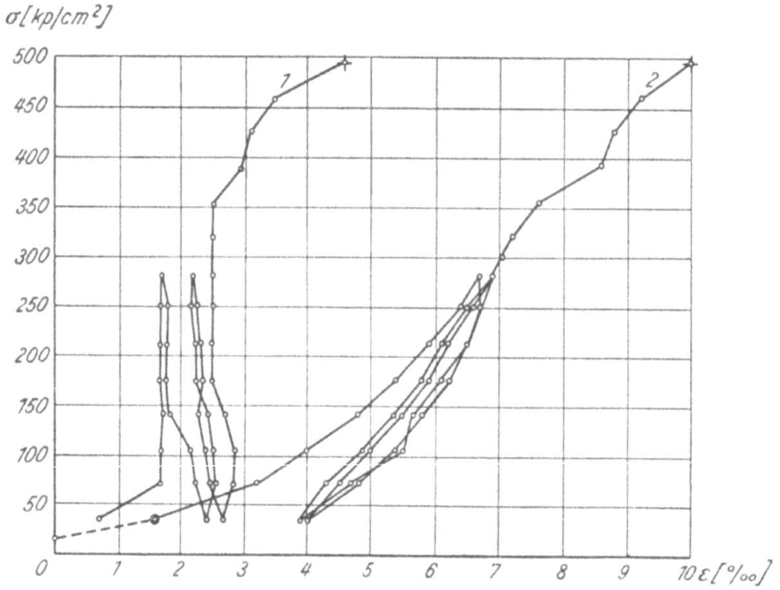

Bild 15. Diagramm des Verhaltens eines Sandsteins aus der Flözgruppe 5 bei wiederholten Belastungen
1 — Querverformung; *2* — Axialverformung

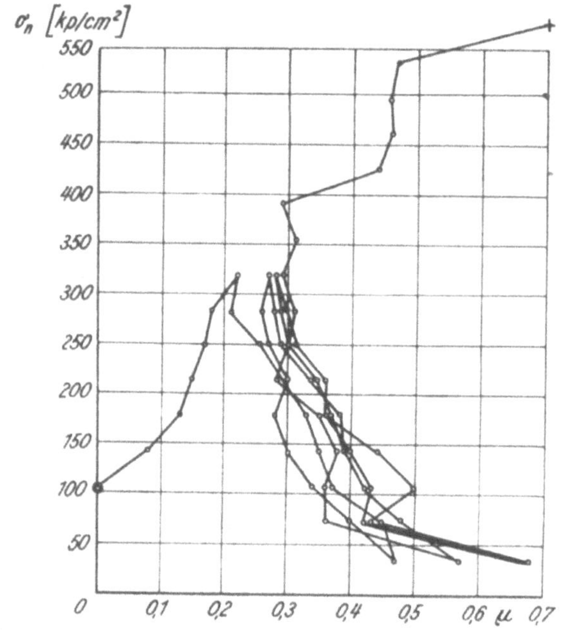

Bild 16. Diagramm der Schwankungen der Poissonschen Zahl des Orzescher Sandsteins bei wiederholten Belastungen

4. Untersuchungen im Untertagebetrieb

4.1. Die Abscherung der Gesteine wird mittels hydraulischer Hebevorrichtungen der Type Freyssinet von Ausmaßen 250×350 mm bis 300×500 mm in einer Schrämspalte durchgeführt. Diese Vorrichtung ist mit einem Manometer und einer von Hand bedienten hydraulischen Pumpe mit 500 atü Arbeitsdruck verbunden. Diese Forschungsarbeiten erzielten eine Ergründung der Festigkeitskoeffizienten der Gesteine in situ und ermöglichen es unter anderem, daß die Größenbestimmung von Sicherheitspfeilern und anderer zum Schutz stehengelassener Gebirgsteile auf wissenschaftlichen Grundlagen basieren kann.

Die im anstehenden Gestein gemessene Druckfestigkeit ist in der Regel bedeutend niedriger als die der untersuchten Proben. So beträgt zum Beispiel die Kohäsion der Gesteine gemessen im Untertagebetrieb etwa 11—18% der Kohäsion bestimmt im Laboratorium.

Bild 17 stellt eine hydraulische Hebevorrichtung dar.

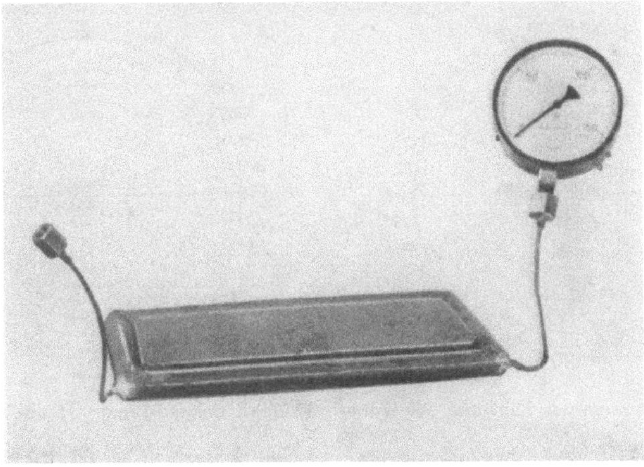

Bild 17. Hydraulische Hebevorrichtung zur Abscherung im anstehenden Gestein

4. 2. Die Bestimmung des Elastizitätsmoduls (E) im anstehenden Gestein basiert auf der Messung der elastischen Biegung einer Platte aus einem Stoff mit gegebenem E, die durch eine konzentrierte Kraft an die ebene Fläche des untersuchten Stoffes ausgedrückt wird. Für diese Untersuchungen gilt die Föppl-Formel:

$$E_2 = 2{,}05\, E_1 \cdot \left(\frac{h}{a}\right)^3$$

hierin ist:

E_2 = Elastizitätsmodul des untersuchten Stoffes,
E_1 = Elastizitätsmodul der angedrückten Platte,
h = Plattenstärke,
a = Entfernung vom Angriffspunkt der Kraft zu der Stelle, bei welcher die Krümmung der Platte 0,10 mm beträgt.

Diesen Untersuchungen dient eine teleskopische aus Rohren angefertigte Vorrichtung nebst Stahlplättchen mit Ausmaßen 3×15×70 mm und Spionausrüstung. Mittels einer elektrischen mit Korundscheibe versehenen Bohrmaschine wird das anstehende Gestein geschliffen. Diese Methode ermöglicht eine Verfolgung der Änderung von E gemessen im anstehenden Gestein in dem Maße, wie der Abbau näher rückt und die Kohlenbelastung ansteigt.

4. 3. Untersuchung der Kluftrichtungen und Klufthäufigkeit. In den Zechen der Bytom-Mulde wurden ungefähr 1600 Messungen der Richtungen und des Einfallens der Kohlenklüfte und der Klüftung des Nebengesteins durchgeführt. Die gesamten

Kompaßmessungen wurden mittels des Wulffnetzes von einer Orientierung in der waagerechten Fläche zu einer Orientierung im Verhältnis zur Sohlenfläche am Ort der Messung transformiert. Diese unorientierten Meßergebnisse wiesen eine geringere Streuung auf, als es bei der klassischen Methode der Fall war. Auf Grund angegebener Ausführungen kann man nachstehende Folgerungen ziehen:

1. Die Richtung der Kohlenklüftung unterscheidet sich von der Richtung der Gesteinsklüftung. Dieses Problem ist in Bild 18 dargestellt.
2. Der Einfallwinkel der Hauptrichtung der Kohlenklüftung, gemessen im Verhältnis zur Sohlenfläche, ist im Grunde genommen konstant und beträgt 84—87°. Im Zusammen-

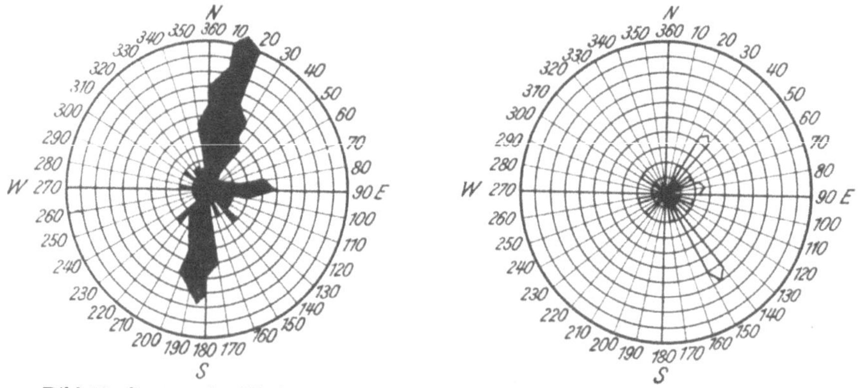

Bild 18. System der Klüftung der Kohle und des Nebengesteins (Bytom-Mulde)

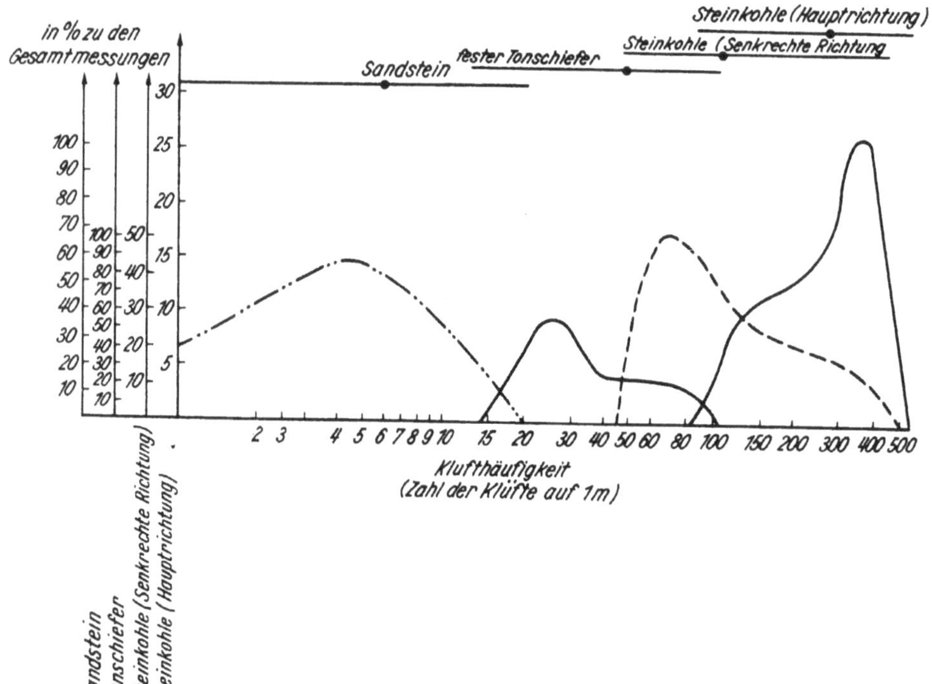

Bild 19. Mittlere Klüfthäufigkeiten für Karbongestein

——— Steinkohle (Hauptrichtung) - - - - - - Steinkohle (Senkrechte Richtung)
———— Fester Tonschiefer —··—·· Sandstein

hang damit stellte man bei einem Flözeinfallen von 4°—6° oder mehr eine Richtungsänderung um 180° fest (natürlich im Falle, wenn das Streichende der Klüftung und der Schicht übereinstimmen).

3. Man stellte fest, daß die Klüftung bei härteren Kohlen näher der Richtung verläuft, in welcher die gebirgsgestaltenden Kräfte wirken (N-S), dagegen die weniger harten Kohlen den Klüftungsverlauf näher der Richtung der Gesteinsklüftung aufweisen. Für die vorstehende Abhängigkeit wurden zufriedenstellende theoretische Erklärungen aufgestellt.
4. In der Nähe größerer Sprünge stellte man in etwa einige zehn Meter Entfernung fest, daß die Kohlenklüftung in ihrer Richtung mit dem Sprungverlauf übereinstimmen. In beiden Sprungflügeln ist das Einfallen der Kluftflächen umgekehrt, und zwar sind diese nach der Sprunggleitfläche gerichtet.
5. Man stellte fest, daß die Häufigkeit der Gesteinsklüftung für die einzelnen karbonischen Gesteinsarten verschieden ist (Bild 19).

   Wenn man als Häufigkeit die Anzahl der Klüfte auf 1 m des Anstehenden annimmt, dann kann bewiesen werden, daß diese Häufigkeit in einem bestimmten Zahlenverhältnis zu der inneren Reibung der Gesteine steht. Der Koeffizient der inneren Reibung ist proportional zum Logarithmus der Kluftháufigkeit der Gesteine.

Schlußfolgerungen

Die Reihe hier angeführter Probleme steht im unmittelbaren Zusammenhang mit der Bergbaupraxis. Wie bereits erwähnt wurde, ermöglichen die Festigkeitsmessungen der Gesteine im Untertagebetrieb eine richtige Abmessung der Sicherheitspfeilergröße. Wahrscheinlich kann auf ähnliche Weise das Problem der Grenzbreite des Hangenden in Kammer- und Pfeilerbauen gelöst werden. Eine Analyse der Grundrisse der Zechen in der Bytom-Mulde zeigte, daß ungefähr 75% der Strebbetriebe, die in der Vergangenheit unter sehr schweren Hangendverhältnissen, verbunden mit teilweisem oder völligem Hereinbrechen des Hangenden in den Strebbau betrieben wurden, auf den Plänen eine übereinstimmende Richtung mit der gemeinsamen Richtung der Kohlenklüftung und der Gesteinsklüftung aufwiesen. Wie bekannt (Bild 18) besteht in der Bytom-Mulde nur eine Azimutrichtung, in welcher die Spaltung der Kohle und der Gesteine übereinstimmen (ungefähr 90° vom Norden). Das festgestellte Bestehen von Sprungschlechten ermöglicht das Voraussehen beim Auffahren von Vorrichtungsbetrieben und die Vermeidung einer gewissen Anzahl vorausgehender Bohrlöcher. Eine Verfolgung der Größe E in der anstehenden Kohle ermöglicht das Voraussehen des Grenzwertes der Spannungsintensität, da ja entsprechend geeichte Kurven im System (μ, E) unmittelbar im Bergwerk mittels hydraulischer Hebevorrichtungen angefertigt werden können. Ähnliche praktische Anwendungsmöglichkeiten könnte man mehrere angeben. Ihre Einführung ist für den Bergbau von großer Bedeutung, da doch dadurch die Sicherheit der Belegschaft erhöht, die Stetigkeit des Betriebes vergrößert und eine rationelle Lagerstättenwirtschaft und Hangendbeherrschung ermöglicht wird. Daher erscheint uns ein breiterer Erfahrungs- und Informationsaustausch auf dem Gebiet der physikalisch-mechanischen Untersuchungen der Gebirgseigenschaften und deren praktische Anwendung im Bergbau als höchst zweckmäßig. Wir schlagen die Veranstaltung eines internationalen Symposiums über dieses Interessengebiet vor, bei welchem eine einheitliche Arbeitsmethodik und die Einführung der wirksamsten, den geringsten Arbeitsaufwand bedürfenden Methoden festgelegt werden könnten.

Das dürfte anschließend zu einer besseren Verbindung der gebirgsmechanischen Wissenschaft mit den Aufgaben des Bergbaus führen.

In der Sowjetunion angewandte Methoden zur Festigkeitsuntersuchung von Gesteinen

von M. M. PROTODJAKONOV, Moskau

1. Allgemeines

Bezeichnungen

n — Stückzahl
V — Variationskoeffizient in %
l — Länge, cm
b — Breite, cm
h — Höhe, cm
D, d — Durchmesser, cm
R, r — Radius, cm
α — Winkel, °
F — Fläche, cm^2
v — Volumen, cm^3
P — Kraft, kp

p — Druck, kp/cm^2
μ — Reibungskoeffizient
ε — relative Verformung
E — Elastizitätsmodul (Proportionalitätsmodul) kp/cm^2
ν — POISSONsche Zahl
σ — Normalspannung kp/cm^2
σ_d — Druckfestigkeit, einachsig kp/cm^2
σ_z — Zugfestigkeit, einachsig kp/cm^2
τ — Schubspannung, kp/cm^2

Grundbegriffe

In der Bergbautechnik benutzt man den Begriff der Gesteinsfestigkeit [12]. Als Festigkeit wird der Widerstand der Gesteine gegen äußere Kräfte definiert. Dieser Begriff wird sowohl in bezug auf den Widerstand der Gesteine gegen Hereinbrechen unter dem Einfluß des Eigengewichts als auch in bezug auf ihren Widerstand gegen Zerstörung bei der Gewinnung und Verarbeitung verwendet [14]. Er ist für beliebige Zerstörungsarten der Gesteine verwendbar; deshalb kann man die Festigkeit als Maß für den Widerstand der Gesteine gegen Zerstörung überhaupt betrachten.

Bei den Untersuchungen der mechanischen Eigenschaften der Gesteine interessieren die Kräfte, die geometrischen Abmessungen und die Zeit. Alle übrigen Werte können aus diesen drei Grundkennziffern abgeleitet werden. Zuweilen begnügen sich die Forscher mit der Bestimmung eines Teiles der möglichen Parameter. Einige der mechanischen Gesteinseigenschaften können als besondere Form der Festigkeit bei verschiedenen Arten der Zerstörung betrachtet werden [13]. Die von verschiedenen Wissenschaftlern vorgeschlagenen zahlreichen Kennziffern für die mechanischen Eigenschaften der Gesteine kann man in folgende Hauptgruppen zusammenfassen:

a) Festigkeit oder Widerstand der Gesteine gegen Zerstörung durch Elementarspannungen (Schub, Zug oder Druck) [23];
b) Härte oder Widerstand der Gesteine gegen örtliche Zerstörung (beim Eindrücken oder Ritzen) [24];
c) Zerkleinerungswiderstand der Gesteine [13];
d) Gewinnbarkeit oder Widerstand der Gesteine gegen Zerstörung bei verschiedenen Produktionsprozessen (Schrämen, Bohr- und Schießarbeiten usw.).

Bei der Lösung von Gebirgsdruckfragen werden hauptsächlich Festigkeitswerte, ebenso auch Verformungswerte der Gesteine benutzt. Härte, Zerkleinerungswiderstand und Gewinnbarkeit werden hauptsächlich für die Beurteilung des Zerstörungswiderstandes der Gesteine während der Gewinnung und Verarbeitung verwendet. Die Berücksichtigung des Zeitfaktors bei Gesteinsuntersuchungen erfolgt verhältnismäßig selten.

Eine hinreichend vollkommene und anschauliche Festigkeitskennziffer der Gesteine ergibt die sogenannte „Festigkeitskennkarte“ [8], dargestellt durch die Hüllkurve der maximalen Spannungskreise nach Mohr (Bild 1). Im allgemeinen Fall genügt für die experimentelle Ermittlung dieser Kurve die Kenntnis von mindestens drei ihrer Punkte. Als solche Punkte werden gewöhnlich die Zugfestigkeit σ_z und die Schubfestigkeit τ_1 und τ_2 bei zwei verschiedenen Druckspannungswerten σ_1 und σ_2 verwendet.

Sind aus irgendeinem Grunde nur die Eigenschaften bei Druck von Wichtigkeit, dann ersetzt man oft die gekrümmte Hüllkurve durch eine geradlinige und kennzeichnet die Eigenschaften des Gesteins durch die Kohäsion (oder den Widerstand gegen den reinen Schub τ_0) und durch den Koeffizienten der inneren Reibung (Tangens des Reibungswinkels).

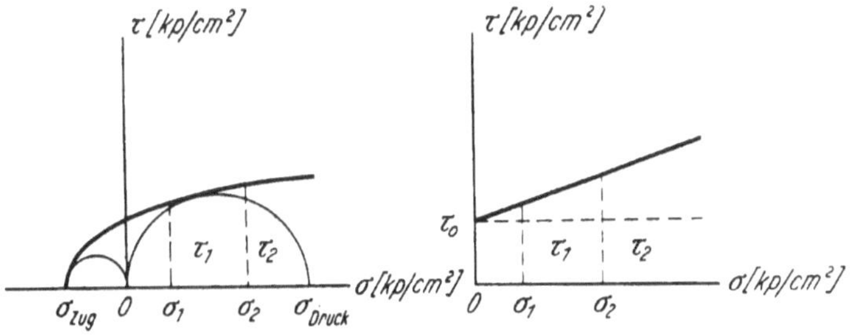

a) vollständig b) vereinfacht

Bild 1. *Festigkeitskennkarte* des Gesteins

Für Lockergesteine wird die Schubfestigkeit $\tau_0 = 0$; die mechanischen Gesteinseigenschaften lassen sich durch den Tangens des natürlichen Böschungswinkels ausdrücken. Als unvollkommene Festigkeitskennziffer des Gesteins wird die Druckfestigkeit für einachsigen Druck σ_d benutzt.

Die angeführten Kennziffern werden an Proben regelmäßiger oder unregelmäßiger Form oder an bearbeiteten Teilen des anstehenden festen Gesteins bestimmt.

2. Vorbereitung der Gesteine für die Festigkeitsuntersuchung

In Abhängigkeit von der benutzten Methode der Festigkeitsuntersuchung werden folgende Vorbereitungsarten angewendet [11], [19]:

a) Probenahme von Gesteinsstücken aus dem Haufwerk,
b) Ausbohren von Kernen oder Aussägen von Prismen,
c) Gewinnung von Gesteinsblöcken,
d) Vorbereitung zur Untersuchung in situ.

Kleine Gesteinsproben werden in den Fällen entnommen, wo die Herstellung von Proben regelmäßiger Form nicht beabsichtigt ist. Dabei können Gesteinsstücke verwendet werden, die bei den üblichen bergmännischen Arbeiten anfallen. Zur Beseitigung scharfer Kanten und Unebenheiten werden die Handstücke leicht mit dem Hammer bearbeitet. Die notwendigen Abmessungen werden nach ihrem Gewicht auf gewöhnlichen Waagen bestimmt. Diese Methode der Probenahme ist die mit dem geringsten Arbeitsaufwand.

Das Ausbohren der Kerne wird bei der Notwendigkeit von Festigkeitsbestimmungen aus dem Gebirgsinneren angewendet. Die Kerngewinnung geschieht mittels üblicher Untersuchungsbohrgeräte mit Hartlegierungs- oder Diamantkronen. Außerdem wird das Ausbohren der Kerne zur Herstellung zylindrischer Proben aus großen Stücken und Gesteinsblöcken benutzt. Es erfolgt mit Gesteins- oder mit gewöhnlichen Werkzeugbohrmaschinen.

Die Gesteine mittlerer Härte werden dabei mit Hartlegierungskronen, die harten Gesteine mit dünnwandigen Hülsenbohrkronen unter Verwendung von Schleifpulver und die härtesten Gesteine mit Diamantkronen gebohrt.

Zur Herstellung der notwendigen Längenabmessung werden die Kerne gespalten oder auch mit Kreissägen quer zersägt. Die weitere Bearbeitung der Kerne erfolgt gewöhnlich auf der Drehbank mit Hartmetallschneidstählen. Dann werden die Proben auf gußeisernen Scheiben unter Hinzugabe von Schleifpulver geschliffen. Feste Eruptivgesteine werden naß, Gesteine, deren Eigenschaften bei der Befeuchtung merklich verändert werden, werden trocken mit Staubabsauganlagen geschliffen. Das Fertigläppen der Proben erfolgt von Hand auf dem Tisch unter Verwendung eines sehr feinen Schleifpulvers. Wenn nur die Stirnseiten der Proben geschliffen werden, so geschieht die Prüfung auf Planparallelität auf einer Prüfplatte mit Hilfe von Meßuhren. Werden auch die Seitenflächen der zylindrischen Proben vorher angeschliffen, so wird die Winkel- und Flächengenauigkeit mit Hilfe eines Winkeleisens geprüft.

Zur Herstellung prismatischer Proben werden schnellaufende Kreissägen mit einer oder mehreren Scheiben und Bandsägen verwendet. Das Grobzersägen der Gesteine mittlerer Härte erfolgt durch Sägen mit metallkeramischen Schneiden. Das Sägen festerer Gesteine geschieht mit Stahlsägen unter Hinzugabe von Schleifpulver, dünnen Schleifmittelscheiben oder am besten mit Diamantscheiben. Dabei werden die Gesteinsblöcke in Platten zersägt, die Platten in Stangen und diese in Prismen geteilt. Das Schleifen und Läppen prismatischer Proben erfolgt nach denselben Methoden wie für zylindrische Proben. Große Gesteinsblöcke werden durch Bohren einer großen Zahl von Löchern aus dem Verband gelöst, und zwar möglichst durch drehendes und nicht durch Schlagbohren. Schichtungsrisse und natürliche Klüftung werden ebenfalls genutzt. Zuweilen werden Festigkeitsuntersuchungen von Gesteinen unmittelbar unter Tage durchgeführt [4], [25]. Dabei wird ein gewisser Teil des Stoßes freigelegt, um hydraulische Polster ansetzen zu können. Man benutzt auch das Abbohren eines Teiles des Festen durch dicht an dicht liegende Bohrlöcher. Die Flächen werden dann von Hand bearbeitet. Alle Ungleichmäßigkeiten werden durch Eingießen einer Zementlösung zwischen die Gesteinsoberfläche und die Polster geglättet. Infolge des äußerst großen Arbeitsaufwandes wird diese Methode sehr selten angewendet.

Verschiedene Forscher benutzten Proben mit Abmessungen von 1—40 cm. Am häufigsten werden Proben von 3, 5 und 7 cm verwendet.

Grobgeschliffene Stirnseiten verursachen durch ihre Unebenheiten und geringe Parallelität stark verminderte Festigkeitswerte. Deshalb muß auf hohe Bearbeitungsgenauigkeit der Stirnflächen geachtet werden. Die zulässige Differenz der Planparallelität darf 0,03 mm nicht überschreiten.

Infolge der bedeutenden Inhomogenität einer Reihe von Gesteinen sind Einzelprüfungen nicht ratsam. Jeder Versuch muß n-mal wiederholt werden. Das Verhältnis der oberen und unteren Grenze des Bereiches, in dem 95% der mittleren Festigkeitswerte liegen, ist gleich (17):

$$p = \frac{100 + \frac{2V}{\sqrt{n}}}{100 - \frac{2V}{\sqrt{n}}}.$$

Die Werte des Variationskoeffizienten V der Gesteinsfestigkeit werden durch methodische Versuche und die nach Arbeitsaufwand annehmbare Zahl der Wiederholungsversuche ermittelt, n wird so gewählt, daß die Größe p keinen zu hohen Wert annimmt. Gewöhnlich wird $p = 1{,}5$ gewählt. Der Variationskoeffizient der Gesteinsfestigkeit schwankt zwischen 15—30%. Für festes und homogenes Gestein ist er gewöhnlich kleiner als für brüchiges und heterogenes Gestein. Zugversuche ergeben oft erhöhte Werte der Variationskoeffizienten. Am häufigsten schwankt die Zahl der Wiederholungsversuche je nach Gesteinsart zwischen 5—10.

3. Die Bestimmung der „Festigkeitskennkarte" der Gesteine an Proben regelmäßiger Form

Im folgenden werden nur die interessantesten neuen Methoden zur Festigkeitsbestimmung von Gesteinen beschrieben.

a) Die Festigkeitsbestimmung der Gesteine auf Zug

Direkte einaxiale Zugversuche an Gesteinsproben werden gegenwärtig selten durchgeführt, da man bei ihnen eine Exzentrizität der Belastung und die damit verbundene wesentliche Herabsetzung der Festigkeit sehr schwer vermeiden kann. Bedeutend bessere Ergebnisse werden bei indirekten Prüfmethoden erzielt.

Scheibenbiegeversuch

Die Probe ruht auf dem Außenumfang und wird in der Mitte belastet (Bild 2a). Die Zugfestigkeit ist gleich:

$$\sigma_z = \frac{3P}{8\,\pi\, m\, h^2}\left[4\,(m+1)\ln\frac{R}{r} + \frac{4\,m\,R^2 - (m-1)\,r^2}{R^2}\right]$$

worin $m = \frac{1}{\nu}$ die Poissonsche Zahl ist.

Die Dehnung eines Ringes (9, 10)

Eine mittig durchbohrte Scheibe wird unter dem Einfluß eines gleichmäßigen Innendrucks durch ein Druckübertragungsmittel aus 75% Colophonium und 25% Paraffin gedehnt. Dieses Mittel befindet sich in der Bohrung und wird von zwei koaxialen Druckstempeln gepreßt (Bild 2b). Bei $D/d = 4{,}5 : 7{,}0$ und $h/d = 1$ ist die mittlere Zugfestigkeit gleich

$$\sigma_z \cong \sigma_n \frac{d}{D-d}$$

worin ist: σ_n — der gemeinsame Druck an der Stirnseite des Druckstempels in kp/cm².

Eine genauere Lösung wird im folgenden für Proben mit unregelmäßiger Form angegeben.

Das Zerdrücken eines Zylinders

(1). Die Probe in Form eines Zylinders wird längs zwischen den Platten der Presse auf Druck beansprucht (Bild 2c). An den Kontaktstellen bilden sich Prismen des verformten Gesteins, die in die Probe eindringen und ihr Zerreißen entlang des Durchmessers bewirken. Die Zugfestigkeit ist gleich:

$$\sigma_z \cong \frac{P}{Db}\left(1 + \frac{10^{-4}\,P}{Db}\right).$$

An Stelle einer zylindrischen Probe kann man auch eine prismatische auf die Kanten gestellte Probe verwenden.

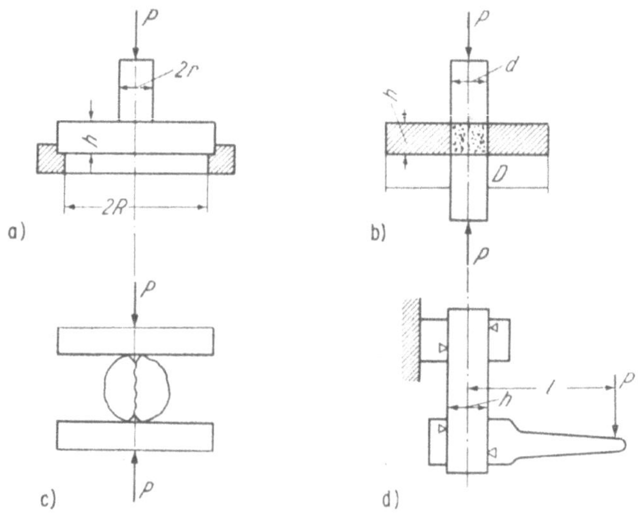

Bild 2. Prüfschema der Gesteinsproben auf Zug
a) Biegung einer Scheibe
b) Dehnung eines Ringes
c) Zerstörung eines liegenden Zylinders
d) Reine Biegung

Reine Biegung eines Prismas

Die gewöhnliche Durchbiegung eines Prismas mit zwei Auflagen und einer mittigen Belastung ergibt ein von der Wirklichkeit abweichendes Resultat. Die Abweichung rührt aus einer Spannungkonzentration im Angriffspunkt her. Man muß deshalb das Prisma senkrecht stellen und durch die Einwirkung von zwei Kräftepaaren biegen (Bild 2d). Die Zugfestigkeit ist dann gleich:

$$\sigma_z = \frac{6\,P\,l}{b\,h^2} \quad \text{kp/cm}^2.$$

b) Die Bestimmung der Gesteinsfestigkeit bei gleichzeitigem Schub und Druck

Von den Versuchen auf reinen Schub sieht man zweckmäßigerweise ab, da es praktisch nicht gelingt, zusätzliche nicht berechenbare Zugspannungen zu vermeiden, die die ermittelten Festigkeitswerte bedeutend herabsetzen. Deshalb sind Versuche von gleichzeitigem Schub und Druck am verbreitesten.

Schub in geneigten Matrizen [6], [25]. Die prismatische Probe wird zwischen zwei geneigte Matritzen gelegt, die auf einer Presse zusammengedrückt werden (Bild 3a). Die

Versuche erfolgen bei verschiedenen Neigungswinkeln. Man benutzt eine Kombination verschiedener Matrizen und Keile oder auch Wendematrizen.

$$\sigma = \frac{P \cos \alpha}{l\,b} \quad \text{kp/cm}^2, \quad \tau = \frac{P \sin \alpha}{l\,b} \quad \text{kp/cm}^2.$$

Doppelter Schub mit Druck [20].

Die prismatische Probe, die mit einem hydraulischen Einsatz gedrückt wird, wird dem doppelten Schub auf einer Presse mit Spezialvorrichtung ausgesetzt (Bild 3b).

$$\sigma = \frac{P}{l\,h} \quad \text{kp/cm}^2, \quad \tau = \frac{P_1}{2\,bh} \quad \text{kp/cm}^2.$$

Dieses Verfahren ist etwas komplizierter als das vorhergehende.

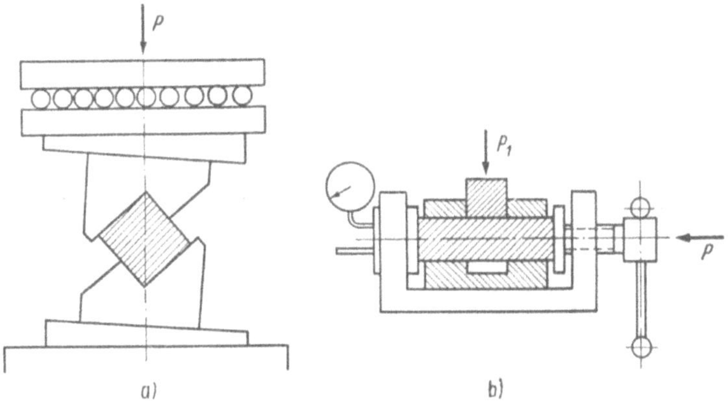

Bild 3. Prüfschema für Gesteinsproben auf Schub und Druck
a) Schub in geneigten Matrizen
b) Doppelter Schub mit Druck

c) Die Bestimmung der Gesteinsfestigkeit bei einaxialem Druck

Diese Art von Festigkeitsprüfungen für Gesteine wird häufiger als andere Prüfungsarten benutzt, obwohl sie keine vollständige Festigkeitscharakteristik des Gesteins darstellt.

Geprüft werden zylindrische, prismatische oder kubische Proben. Die Versuche werden ohne Schmierung und ohne Verwendung elastischer Zwischenlagen durchgeführt. Die zylindrischen und prismatischen Proben haben die Höhe

$$h = 2\sqrt{F} \quad \text{cm}.$$

Die vergrößerte Höhe ist notwendig, um im mittleren Teil der Probe einen Spannungszustand zu erhalten, der annähernd einem einachsigen Druck entspricht.

Beim Druck von Würfeln führt die Reibung an den Stirnflächen zu erhöhten Druckfestigkeitswerten.

Da die Prüfungsmethoden bei einaxialem Druck allgemein bekannt sind, wird nicht näher darauf eingegangen.

d) Die Bestimmung der Gesteinsfestigkeit im triaxialen Bereich

Das Brechen der Scheibe mit koaxialen Druckstempeln [9], [10]

Eine flache Scheibe mit dem Radius R wird von koaxialen Druckstempeln mit dem Radius r, die mittig angreifen, gebrochen. Der Außenteil der Scheibe ist wie eine Zwinge, die die Ausdehnung ihres Mittelteils verhindert (Bild 4). Durch Vergrößerungen des Verhältnisses von Scheiben- und Druckstempeldurchmesser kann der Räumlichkeitsgrad des Spannungszustandes im Mittelteil der Scheibe erhöht werden. Der Seitendruck auf den Mittelteil der Scheibe ist gleich:

$$\sigma_r = \nu \frac{R^2 - r^2}{2 R^2} \sigma_n \quad \text{kp/cm}^2,$$

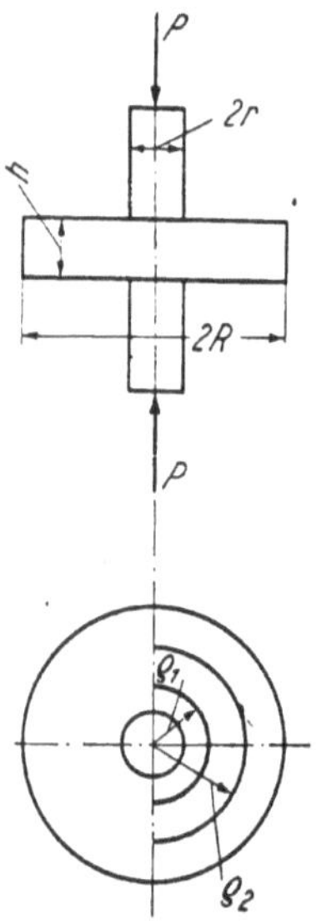

Bild 4. Zerstörung einer Scheibe mit koaxialen Druckstempeln

worin σ_n der mittlere Normaldruck auf den Druckstempel in kp/cm² ist.

Dieses Verfahren ist von allen triaxialen Verfahren am einfachsten.

Ungleichmäßiger allseitiger Druck [15]

Die kubische Probe mit 3 cm Kantenlänge wird allseitigem Druck in einem geschlossenen Gefäß ausgesetzt, in das unter einem Druck bis 2000 atü Öl oder Stickstoff eingeführt wird. Die Probe wird in eine Umhüllung aus Folie verlötet, die mit dünnem Gummi oder auch drei Klebeschichten überzogen wird, um ein Eindringen von Flüssigkeit oder Gas in die Poren zu verhindern. Außerdem wird dieselbe Probe zusätzlich senkrechtem Druck von einer Presse ausgesetzt (Bild 5a). Durch Unterbringung zusätzlicher Vorrichtungen innerhalb des Gefäßes kann die Probe auf Schub (Bild 5b) oder auf Schub und Druck beansprucht werden (Bild 5c). Nach den Werten für senkrechten und Seitendruck im Moment der Zerstörung der Probe wird der MOHRsche Kreis konstruiert. Durch Variierung der Seitendrücke erhält man eine Serie solcher Kreise und ihre Hüllkurve.

Der Einfluß der Belastungsgeschwindigkeit

Der Einfluß der Belastungsgeschwindigkeit auf die Festigkeit der Proben ist ungenügend untersucht und gibt widersprechende Ergebnisse.

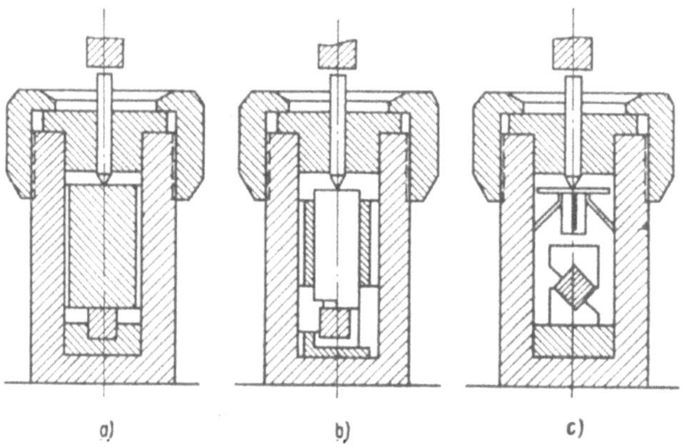

Bild 5. Schema zur Bestimmung der Festigkeit von Gesteinsproben im triaxialen Spannungszustand
a) Druck
b) Schub
c) Schub mit Druck

4. Die Bestimmung der Verformbarkeit der Gesteine

Die Bestimmung der Verformbarkeit der Gesteine erfolgte bisher nur an Proben mit regelmäßiger Form.

Die allgemein bekannte Methodik der Verformungsmessungen an Proben durch mechanische Spiegelspannungsmesser behandeln wir nicht.

a) Die Bestimmung der Längs- und Querverformungen bei einaxialem Druck mit Meßuhren

Die zylindrische Probe wird von drei Metallringen umfaßt [20]. Der obere und untere Ring wird durch je vier geglühte Schrauben an die Probe gedrückt. Der mittlere Ring liegt getrennt von den ersten beiden Ringen. Beim Druck der Probe wird die gegenseitige Annäherung des oberen und unteren Ringes durch vier senkrecht stehende Meßuhren

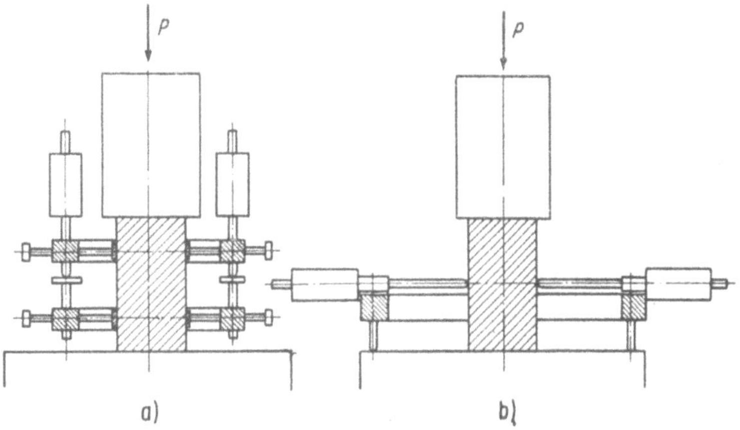

Bild 6. Schema der Vorrichtung zur Verformungsbestimmung mit Meßuhren
a) Messung der Längsverformungen
b) Messung der Querverformungen

gemessen, die am oberen Ring befestigt sind. Die Querverformungen der Probe werden von radial liegenden Meßuhren gemessen, die am mittleren Ring befestigt sind (Bild 6).

Die Anzeigewerte aller vier Meßuhren werden gemittelt. Der Elastizitätsmodul ist gleich

$$E = \frac{\Delta P \cdot l}{F \cdot \Delta l}.$$

Die Poissonsche Zahl ist

$$\nu = \frac{2\,\Delta D\, l}{D\,(\Delta l - l)}.$$

Die Fehlergrenze liegt bei dieser Meßmethode bei 2—3%.

b) Die Bestimmung des Elastizitätsmoduls und der POISSONschen Zahl mit Hilfe von Dehnungsmeßstreifen

Druck von Scheiben mit koaxialen Druckstempeln [9], [10]

Die Dehnungsmeßstreifen werden auf die Stirnfläche der Probe mit den Bögen des Radius ϱ_1 und ϱ_2 (Bild 4) geklebt. Die Arbeits- und Ausgleichgeber sind über eine gewöhnliche Brücke an den Ausgang eines Röhrenverstärkers angeschlossen. Die Eichung ähnlicher Geber derselben Länge erfolgt einzeln bei einaxialem Zug.

Nach den ermittelten Eichkurven werden die relativen Verformungen ε_1 und ε_2 der Bogengeber für die jeweilige Probe bestimmt. Die Versuche werden bei Entlastung durchgeführt. Die Elastizitätskonstanten sind gleich:

Poissonsche Zahl: $$\nu = \frac{\varepsilon_1\left(\frac{R^2}{\varrho_2^2}+1\right)-\varepsilon_2\left(\frac{R^2}{\varrho_1^2}-1\right)}{\varepsilon_1\left(\frac{R^2}{\varrho_2^2}-1\right)+\varepsilon_2\left(\frac{R^2}{\varrho_1^2}+1\right)};$$

E-Modul: $$E = \frac{\nu r^2}{2R^2}\left[1-\nu+\frac{R^2}{r^2}\left(1+\nu\right)\right]\frac{\sigma_n}{\varepsilon}.$$

Diese Methode ergibt eine zufriedenstellende Reproduzierbarkeit der Ergebnisse.

Allseitiger Druck zylindrischer Proben [3]

Die in Metallfolien eingelöteten Proben werden in ein hermetisiertes, dickwandiges Gefäß gebracht und einem Druck bis 5000 atü ausgesetzt. Der Druck wird von einem Kompressor erzeugt, als Druckmittel dient Stickstoff. Die Probe wird in eine Metallzwinge gebracht, deren Verformbarkeit früher bestimmt wurde (Bild 7). Zur Messung der Ver-

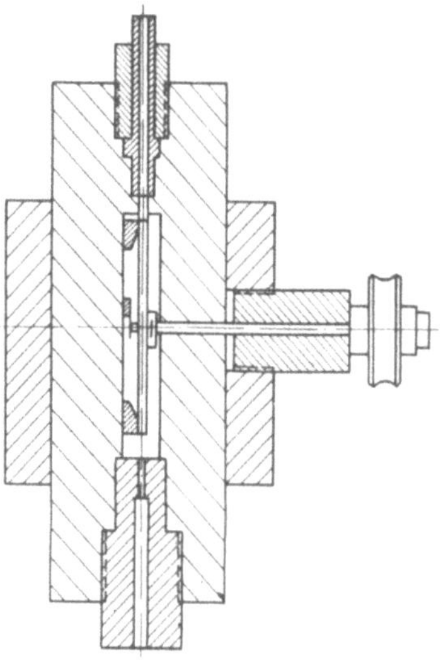

Bild 7. Schema der Vorrichtung für Verformungsmessung bei allseitigem Druck

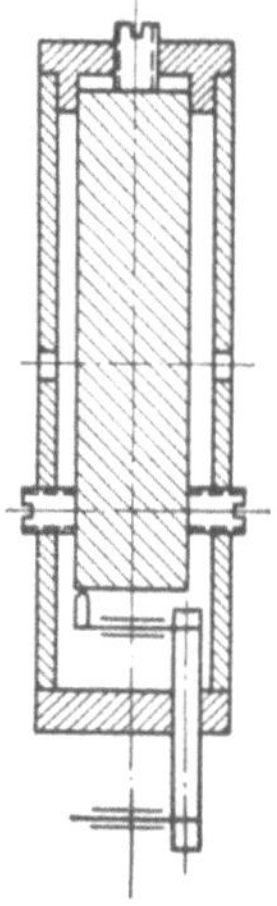

Bild 8. Prinzipskizze der Kraft- und Verformungsmessung bei Biegung des Gesteins unter allseitigem Druck

formungen dient eine Stahl-Querplatte mit aufgeklebten Dehnungsmeßstreifen, von denen ein Ende starr mit der Zwinge verbunden ist und das andere sich durch den Verformungsunterschied von Gesteinsprobe und Zwinge bewegen kann. Zur Sicherung des Temperaturausgleiches liegen alle vier Geber der Brücke auf dieser Platte. Die Versuche werden mit Gleichstrom durchgeführt. Die Belastung erfolgt in Stufen von 250 bis 500 atü mit Wartezeiten von 10 Min., um den durch die Drucksteigerung erwärmten Stickstoff durch Wärmeaustausch mit den massiven Gefäßwänden abzukühlen.

Biegung einer prismatischen Probe bei allseitigem Druck [2]

Die Gesteinsprobe wird in eine dichte Umhüllung aus Kupferfolie verlötet. Innerhalb des Gefäßes wird durch Verdichtung des Stickstoffes ein allseitiger Druck bis 5000 atü erzeugt. Die Querkraft, welche die Probe biegt, erhält man durch eine Schickenschraubenvorrichtung. Die Messung dieser Kraft erfolgt durch Miniaturmeßringdynamometer mit vier aufgeklebten Gebern. Die Verformungsmessung der Probe erfolgt durch eine Konsolstahlplatte ebenfalls mit Hilfe von vier Drahtgebern (Bild 8).

c) Die dynamische Bestimmung des Elastizitätsmoduls

Die zylindrische Gesteinsprobe, die in die Kupferfolie eingelötet wurde, wird in das dickwandige Gefäß [2] gebracht und mit Stickstoff ein Druck bis zu 5000 atü erzeugt. An den Enden der Probe liegen piezoelektrische Geber aus Ammoniumdihydrophosphat (Bild 9). Der eine von ihnen dient als Sender, der andere als Empfänger. Die Impulse haben eine Frequenz von etwa 100000 Hertz und werden durch ein Ultraschallseismoskop [18] erzeugt. Die elektrischen Impulse von beiden Piezogebern werden auf den Bildschirm eines Kathodenstrahloszillographen gebracht und photographiert. Bei Kenntnis der Auflösungs-

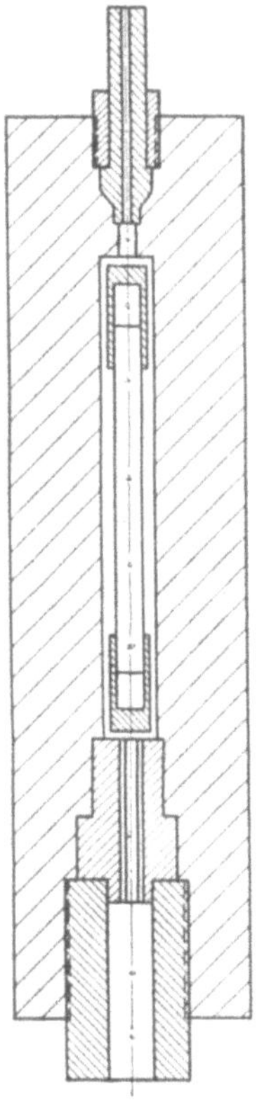

Bild 9. Prinzipskizze der Geschwindigkeitsmessung elastischer Wellen im Gestein bei allseitigem Druck

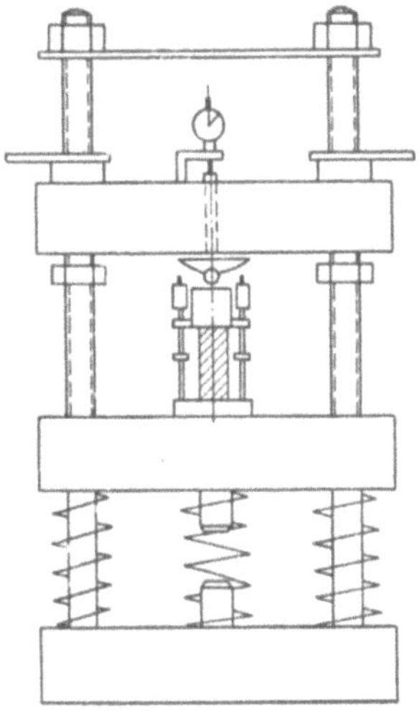

Bild 10. Schema der Federpresse zur Ermittlung der Dauerstandfestigkeit von Gesteinen

geschwindigkeit kann man die Durchlaufzeit der Ultraschallwelle durch die Länge der Probe bestimmen und seine Geschwindigkeit berechnen. Nach der Geschwindigkeit der elastischen Welle kann man den Elastizitätsmodul des Gesteins bestimmen.

d) Die Bestimmung der Verformbarkeit der Gesteine in der Zeit

Die Bestimmung der Verformbarkeit der Gesteine in der Zeit [21] erfolgt auf Federpressen (Bild 10). Die Kennziffer der Federn wird so gewählt, daß bei der Verformung der Proben die Kräfte auf die Federn praktisch gleichbleiben. Die Versuche werden gewöhnlich bei einaxialem Druck durchgeführt. Auf die Belastung der Probe wird durch die Anzeige der Verformungsmeßuhr geschlossen, die am oberen Ende der Presse montiert ist. Die Verformungen werden durch vier Meßuhren gemessen. Wegen der erhöhten Nachgiebigkeit der Kanten gibt diese Methode etwas überhöhte Verformungswerte.

5. Die Festigkeitsbestimmungen der Gesteine an Proben mit unregelmäßiger Form

Die Verwendung von Proben mit unregelmäßiger Form verkürzt um vieles den Arbeitsaufwand bei der Herstellung der Proben, ergibt jedoch dafür eine größere Streuung der Werte. Deshalb ist bei der Verwendung solcher Proben eine größere Anzahl von Versuchen notwendig, um den gleichen Genauigkeitsgrad wie bei Versuchen mit Proben regelmäßiger Form zu erhalten. Jedoch wird trotzdem der gesamte Arbeitsaufwand wesentlich verringert.

a) Zugfestigkeitsbestimmungen

Das Zerdrücken von Proben [16], [22]

Jedes Gesteinsstück mit unregelmäßiger Form mit Abmessungsunterschieden von nicht mehr als zwei wird nach Abstumpfen spitzer Kanten auf der Presse gebrochen. An den

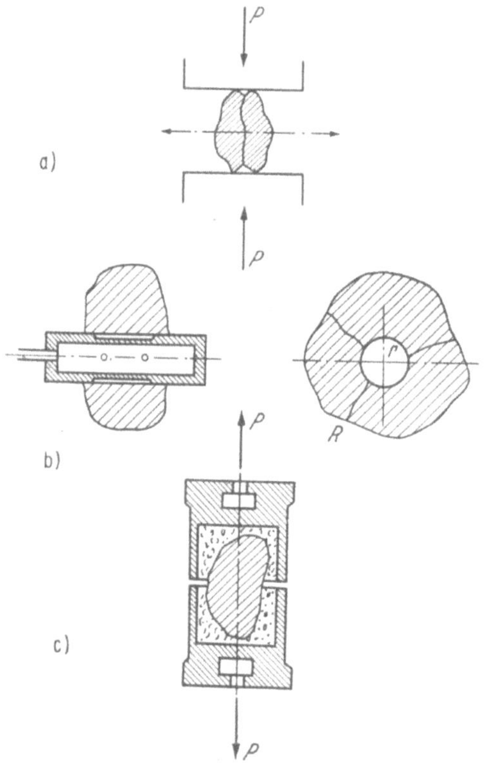

Bild 11. Prüfung der Zugfestigkeit von Gesteinsproben unregelmäßiger Form
a) Brechen
b) Dehnung eines Ringes
c) Einachsiger Zug

Kontaktstellen mit den Platten der Presse werden verdichtete „Gesteinskeile" gebildet, die beim Eindringen in die Probe zum Reißen in senkrechten Ebenen führen (Bild 11a). Die Fläche F ist angenähert gleich $V^{2/3}$. Die Zugfestigkeit ist dann gleich

$$\sigma_z = \frac{P}{V^{2/3}} \quad \text{kp/cm}^2.$$

Dehnung eines Ringes [6]

Das Gesteinsstück mit unregelmäßiger Form wird nach Möglichkeit in der Mitte durchbohrt. In die Bohrung der Probe wird ein perforiertes Rohr mit Gummiumhüllung eingesetzt (Bild 11b). In das Rohr wird Öl gepumpt und so die Probe mit einem gleichmäßigen Innendruck p auseinandergepreßt. Nach dem Reißen der Probe wird an einem Teil sein Innenradius r und der kleinste Außenradius R gemessen. Bei der Berechnung wird berücksichtigt, daß sich zu Beginn an der Bohrung ein Riß bildet, der sich allmählich vergrößert und, nachdem er bis zur Mitte der Probendicke vorgedrungen ist, die augenblickliche Zerstörung verursacht. Die abgeleitete Formel geht von der bekannten Formel LAMÉs für die Berechnung von dickwandigen Rohren aus, berücksichtigt jedoch die Bildung des oben erwähnten Risses. Die Zerreißfestigkeit ist gleich

$$\sigma_z = \frac{2{,}69\,R}{r}\,\mathrm{P\ max}\quad \mathrm{kp/cm^2}$$

Zerreißen eines in Matrizen gegossenen Würfels [26]

Eine Probe mit unregelmäßiger Form wird in zwei Metallmatrizen gesetzt und mit Beton ausgegossen. Zwischen ihnen bleibt ein schmaler Querspalt (Bild 11c). Die Matrizen werden auf einer Zerreißmaschine im gewöhnlichen Verfahren auf Zug beansprucht. Auf die entstandene Rißfläche wird Pauspapier und weißes Papier gelegt und an die Probe gedrückt. Der Abdruck des Flächenumrisses wird planimetriert. Die mittlere Zugfestigkeit ist dann

$$\sigma_z = \frac{P}{F}\quad \mathrm{kp/cm^2}\,.$$

Ein Mangel der Methode besteht im möglichen Auftreten eines Biegemoments infolge exzentrischer Belastung der Probe. Zu niedrige Festigkeitswerte sind deshalb möglich. Diese Methode wird für Gesteine mit geringerer Festigkeit als die des benutzten Betons angewendet. Sie erfordert infolge der längeren Abbindezeit des Betons mehr Zeit als die vorhergehenden Methoden.

b) Festigkeitsbestimmung der Gesteine bei Schub und Druck

Die Gesteinsprobe mit unregelmäßiger Form wird mittels Beton in zwei Matrizen gegossen, zwischen denen ein schmaler Spalt unter dem Winkel α [26] bleibt. Nach dem Abbinden des Betons werden die Matrizen auf der Presse über eine Rollenvorrichtung gepreßt.

Nach dem Bruch der Probe wird auf die Bruchfläche Paus- und weißes Papier gelegt und zusammengedrückt. Der ermittelte Umrißabdruck der Schubfläche wird im gewöhnlichen Verfahren planimetrisch ausgewertet. Es werden mindestens zwei verschiedene Neigungswinkel angewendet. Am häufigsten werden die Winkel $\alpha = 40°$ und $60°$ benutzt (Bild 12).

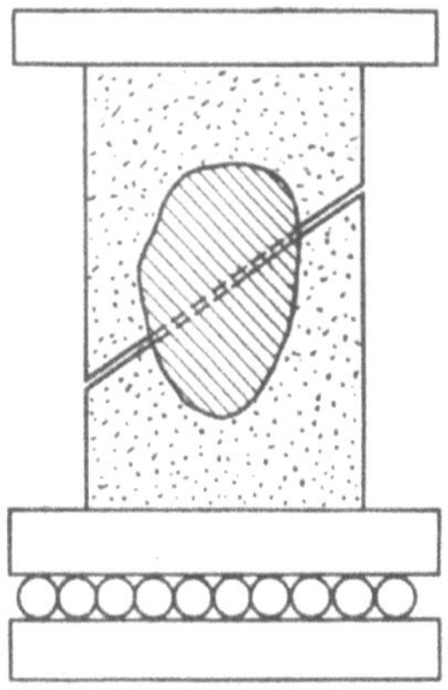

Bild 12. Untersuchung von Gesteinsproben unregelmäßiger Form auf Schub und Druck

Normalspannungen: $\sigma = \frac{P\cos\alpha}{F}$ kp/cm².

Tangentiale Zerstörungsspannungen:

$$\tau = \frac{P\sin\alpha}{F}\ \mathrm{kp/cm^2}.$$

6. Festigkeitsbestimmung des Gesteins in situ

Die Festigkeitsbestimmung des Gesteins in situ wird angesichts des relativ großen Arbeitsaufwandes selten durchgeführt.

a) Festigkeitsbestimmungen des Gesteins durch Losreißen aus dem Verband

In den Stoß wird ein kurzes Loch mit der Tiefe l gebohrt. Ein Greifwerkzeug [7] mit einer der verschiedenen vorhandenen Konstruktionen wird eingesetzt (ausziehbare Stäbe, elastische Zangengreifer, einbetoniertes Kernstück usw.) und mit Hilfe einer hydraulischen Vorrichtung das Gestein aus dem Verband gerissen. Es bildet sich dabei eine kegelförmige Vertiefung mit dem Radius R (Bild 13) aus. Die Zugfestigkeit ist annähernd gleich

$$\sigma_z \cong \frac{1{,}2\,P}{R\,l} \text{ kp/cm}^2.$$

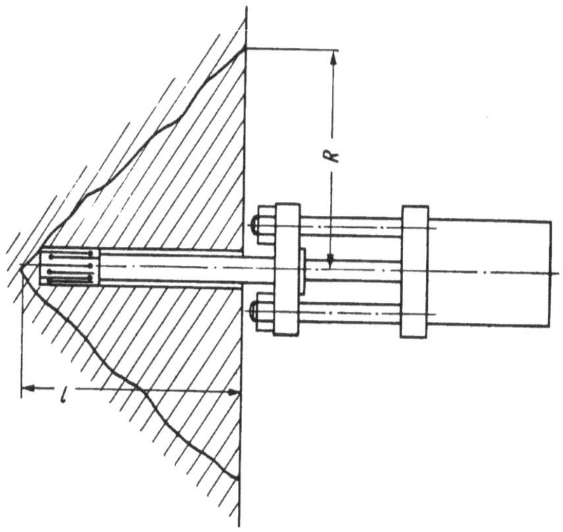

Bild 13. Schema zur Bestimmung der Gesteinsfestigkeit beim Losreißen aus dem Verband

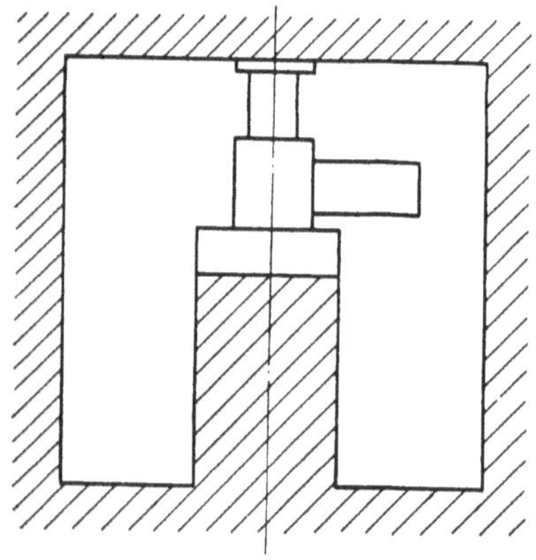

Bild 14. Schema zur Bestimmung der Gesteinsfestigkeit bei einaxialem Druck in situ

b) Bestimmung der Druckfestigkeit

Im Abbau verbleibt ein Pfeiler, der mit einem Betonpolster versehen wird. Eine hydraulische Druckanlage beansprucht sodann den Pfeiler bis zur Zerstörung (Bild 14). Die gemessene Festigkeit ist wesentlich niedriger als bei der Prüfung im Labor.

c) Festigkeitsbestimmung des Gesteins bei Schub und Druck

Im Stoß [25] verbleibt auf geneigter Ebene ein Vorsprung, gegen den eine hydraulische Presse drückt (Bild 15). Schub und Druck erfolgt auf der geneigten Fläche. Der Koeffizient der inneren Reibung muß dabei rechtzeitig bestimmt werden. Die Schubfestigkeit ist bedeutend geringer als bei Laboruntersuchungen, besonders wenn der Schub entlang der Schichtung oder entlang der Klüftung erfolgt.

d) Bestimmung der Durchstanzfestigkeit

Die Druckprüfung erfolgt gewöhnlich auf der Sohle des Flözes [5]. Sie geschieht mittels hydraulischer Pressen. Die Stützfläche der Presse auf der Sohle wird um verschiedene Male kleiner als die am Hangenden gewählt. Bei Auflageflächen mit einem Querschnitt $>80\ cm^2$ hängt die Durchstanzfestigkeit praktisch nicht von der Berührungsfläche ab.

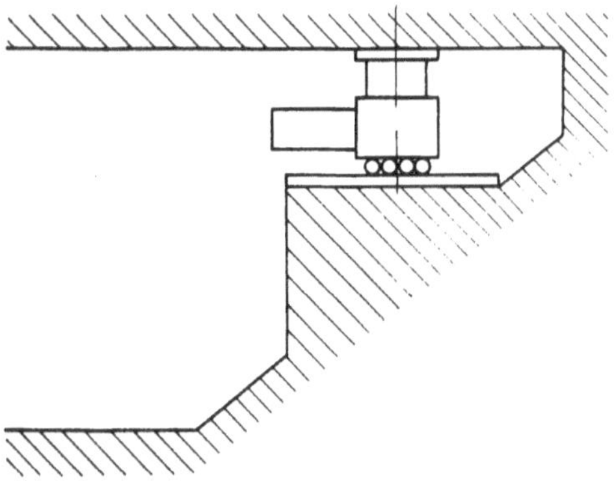

Bild 15. Untersuchung der gleichzeitigen Schub- und Druckfestigkeit in situ

7. Vorschläge

a) Es erscheint notwendig, rationelle Methoden zur Bestimmung der Festigkeits- und Verformungseigenschaften von Gesteinen in situ auszuarbeiten.

b) Bei der Untersuchung der Gesteinseigenschaften an Proben ist es wünschenswert, kleine Abmessungen zu verwenden. Gleichzeitig ist es notwendig, rationelle Methoden zur Berücksichtigung von Rissen und Klüften bei Untersuchungen im Labor und in situ auszuarbeiten.

c) Die Untersuchungen der Gesteinseigenschaften sind vor allem auch bei ungleichmäßiger triaxialer Belastung vorzunehmen.

d) Es ist weiterhin der Einfluß der Belastungsgeschwindigkeit und der Belastungsdauer auf die Festigkeits- und Verformungseigenschaften zu untersuchen.

e) Für Versuche großen Stils erscheinen Körper mit unregelmäßiger Form am geeignetsten. Es müßten Methoden zur exakten Bewertung der Verformungseigenschaften solcher Versuchskörper erarbeitet werden.

Literatur

[1] Verchovskij, A. V., Romanovskaja, V. V.: Die Bestimmung der Zugfestigkeit durch Druck von zylindrischen Proben. Betriebslaboratorium, Nr. 11 (1951).

[2] Volarovič, M. P., Balašov, D. B., Stachovskaja, S. I.: Die Erforschung der Elastizitätseigenschaften von Gesteinen bei hohem Druck. Arbeiten der fünften Tagung über experimentelle und technische Mineralogie und Petrographie. Izdat. Akademii Nauk SSSR, Moskva 1958.

[3] Volarovič, M. P., Balašov, D. B., Pavlogradskij, W. A.: Die Erforschung der Zusammendrückbarkeit eruptiver Gesteine bei Drücken bis 5000 kg/cm². Izvestija Akademii Nauk Ser. geofizičeskaja, Nr. 5 (1959).

[4] Gerčikov, J. A.: Die Erforschung der Elastizitätseigenschaften der Gesteine bei natürlicher Lagerung. Glavnaja redakcija gorno-toplivoi i geologorazvedočnoi literatury, Moskva 1938.

[5] Žakutskij, I. A.: Die Durchstanzfestigkeit des Nebengesteins bei Verwendung von Ausbau in Streben. Technisch-wissenschaftliche Arbeiten in der Kohlenindustrie Nr. 2. Zentralny Institut techn. informacii ugolnai promyšlennosti, Moskva 1959.

[6] Ilnizkaja, J. I.: Die Bestimmung der Schub- und Zugfestigkeit von Kohlen. Trudy Instituta gornogo dela Akademii Nauk SSSR, Tom 1 Izdat. Ak. Nauk SSSR 1954.

[7] Ilnizkaja, J. I.: Die Bestimmung der Zugfestigkeit durch Herausreißen von Kohle aus einem Pfeiler. Trudy Instituta gornogo dela Akademii Nauk SSSR, Tom 2 Izdat. Ak. Nauk SSSR 1954.

[8] Kuznecov, G. N.: Mechanische Eigenschaften der Gesteine. Ugletexizdat Moskva 1948.

[9] Kuznezov, G. N.: Die Bestimmung der mechanischen Eigenschaften der Gesteine an kleinen Proben. Arbeiten der Koordinierungstagung für Forschungen auf dem Gebiet der Loslösung von Kohle und Gestein vom Massiv. Izdat. Akademii Nauk SSSR, Moskva 1954.

[10] Kuznezov, G. N.: Die Bestimmung der mechanischen Eigenschaften der Gesteine an kleinen Proben. Fragen der Zerstörung und des Gebirgsdruckes von Gesteinen. Ugletexizdat, Moskva 1955.

[11] Maljušicky, J. N.: Bedingungen für die Stabilität von Böschungen in Tagebauen. Izdatelstvo Akademii Nauk USSR, Kiev 1957.

[12] Protodjakonov, M. M.: Der derzeitige Stand bergmännischer Arbeiten. Teil I. Iždanie ZK gornorabočich, Moskva 1926.

[13] Protodjakonov (Junior), M. M.: Über die einheitliche Methodik der Festigkeitsbestimmung von Kohle. Arbeiten der Koordinierungstagung für Forschungen auf dem Gebiete der Abspaltung von Kohlen und Gesteinen vom Massiv. Izdat. Akademii Nauk, Moskva 1954.

[14] Protodjakonov (Junior), M. M.: Der Festigkeitskoeffizient für Gesteine nach Prof. M. M. Protodjakonov. Fragen der Zerstörung und des Gebirgsdrucks von Gesteinen. Ugletexizdat, Moskva 1955.

[15] Protodjakonov, M. M., Voblikov, V. S.: Die Hypothese der Zerstörung von Kohlen und Gesteinen im triaxialen Spannungszustand. Trudy Instituta gornogo dela AN SSSR, Tom II Izdat. Akademii Nauk, Moskva 1955.

[16] Protodjakonov, M. M., Voblikov, V. S.: Die Bestimmung der Festigkeit von Gesteinen an Proben von unregelmäßiger Form. Ugol Nr. 4 (1957).

[17] Protodjakonov, M. M., Teder, R. I.: Die Erforschung des Zerstörungsprozesses der Kohle bei schälender Gewinnung. Gos. naučno-techn. literatury po gornomu delu, Moskva 1960.

[18] Rizničenko, J. V., Ivakin, B. N., Burgov, V. R.: Die Modellierung seismischer Wellen mit Hilfe von Ultraschallimpulsen. Iživestija Ak. Nauk SSSR serija geofizičeskaja Nr. 3 (1952).

[19] Ruppeneit, K. V.: Einige Fragen der Gebirgsmechanik. Ugletexizdat, Moskva 1954.

[20] Ruppeneit, K. V.: Die mechanischen Eigenschaften der Gesteine. Ugletexizdat, Moskau 1950.

[21] Ruppeneit, K. V.: Druck und Verschiebung der Gesteine in Abbauen der flachen Lagerung. Ugletexizdat, Moskau 1957.

[22] Tochtujev, G. V., Borisenko, G. V.: Einige Ergebnisse der Erforschung der mechanischen Festigkeit von Gesteinen und Erz aus Kriwoi Rog an Proben mit unregelmäßiger Form. Mechanische Eigenschaften der Gesteine. Ugletexizdat, Moskau 1959.

[23] Zimbarevič, P. M.: Gebirgsmechanik. Ugletexizdat, Moskva 1948.

[24] Schreiner, L. A., Petrova, O. P., Jakušev, V. P., Portnova, A. T., Sadilenko, K. M., Klotichko, N. A., Pavlova, N. N., Balandin, P. S., Spivat, A. I.: Mechanische und Abriebeigenschaften der Gesteine. Gos. naučno-techn. izdatelstvo njeftjanoi i gorno-toplivoi literatury Moskva 1958.

[25] Fisenko, G. L.: Die Stabilität der Böschungen in Kohlen-Tagebauen. Ugletexizdat, Moskva 1956.

[26] Jagodkin, G. I., Čekanov, A. N., Terpigorev, A. M.: Die Bestimmung der mechanischen Eigenschaften von Kohle an Proben von unregelmäßiger Form. Artikelsammlung Zerstörung der Kohlen und Gesteine. Ugletexizdat, Moskva 1958.

Gebirgstechnologische Großversuche

von L. MÜLLER, Salzburg

In allen Zweigen der Technik — mit Ausnahme des Felsbaues über und unter Tage — gilt es seit jeher als selbstverständlich, daß eine gründliche Materialkenntnis nur durch ein wohl ausgebautes Versuchswesen erworben wird, und dementsprechend verfährt man auch. Prüfanstalten überwachen die Güte aller, auch der nebensächlichsten Baustoffe, und Normenausschüsse beschäftigen sich jahrelang mit der Festlegung zulässiger Mindestanforderungen, welche an die Materialien zu stellen sind; sie tragen Sorge für die Entwicklung theoretisch einwandfreier und praktischer Prüfverfahren in der Versuchsanstalt und an der Baustelle. Im Felsbau jedoch läßt man es dabei bewenden, immer und immer wieder das Gesteinsmaterial zu prüfen, aus welchem das Gebirge aufgebaut ist, und man übersieht oder vernachlässigt die Tatsache, daß das in aller Regel durch und durch zerklüftete Gebirge gänzlich andere Materialeigenschaften besitzt als das Gestein. Schon vor mehr als 30 Jahren hat STINI unermüdlich darauf hingewiesen, daß die Festigkeitseigenschaften des Gebirges, welches er gerne einem wohlgefügten Trockenmauerwerk vergleicht, gänzlich andere und anders bedingte sind als die des Gesteins. MÜLLER und PACHER haben wiederholt dargelegt, daß die Festigkeits- und Formänderungseigenschaften des Gebirges im Großen im wesentlichen Eigenschaften des Kluftkörperverbandes sind und nur bis zu einem gewissen oft sehr geringen Grade vom Gesteinsmaterial abhängen.

Daß man für den Baustoff Fels nicht schon längst, wie für die anderen Baumaterialien, ein System technologischer Prüfungen eingeführt hat, sondern sich immer noch mit untauglichen Versuchen abmüht, hat viele, aber keine guten Gründe:

a) Die wesentlichsten Unterschiede zwischen Gestein und Gebirge sind noch viel zu wenig bekannt; man prüft das Gestein oder schätzt seine Festigkeiten ein und überträgt die ermittelten Werte gedankenlos auf den Fels. Wüßte man, um wieviel geringer oftmals die Gebirgsfestigkeiten sind, dann würde man manches Bauwerk vielleicht überhaupt nicht wagen. Unkenntnis der Naturgesetze schützt aber nicht vor Gefahr. Daß es so und so oft gut gegangen ist, ist kein Argument. Kein verantwortungsbewußter Techniker anderer Konstruktionszweige würde sich lediglich auf Schätzungen verlassen.

b) Vielfach auch scheut man sich vor dem großen wissenschaftlichen Aufwand, den man erwartet, denkt mit Unbehagen an das komplexe Materialverhalten und resigniert davor; „man sieht nicht durch".

c) Ein weiterer Grund ist der, daß Gebirgsprüfung nicht im Laboratorium durchgeführt werden kann, wie STINI und MÜLLER gezeigt haben, sondern nur als Großversuch in der Natur; auf der Arbeitsstelle aber „stört" sie, man hat keine Zeit dafür oder glaubt, sie nicht zu haben, vergessend, daß eine solche Vogel-Strauß-Taktik sehr viel mehr Zeit kostet als man zu ersparen meint. Denn sie zieht Unsicherheit nach sich und wirkt sich allemal entweder in Gefahren oder aber im Mehraufwand, Überbemessungen usw. aus.

d) Schließlich fürchtet man die Kosten, welche gewiß sehr hoch sind, solange man nur improvisiert und in jedem Einzelfalle neuen Aufwand treibt, die aber tragbar werden, sobald Materialprüfungen im Gebirge systematisch organisiert werden.

In Wahrheit sind alle diese Argumente gar nicht stichhaltig. Beweis: Großversuche zur Bestimmung von Gebirgsmoduln; sobald man deren Notwendigkeit einsah, wurden sie sehr bald zur stetigen Praktik.

Genau so selbstverständlich werden sehr bald auch andere Großversuche üblich werden, wenn erst einmal die notwendige Aufklärungsarbeit geleistet ist. Auch sie erfordern nicht mehr Aufwand als die Modul-Versuche, wie die bereits geleisteten Vorarbeiten zeigen. Diese ersten technologischen Großversuche sind bereits im Gange (Vajont, Wetzawinkel, Kurobe).

Solange wir auf Schätzungen der Festigkeiten und gefühlsmäßige Bewertung des Felsverhaltens angewiesen sind, bleibt nichts anderes übrig, als die Festigkeiten niedrig einzuschätzen, d. h. die rechnerischen Sicherheiten hoch zu wählen. Dies ist eine unvermeidliche Konsequenz, die überdies hohe Baukosten mit sich bringt. Unbehaglich bleibt dabei jedoch, daß man nicht weiß, *wie* hoch die Sicherheit de facto ist.

Erst wenn wir im Großversuch festgestellt haben werden, welche Beanspruchungen dem Fels zugemutet werden können, werden wir uns mit geringeren rechnerischen Sicherheitsfaktoren begnügen und trotzdem sicher fühlen dürfen. Heute, da solche Möglichkeiten gegeben sind, übernimmt jemand, der ein größeres Felsbauwerk errichtet, ohne sich über die zulässigen Inanspruchnahmen des Gebirges Rechenschaft zu geben, eine doppelte Verantwortung: diejenige für die Gefährdung, der er Menschen und Bauwerk aussetzt, weil er sich über den Grad der vorhandenen Sicherheit keine Gewißheit verschafft hat; zum zweiten die Verantwortung für einen höchst unwirtschaftlichen Einsatz der Baumittel in Form von Mehrausbrüchen bei Flacherlegen einer Felsböschung, von Mehrausbruch und überstark bemessenem Tunnelmauerwerk, zusätzlichen Felsverankerungen u. dgl. Alle Unsicherheit führt beim Konstruieren zu Überbemessungen.

Kein Zweifel, daß ein solch unwirtschaftliches Vorgehen weit teurer kommt als die großzügigsten Großversuche. Die Kosten von Großversuchen, von einer Zentralstelle aus vorbereitet, organisiert und durchgeführt mit einem Personal, welches mit der Materie vertraut ist, stehen stets in einem annehmbaren Verhältnis zu den Baukosten und in einem äußerst günstigen Zahlenverhältnis zu den erzielbaren Einsparungen, gar nicht zu reden von dem Gewinn an Sicherheit, welcher mehr wiegt als alles andere. Um z. B. den ohnehin schon hochgezüchteten Beton von Talsperren noch um einige Prozent zu verbessern, werden an jeder Großbaustelle Millionen für Betonversuche ausgegeben, obwohl wir heute recht genau wissen, daß eine weitere Erhöhung der Betongüte die Gesamtsicherheit des Bauwerkes nicht mehr erhöht. Es ist unlogisch und unkonsequent, der Untersuchung des Gebirges nicht wenigstens dieselbe Sorgfalt zuzuwenden.

Im Brücken-, Beton- und Stahlbau wären Fortschritte ohne ein gründliches Versuchswesen nicht möglich gewesen. In gleicher Weise ist der Fortschritt im Felsbau an eine bessere Kenntnis des Baustoffes Fels gebunden. Deshalb geht es auch hier nicht ohne Versuchswesen. In diesem Sinne ist Stini niemals müde geworden, auf die Wichtigkeit von Großversuchen hinzuweisen und alle Materialbeschreibungen in einer möglichst quantitativen Art zu geben. Daß über die Einführung eines solchen Versuchswesens hinaus Material-Forschung in großem Stil notwendig ist, hat Lohmeier bekannt. Daß wir aber in Laborversuchen über die Gebirgseigenschaften so gut wie nichts erfahren können (Denkhaus), dafür sind zahlreiche durchgeführte Untersuchungen eine einzige Kette von Beweisen. Nicht weil die Gesteine inhomogen sind und das Kriechen und die plastischen Deformationen im Labor nicht genügend berücksichtigt werden können, wie Petermann meint, sondern weil die mechanischen Gesetze nur statische Gesetze sind, welche nur im *statistischen Raum* oder *statistischen Bereich* gelten und gefunden werden können.

Gebirgsteste müssen *Versuche in situ* (am Ort-Versuche) sein. Daß wir Probekörper von der erforderlichen Größe, also etwa in den Abmessungen von 2—10 m, nicht ins Laboratorium bringen können, ist klar. Selbst wenn wir es könnten, würden wir es nicht tun, denn es darf nicht außer Acht gelassen werden, daß die plastische Verformbarkeit von der Vorgeschichte des *Gesteins* und — ich möchte ergänzen — des *Gebirges* abhängt. Eine Probe, die untertage entnommen wurde, hat bereits unter Spannung gestanden und wurde mithin bereits verformt. Der elastische Anteil dieser Vorverformung verschwindet bei der Entnahme, der plastische Anteil jedoch bleibt und kann im nachfolgenden Laboratoriumsversuch nicht mehr entdeckt werden (DENKHAUS). Deshalb müssen technologische Gebirgsversuche nicht nur Großversuche, sondern *Versuche in situ* sein.

Dies gilt auch für Versuche zur *Spannungsermittlung,* bezüglich deren PETERMANN nicht mit Unrecht darauf hinweist, daß wir uns nicht sicher fühlen dürfen, wenn wir Spannungsprüfungen nur in einem einzelnen Kluftkörper ausführen, ohne zu wissen, was in dessen anisotroper und inhomogener Nachbarschaft vor sich geht. Wie inhomogen z. B. die Spannungen in einem geschichteten Material verteilt sein können, haben uns spannungsoptische Untersuchungen von FÖPPL gelehrt. Diese zeigen deutlich, daß es nicht gleichgültig sein kann, ob wir eine im Kleinversuch ausgeführte Spannungsmessung unmittelbar neben einer Kluft oder weiter ab von dieser ausführen.

Drittens müssen gebirgstechnologische Versuche fast stets als *Dauerversuche* veranstaltet werden, d. h. als Langzeitversuche bei langsam gesteigerter oder gleichbleibender Belastung; denn nur solche versprechen die Zeitgebundenheit der Materialeigenschaften zu offenbaren, *die bei relativ hoher Belastungsgeschwindigkeit verschleiert werden* (HÖFER).

Um Enttäuschungen vorzubeugen, wird man sich klarzumachen haben, daß auch die besten Großversuche nur grobgültige, streuende Werte geben können; mehr von ihnen zu erwarten hieße übersehen, daß Anisotropie und Inhomogenität im Gebirge weit größer sind als im Gestein. Aber wenn die Genauigkeit dieser Werte auch weniger groß sein wird, dann wird man doch mit sachlich zutreffenden Werten und nicht mehr mit Hausnummern rechnen.

Die Internationale Versuchsanstalt für Felsbau in Salzburg, welche zwar erst in Gründung begriffen, aber bereits bei mehreren Großbauvorhaben eingesetzt ist (Italien, Österreich, Japan), hat deshalb eine Reihe von Großversuchen vorbereitet, welche demnächst zur Ausführung kommen:

a) Reibungs- und Gleitversuche auf geologisch vorgezeichneten Gleitflächen von 3—10 m² Ausmaß, zur Bestimmung von Reibungswerten auf Schicht- und Bankungsflächen;
b) Großscherversuche auf Scherflächen von 6—15 m² zur Bestimmung der komplexen Scherfestigkeit auf gefügemäßig vorgegebenen, freien, d. h. nicht durch die Versuchsanordnung in ihrer Lage erzwungenen Scherbrüchen (*Kluftstaffeln* und *Bruchstaffeln*) zur Bestimmung der Gebirgsscherfestigkeit in bestimmten Richtungen. Bei diesen Versuchen werden die Schubkräfte von Gesteinsschlitzen aus aufgebracht, die Querbelastung an der freien Oberfläche;
c) Großtriaxialversuche an Versuchskörpern von 2—10 m³ Größe im anstehenden Gebirge, zur Bestimmung der dreiachsigen Festigkeits- und Formänderungseigenschaften, vor allem aber der Anisotropie dieser Eigenschaften. Bei diesen Versuchen werden die Kräfte durch Druckkissen in Gesteinsschlitzen aufgebracht.

Die meist progressiv verlaufenden Brüche werden durch Oszillographen und elektrische Geräte verfolgt. Die Formänderungen und Verschiebungen werden mit Induktionsgebern großer Genauigkeit gemessen.

Über Festigkeitsuntersuchungen in der Gebirgsmechanik

von H. G. Denkhaus, Pretoria

1. Vorbemerkung

Das hiermit vorgelegte Referat wurde aufgestellt für das 2. Ländertreffen des Internationalen Büros für Gebirgsmechanik im November 1960. Solche Treffen dienen dem Gedankenaustausch mit dem Ziel, die gebirgsmechanische Forschung zu fördern und die Forschungsprogramme verschiedener Gruppen, wo immer möglich und notwendig, zu koordinieren. Da erst kürzlich eine Übersicht über die Arbeit der südafrikanischen Forschungsgruppe veröffentlicht wurde, hat es der Verfasser für richtig gehalten, keinen Arbeitsbericht zu geben, sondern eine Analyse der Grundlagen der Festigkeitsuntersuchungen in der Gebirgsmechanik zu versuchen. Da das Ländertreffen eine Diskussion im kleinen Kreis ist und ein Referat eher eine Anregung zur Besprechung als eine endgültige Mitteilung zur Veröffentlichung in einer Zeitschrift oder zum Vortrag bei einem Kongreß ist, glaubte der Verfasser, diese Analyse vorlegen zu dürfen, obwohl sie nur fragmentarisch ist und manche darin zum Ausdruck kommenden Meinungen noch weiter durchdacht oder durch Versuche bestätigt werden müssen und daher Kritik hervorrufen mögen. Als eine Anregung zu aufbauender Kritik und als Entwurf zu einem Programm möge dieses Referat verstanden werden.

2. Der Begriff der Festigkeit in der Gebirgsmechanik

Die Gebirgsmechanik ist jener Teil der technischen Mechanik, der sich mit den Kräften (Spannungen) und Bewegungen (Verformungen) im durchörterten Gebirge befaßt. Dies schließt auch die Erforschung der Bedingungen ein, unter denen diese Kräfte und Bewegungen ein allmähliches Zuwachsen oder plötzliches Zusammenbrechen eines Abbaus bewirken. Die Kenntnis dieser Bedingungen wird durch den Begriff der Festigkeit des Gebirgskörpers umschrieben. Festigkeit ist damit eine Eigenschaft nicht nur des Gesteins oder der Gesteine, aus dem das Gebirge besteht, sondern auch eine solche der Struktur des Gebirges. Von den verschiedenen Strukturtypen muß man sich Gedankenmodelle machen, die einerseits einfach genug sind, um als Grundlage für praktische Berechnungen, Regeln oder Richtlinien zu dienen, andererseits aber die charakteristischen Merkmale der wirklich auftretenden Gebirgstypen enthalten. Diese Gedankenmodelle spielen eine große Rolle bei der Definition der Festigkeit.

In der Mechanik ist Festigkeit definiert als jene Spannungs- oder Verformungsgrenze, bei der entweder Fließen (zunehmende bleibende Verformung) oder Bruch eintritt; Bruch kann auch auf das Fließen folgen. Diese allgemeine Definition ist auch für die Gebirgsmechanik zweckmäßig; wie die Festigkeit dann im Einzelnen zu definieren und zu ermitteln ist, hängt von dem Gebirgstyp dem Gebirgsmodell, ab. Grundsätzlich werden solche Modelle gekennzeichnet durch Kombinationen der folgenden gegensätzlichen Eigenschaften:

kontinuierlich — diskontinuierlich;
homogen — heterogen;

isotrop	— aeolotrop;
elastisch	— plastisch;
viskos	— nichtviskos.

Hierbei ist zu beachten, daß durch die Einflüsse der Zeit, Temperatur, Feuchtigkeit und durch die Verformung oder die Spannung (Druck) selbst ein Körper seinen Typ verändern kann.

Es würde den Rahmen dieses Referats überschreiten, wollte man alle mögliche Typen besprechen. Wir wollen uns daher auf die wichtigsten beschränken und hier auch nicht den Einfluß von Zeit, Temperatur und Feuchtigkeit behandeln.

3. Der kontinuierliche Gebirgskörper

Für einen kontinuierlichen Festkörper kann die Festigkeit definiert werden als eine *Stoff*eigenschaft, ausgedrückt durch die Grenzspannung, bei der Fließen bzw. Bruch eintritt. Sie kann übrigens grundsätzlich auch als eine Grenzverformung oder Grenzenergie ausgedrückt werden, jedoch hat sich dies in der Praxis nicht durchgesetzt. Es sollen nun zwei Untertypen des kontinuierlichen Festkörpers, nämlich der homogene isotrope und der heterogene aeolotrope Körper, behandelt werden.

3.1 Der homogene isotrope Gebirgskörper

Bekanntlich ist ein Körper homogen hinsichtlich einer Eigenschaft (z. B. Festigkeit), wenn diese in jedem Teil des Körpers gleich ist, und er ist isotrop, wenn die Eigenschaft unabhängig von der Richtung ist, in der sie gemessen wird.

Es ist nützlich, den homogenen isotropen Körper in der Gebirgsmechanik zu behandeln, nicht nur weil gewisse Gebirge durch dieses Modell hinreichend beschrieben werden, sondern auch weil an ihm wegen seiner Einfachheit gewisse grundsätzliche Fragen der Definition und praktischen Ermittlung der Festigkeit und anderer Eigenschaften am besten besprochen werden können.

Der homogene isotrope kontinuierliche Festkörper hat die wichtige Eigenschaft, daß seine Festigkeit und andere Größen an handlichen Proben, die von ihm entnommen werden, ermittelt werden können. Die an der Probe gemessene Festigkeit gilt für den gesamten Körper, selbst wenn dieser — wie z. B. das Gebirge — eine praktisch unendliche Ausdehnung hat.

Da die Festigkeit als eine Spannungs- oder Verformungsgrenze des Gesteins definiert ist, besteht ihre Ermittlung darin, daß man eine Probe bestimmten, die Zustände im wirklichen Gebirge nachahmenden Bedingungen bezüglich Belastung, Temperatur und Feuchtigkeit unterwirft und dabei Spannungen und Verformungen und deren Grenzwerte bei Fließen oder Bruch mißt. Lassen wir Temperatur, Feuchtigkeit und auch die Zeitdauer der Einwirkung beiseite, so bleibt die Aufgabe, die Probe in einer geeigneten Prüfvorrichtung oder -maschine einer kontrollierten Belastung zu unterwerfen. Nun gibt es eine ganze Reihe von Belastungsfällen nämlich Zug, Druck, Schub und deren mehrachsige Kombinationen. Spannungsberechnungen haben gezeigt, daß im durchörterten Gebirge nicht nur ein- oder mehrachsiger Druck — was man erwartet —, sondern auch Zug auftreten kann. Der Gebirgsmechaniker ist daher an der Gesteinsfestigkeit für grundsätzlich alle möglichen Spannungszustände interessiert. Diese sind in Bild 1 schematisch dargestellt. Zugleich wird deutlich, daß man zunächst nicht eine konstante Kenngröße der Festigkeit für ein bestimmtes Gestein erwarten darf, sondern eine ganze Reihe von Kenngrößen, deren jede für einen bestimmten Spannungszustand gilt.

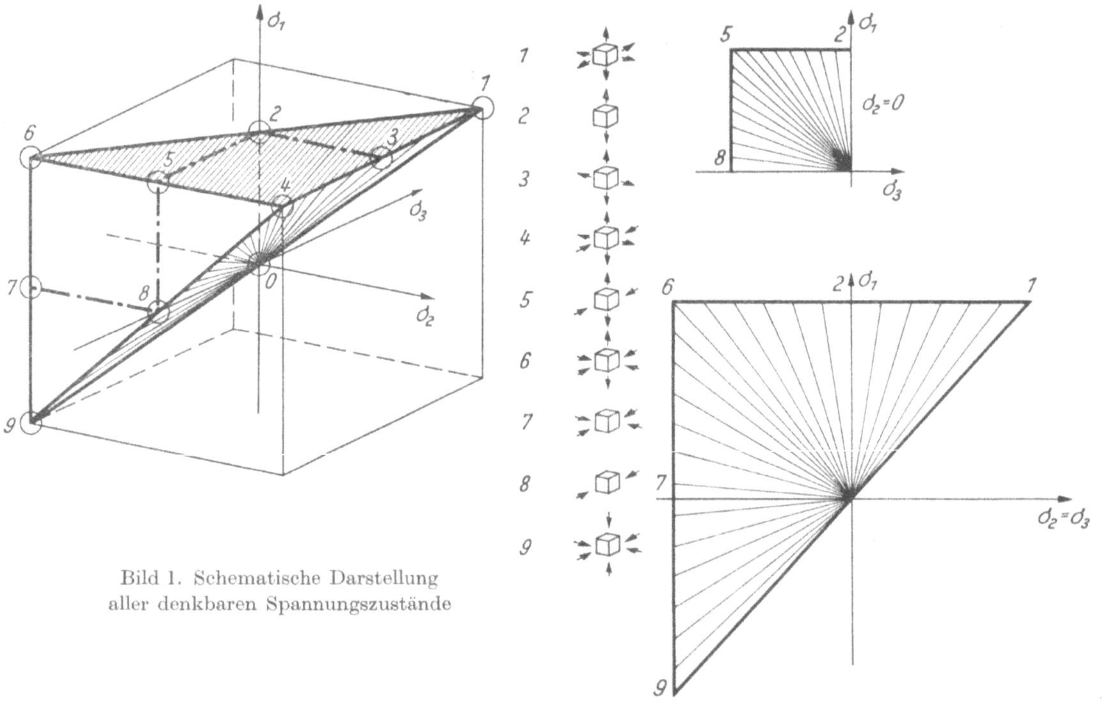

Bild 1. Schematische Darstellung aller denkbaren Spannungszustände

In einem rechtwinkligen Koordinatensystem $\sigma_1/\sigma_2/\sigma_3$, in dem $\sigma_1 > \sigma_2 > \sigma_3$ Hauptspannungen mit $\sigma > 0$ Zug und $\sigma < 0$ Druck bedeuten, erscheinen alle denkbaren Verhältnisse $\sigma_1 : \sigma_2 : \sigma_3$ auf den rechtwinklig dreieckigen Seitenflächen einer vierseitigen Pyramide, deren Ecken mit 4 Ecken eines Würfels übereinstimmen, dessen Mittelpunkt der Nullpunkt des Koordinatensystems ist.

SONDERFÄLLE

Punkt 1:	Allseitig gleicher Zug	$\sigma_1 = \sigma_2 = \sigma_3 = +1$
Punkt 2:	Einachsiger Zug	$\sigma_1 = 1,\ \sigma_2 = \sigma_3 = 0$
Punkt 3:	Ebener zweiachsig gleicher Zug	$\sigma_1 = \sigma_2 = +1,\ \sigma_3 = 0$
Punkt 4:	Schub mit Seitenzug	$\sigma_1 = +1,\ \sigma_2 = +1,\ \sigma_3 = -1$
Punkt 5:	Reiner (ebener) Schub	$\sigma_1 = +1,\ \sigma_2 = 0,\ \sigma_3 = -1$
Punkt 6:	Schub mit Seitendruck	$\sigma_1 = +1,\ \sigma_2 = \sigma_3 = -1$
Punkt 7:	Ebener zweiachsig gleicher Druck	$\sigma_1 = 0,\ \sigma_2 = \sigma_3 = -1$
Punkt 8:	Einachsiger Druck	$\sigma_1 = \sigma_2 = 0,\ \sigma_3 = -1$
Punkt 9:	Allseitig gleicher Druck	$\sigma_1 = \sigma_2 = \sigma_3 = -1$

Schnitt 0—2—5—8: Alle Zustände mit mittlerer Hauptspannung $\sigma_2 = 0$
Schnitt 0—2—3: „ „ „ kleinster Hauptspannung $\sigma_3 = 0$
Schnitt 0—7—8: „ „ „ größter Hauptspannung $\sigma_1 = 0$
Schnitt 1—6—9: „ „ „ mittlerer gleich kleinster Hauptspannung: $\sigma_2 = \sigma_3$
Schnitt 0—1—4: „ „ „ mittlerer gleich größter Hauptspannung: $\sigma_2 = \sigma_1$
Schnitt 0—4—6: „ „ „ größter gleich kleinster Hauptspannung mit umgekehrten Vorzeichen (d. h. alle Schubspannungszustände): $\sigma_1 = -\sigma_3$

WEITERE ERKLÄRUNG

Das Schaubild ist dimensionslos: Eine der drei Hauptspannungen eines Zustands ist gleich +1 oder —1, die anderen sind Bruchteile davon oder Null. Die Pyramidenseitenflächen, deren Punkte jeder einen anderen Spannungszustand darstellt, sind *nicht* geometrischer Ort eines Bruchspannungszustandes, jedoch kann ein Bruchzustandsschaubild konstruiert werden, wenn man auf den Koordinatenachsen die Hauptspannungen in kp/cm² aufträgt: Dann stellen alle Punkte eines Strahls vom Achsenschnittpunkt 0 durch einen Punkt einer der Pyramidenseitenflächen zwar Spannungszustände mit gleichem Verhältnis $\sigma_1 : \sigma_2 : \sigma_3$ dar, jedoch mit wachsenden Werten in kp/cm². Der Bruchspannungszustand eines bestimmten Spannungszustandes kann dann dargestellt werden als ein Punkt auf dem entsprechenden Strahl. Verbindet man all diese kritischen Punkte, so erhält man Flächen im Raum als geometrischen Ort für alle Bruchzustände: Diese Flächen können irgendeine Figur bilden, die dann die Festigkeit des betreffenden Materials kennzeichnet (siehe auch Bild 3. u. 4). Es ist zu erwarten, daß diese Figur in einer Richtung unbegrenzt ist, da es bei allseitig gleichem Druck (Strahl von 0 durch 9 in Bild 1) keinen Bruch gibt, d. h. für diesen Spannungszustand die Festigkeit unendlich groß ist.

3.1.1. Einachsiger Druck

Wenden wir uns zunächst dem naheliegendsten Belastungsfall, dem einachsigen Druck, zu. Das Verfahren des einachsigen Druckversuchs ist verhältnismäßig einfach und hinreichend bekannt. Zahlreiche Druckversuche an Gesteinen sind durchgeführt und veröffentlicht worden, es ist jedoch noch fraglich, ob diese Vergleichswert haben. Zunächst einmal ist bekannt, daß die gemessene einachsige Druckfestigkeit sehr stark abhängt von der Länge, der Querschnittsform und den Querschnittsabmessungen der zylindrischen oder prismatischen Probe, der Schmierung der Druckflächen, der Gleichförmigkeit der Krafteinleitung und der Belastungsgeschwindigkeit. Außerdem erhält man selbst für Proben derselben Gesteine oft verschiedene Bruchformen, nämlich den kegelförmigen Bruch, den achsial verlaufenden Bruch und das Zerbröckeln in unregelmäßige Fragmente. Dies alles ist nur dann verwunderlich, wenn man sich einbildet, daß die Probe ein Gesteinselement mit einer gleichmäßigen Spannungsverteilung sei und man als Versuchsergebnis sofort eine Materialkenngröße, nämlich die Druckfestigkeit (des Gesteins) erhalte. Betrachtet man aber die Probe als einen *Bauteil* im Sinne der Festigkeitslehre, d. h. als einen festen Körper, der durch äußere Kräfte belastet wird und darauf mit inneren Spannungen reagiert, deren Größe und Verteilung von seiner Form, Größe, seinem Werkstoff und der Art der Belastung abhängt, so sind die obengenannten Einflußfaktoren auf die *Druckfestigkeit* durchaus verständlich.

Hieraus ergeben sich nun zwei Aufgaben, nämlich erstens eine einheitliche Versuchsmethode und einheitliche Proben zu entwickeln, d. h. den Druckversuch zu standardisieren, so daß die in verschiedenen Ländern an verschiedenen Gesteinen erhaltenen Versuchsergebnisse in Zukunft in einfacher Weise verglichen werden können, und zweitens die Zusammenhänge zwischen der Druckfestigkeit als reiner Werkstoffkenngröße und der Form und Größe der Proben zu erforschen und damit zu ermöglichen, daß die Druckfestigkeit nicht nur als Vergleichswert dient, sondern auch zu praktischen Berechnungen, etwa der Festigkeit eines Standpfeilers, gebraucht werden kann.

Ein Standardverfahren zur Ermittlung der Druckfestigkeit von Gestein wurde vom United States Bureau of Mines [1] aufgestellt und die südafrikanische Forschungsgruppe hat dieses Verfahren im Wesentlichen übernommen [2]. Es gilt nun, das Verfahren allgemein einzuführen, gegebenenfalls mit gewissen Änderungen und Erweiterungen, über die man sich einigen muß.

Auch die Erforschung des Zusammenhangs zwischen Druckfestigkeit als Materialkennwert und der Probenform und -größe hat Fortschritte gemacht. Aus der Festkörperphysik ist bekannt, daß alle Festigkeitswerte zurückgeführt werden können auf zwei Grundwerte, nämlich die Kohäsionsfestigkeit und die Schubfestigkeit, obwohl es im Einzelfall oft schwierig ist, die entsprechende Rechenoperation durchzuführen. Procter [3] hat nun gezeigt, daß es beim einachsigen Druckversuch ein kritisches Verhältnis von Probenlänge zu -dicke gibt, bei dem der Bruch ein reiner Schubbruch ist und die Schubfestigkeit aus der Druckbruchlast ermittelt werden kann nach der Formel

$$\tau = \frac{1}{2} \alpha \frac{B}{A} \sqrt{\frac{G}{E}},$$

wobei B die Bruchlast, A die Querschnittsfläche der Probe, G der Gleitmodul, E der Elastizitätsmodul und α ein Korrektionsfaktor ist. Die Druckfestigkeit des Materials ist dann

$$\sigma_B = 2\,\tau_B\,.$$

Die Formel ist auf die Elastizitätstheorie gegründet, jedoch durch Einführung des Korrektionsfaktors α ist es möglich, nicht nur den Einfluß der Querschnittsform (der ohnehin durch Standardisierung ausgeschaltet werden kann), sondern auch Einfluß von Viskosität und Plastizität des Materials auf die Spannungsverteilung in der Probe während des Belastungsverlaufs zu berücksichtigen. Im Anhang II ist die Ableitung der Formel in überarbeiteter Form kurz wiedergegeben. Dabei wird auch darauf hingewiesen, warum es zweckmäßig ist, zylindrische Proben mit Kreisquerschnitt zu verwenden, eine Probenform, die als Bohrkern im übrigen meist auch einfacher zu erhalten ist als ein Prisma oder Würfel.

3.1.2. Einachsiger Zug

Das Verfahren des Zugversuchs ist für zähe Werkstoffe, z. B. Baustahl, sehr weit entwickelt, es ist genormt und die Zusammenhänge zwischen Probenform, Probengröße, Versuchsbedingungen und der Zugfestigkeit und Fließgrenze sind weitgehend erforscht, so daß

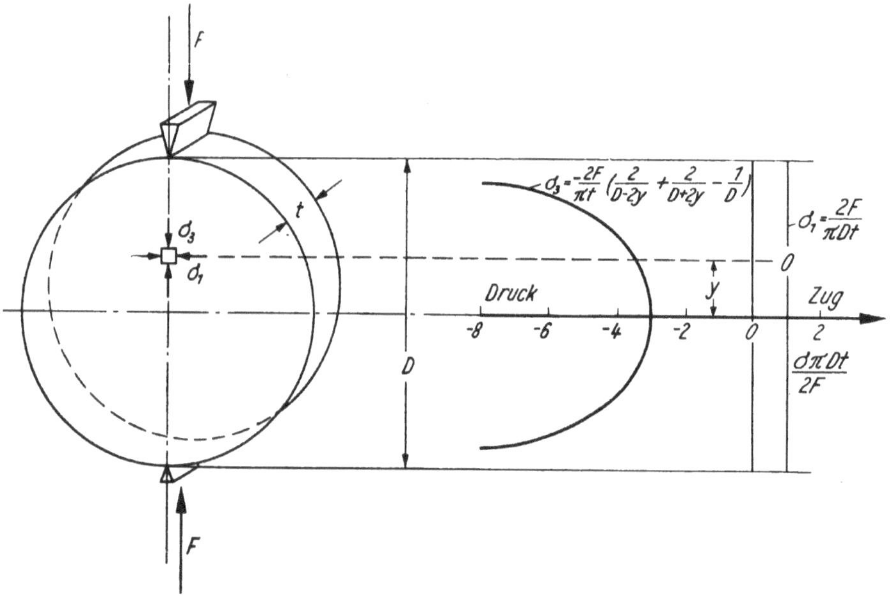

Bild 2. Scheibendruckversuch
Beachte hohe Druckspannung nahe Lasteinleitung. Geht Bruch von Mitte aus ($y = 0$), so Festigkeit für Spannungszustand $\sigma_1 : \sigma_2 : \sigma_3 = (+{}^1/_3) : 0 : (-1)$ etwa gleich $\sigma_{1,B} = 2\,F_B/\pi\,Dt$ und $\sigma_{3,3} = -6\,F_B/\pi\,Dt$ Spannungsverteilung

der Zugversuch an zähen Werkstoffen ein echter wissenschaftlicher Versuch geworden ist, dessen Ergebnisse nicht nur Vergleichswert haben, sondern auch zu Festigkeitsberechnungen benutzt werden können.

Für spröde Stoffe, z. B. Gesteine, ist der Zugversuch in seiner bekannten Form sehr schwierig, da spröde Stoffe weit mehr anfälliger gegen Störungen des Kraftverlaufs in der Probe sind. Daher brechen Proben aus spröden Stoffen sehr häufig in der Einspannung und der gefundene Zugfestigkeitswert ist dann irreführend, da er an einer Stelle entstand, wo die Spannungsverteilung nicht gleichmäßig, sondern äußerst verwickelt ist. Überdies ist die Herstellung und Vorbehandlung von Zugstäben aus sprödem Gestein äußerst schwierig und zeitraubend.

Es gibt jedoch einige andere Methoden zur Ermittlung der Zugfestigkeit spröder Stoffe [4]. Zunächst einmal kann der Biegeversuch zur Abschätzung der Zugfestigkeit angewendet werden. Das Ergebnis ist jedoch stark abhängig von der Oberflächenbeschaffenheit der

Probe und einigen anderen Faktoren, die unter dem Abschnitt über Biege- und Scherversuche besprochen werden. Die südafrikanische Forschungsgruppe benutzt den sogenannten Scheibendruckversuch (siehe Bild 2). Die Spannung ist jedoch nicht einachsiger Zug, sondern eine mehrachsige Kombination von Zug und Druck, die Spannungsverteilung nicht gleichmäßig (siehe Bild 2) und auch die Dicke der Scheibe hat Einfluß auf das Versuchsergebnis. Außerdem können Schubbrüche in der Nähe der Krafteinleitung auftreten. Immerhin ist der Versuch einfach in der Durchführung.

Zusammenfassend muß man schließen, daß eine genaue Ermittlung der Zugfestigkeit spröder Stoffe schwierig, wenn nicht unmöglich ist. Immerhin sind Näherungswerte besser als gar keine.

3.1.3. Biege- und Scherversuche

Die Tatsache, daß viele Gebirge eine geschichtete Struktur haben und die verschiedenen Lagen, die als Balken (zwei-dimensional) oder Platten (drei-dimensional) aufgefaßt werden, bei Durchörterung des Gebirges auf Biegung beansprucht werden, verleitet dazu, Biegeversuche an Gestein durchzuführen mit dem Hintergedanken, daß die Biegeprobe eine Art Modell der Lage sei und die Versuchsergebnisse Aufschlüsse über die Festigkeit geben. Hierzu ist zu sagen, daß reine Biegung eine Belastung ist, die im *Bauteil* Normalspannungen hervorruft, die mit konstantem Gefälle von Druck an der Oberseite über die neutrale Faser zu Zug in der Unterseite übergehen. Auch in Längsrichtung der Biegeprobe besteht ein Spannungsgefälle, das von der Belastungsart abhängt; Aufschluß hierüber gibt jedes technische Handbuch unter dem Kapitel Festigkeitslehre. In der Praxis kommt noch Schubspannung hinzu, deren Verteilung über die Probe durchaus nicht einfacher Art ist, und der Einfluß der Oberflächenbeschaffenheit der Probe. Es ist daher schwierig, die an Proben gemessene Biegefestigkeit auf wirkliche Balken oder Platten (Lagen) zu übertragen. Biegeversuche, die in der Industrie durchgeführt werden, dienen hauptsächlich dem Zwecke der Inspektion bei der Abnahme eines Produktes.

Da in einer Biegeprobe Zug und Druck nebeneinander auftreten und der Widerstand eines Materials gegen Zug geringer ist als gegen Druck, sollte man erwarten, daß die Biegefestigkeit gleich der Zugfestigkeit ist. Die Tatsache, daß sich diese Erwartung nicht bestätigt hat, scheint darauf hinzudeuten, daß die Festigkeit eines Körpers auch vom *Spannungsgefälle* abhängt. Im Hinblick darauf, daß Biegebelastung eine Kontrolle des Spannungsgefälles in der Probe erlaubt, könnte man den Biegeversuch zu einem Verfahren entwickeln, mit dessen Hilfe der Einfluß des Spannungsgefälles auf die Festigkeit ermittelt werden kann; die Entwicklung eines wirklich normfähigen Versuchsverfahrens bedarf jedoch intensiver Forschung.

Ähnlich dem Biegeversuch ist das Verfahren des Scherversuches, bei dem die äußeren Kräfte, die einander entgegenwirken, zwar nicht in einer Achse, aber doch so nahe beieinanderliegen, daß äußerlich gesehen die Probe auf Abscheren beansprucht wird. Die Spannungsverteilung in der Probe ist jedoch so verwickelt, daß das Versuchsergebnis, die Scherfestigkeit, zwar durch die Schubfestigkeit des Materials beeinflußt wird, aber keineswegs mit ihr identisch ist. Nach Ansicht des Verfassers hat daher der Scherversuch für die Festigkeitslehre keinen Wert, er stellt lediglich einen technologischen Vergleichstest dar, nicht anders als etwa eine Klangprobe, Ritzprobe, Farbprobe u. dergl. Natürlich ist der Gebirgsmechaniker an der Schubfestigkeit des Gesteins interessiert, diese läßt sich aber einfacher und genauer aus anderen Versuchen, etwa dem einachsigen Druckversuch, ableiten.

3.1.4. Mehrachsiger Druck

Es ist allgemein bekannt, daß die Festigkeit aller Stoffe, auch der Gesteine, sehr stark von der Mehrachsigkeit des Spannungszustandes abhängt. Da der Druck im Gebirge häufig mehrachsig ist, ist die Ermittlung der Festigkeit für Druck bei verschiedenen Graden der Mehrachsigkeit (siehe auch Bild 1) ein dringendes Anliegen der Gebirgsmechanik. Es sind daher auch in den vergangenen Jahrzehnten zahlreiche mehrachsige Druckversuche an Gesteinen durchgeführt worden. Alle die Schwierigkeiten, die oben für den einachsigen Druckversuch angeführt wurden, gelten in noch viel stärkerem Maße für den mehrachsigen Druckversuch. Wenn daher Bestrebungen bestehen, ein Prüfverfahren und ein Prüfgerät zu entwickeln und zu normen, so muß bemerkt werden, daß intensive Erforschung der Zusammenhänge zwischen äußerer Belastung und Spannungsverteilung, etwa unter Zuhilfenahme spannungsoptischer Methoden, erforderlich ist, bevor ein solches Projekt Aussicht auf Verwirklichung hat. Sicher ist die Entwicklung eines mehrachsigen Prüfgeräts mit veränderlichem Mehrachsigkeitsbereich nicht nur für Festigkeitsuntersuchungen sondern auch aus anderen Gründen erwünscht, z. B. zur Entwicklung von Verfahren zur akustischen Spannungsermittlung untertage, wo die Beziehung zwischen der Schallgeschwindigkeit in Gesteinen und der Mehrachsigkeit der Spannung noch unbekannt ist.

3.1.5. Festigkeitshypothesen

Es wurde bereits darauf hingewiesen, daß Festigkeit nicht eine einzelne Gesteinskenngröße ist, sondern vom Spannungszustand abhängt und es daher entsprechend den in Bild 1 dargestellten Spannungszuständen unendlich viele Festigkeiten gibt, von denen die wichtigsten soeben kurz besprochen wurden. Nun ist es ein Anliegen der Festigkeitslehre, die verschiedenen Festigkeiten auf einen Nenner zu bringen, so daß man aus dem Ergebnis eines einfachen Versuches, etwa des einachsigen Druckversuchs, die Festigkeit eines bestimmten Gesteins für andere Spannungszustände, die schwieriger im Versuch zu verwirklichen sind, berechnen kann und damit langwierige Versuchsreihen für jedes Gestein erspart. Sicher kann man alle Festigkeiten theoretisch auf zwei Grundgrößen, die Kohäsions- und die Gleitfestigkeit zurückführen, jedoch sind diese auch keine Konstanten, sondern ändern sich mit der Verformung und sind überdies oft schwierig zu ermitteln. Obwohl man diese Grundgrößen als Spannungswert beschreiben kann, bleibt dennoch die Frage offen, ob der kritische Zustand bei Eintritt des Bruches (oder des Fließens) durch eine kritische Spannung, Verformung oder Verformungsenergie gekennzeichnet wird. Man darf die Beantwortung dieser Fragen den Feinstrukturuntersuchungen der Festkörperphysik überlassen; der technischen Mechanik steht eine phänomenologische Methode zur Lösung des Problems an. Man hat einfach zahlreiche Versuche mit verschiedenen Spannungszuständen gemacht und die gemessenen Festigkeiten in ein Schaubild eingetragen, auf dessen Achsen die einen Spannungszustand kennzeichnenden Hauptnormalspannungen aufgetragen sind. Da jeder Spannungszustand durch drei Hauptnormalspannungen gekennzeichnet wird, muß dies ein dreidimensionales Schaubild sein. In dem Beispiel des Bildes 3 ist jedoch der Einfachheit halber nur ein Schnitt durch dieses Diagramm gezeigt. Nun hat man Hypothesen aufgestellt, etwa daß der Bruch eintritt, wenn die größte Schubspannung, die größte Dehnung, die Gestaltänderungsenergie oder irgendeine andere Größe des Spannungszustandes einen kritischen Wert erreicht. Zeichnet man die betreffende Festigkeitshypothese in das Schaubild der Type in Bild 3 ein und fallen die Meßpunkte mit der hypothetischen Kurve zusammen, so ist die Hypothese für das betreffende Material bewiesen. Es sind nun eine Anzahl solcher Festigkeitshypothesen, etwa 20, bekannt. Manche stimmen gut mit den Meßergebnissen für bestimmte Stofftypen, etwa zähe Stähle, überein, andere gelten zwar für die Fließgrenze, doch nicht für die Bruchgrenze. Es ist aber bislang nicht gelungen, eine allgemeingültige Festigkeitshypothese zu finden.

Immerhin haben zahlreiche Versuche [5] gezeigt, daß für alle Gesteine die Bruchzustandslinien in etwa ähnlich verlaufen, so daß man sich bei der Ermittlung des Zustandsbildes für ein bestimmtes Gestein auf wenige, etwa auf einachsige Zug- und Druckversuche und einen mehrachsigen Druckversuch beschränken und für Zwischenzustände interpo-

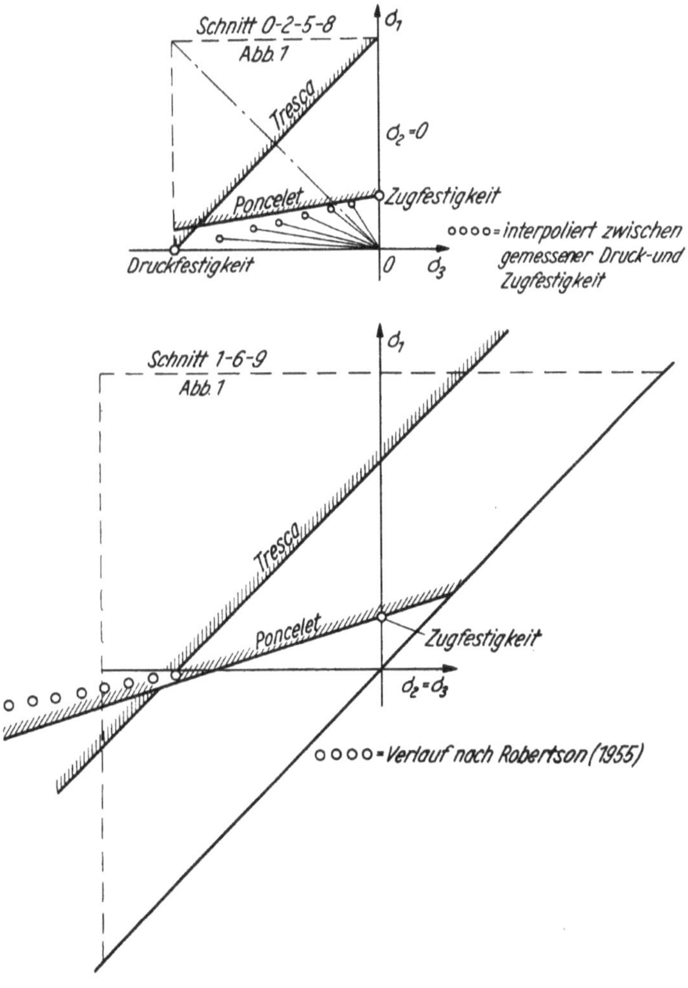

Bild 3. Ebene Schnitte durch Bruchzustandschaubild
Tresca = Hypothese der maximalen Schubspannung: $\sigma_1 - \sigma_3 = 2 K_D$ (K_D = Druckfestigkeit)
Poncelet = Hypothese der maximalen Dehnung: $m \sigma_1 - \sigma_2 - \sigma_3 = m K_Z$ (m = Poissons Konstante, K_Z = Zugfestigkeit)

lieren kann (Bild 3). Allzu großen Wert braucht man jedoch nicht auf die Genauigkeit einer Bruch- und Fließhypothese für Gesteine zu legen, da erstens — wie später besprochen wird — die Festigkeitswerte ohnehin stark streuen und zweitens der Grad der Mehrachsigkeit des Spannungszustandes im Gebirge im Einzelfalle doch nicht genau bekannt ist und nur abgeschätzt werden kann.

3.1.6. Spröder Bruch und zäher Bruch

Es ist bereits darauf hingewiesen worden, daß der Begriff der Festigkeit sowohl auf die Fließgrenze als auch auf die Bruchgrenze bezogen werden kann. Während die Bruchgrenze recht gut gemessen werden kann, da man ja das Eintreten des Bruchs meist deutlich sieht oder durch seine Schlagwirkung merkt, ist die Bestimmung der Fließgrenze oft schwieriger. Bei Baustahl ist die Fließgrenze deutlich registrierbar, bei anderen Stoffen ist sie nicht ausgeprägt, sondern die plastische Verformung nimmt mit wachsender Last allmählich zu. In der Gebirgsmechanik haben wir es sehr häufig mit Material zu tun, dessen plastisches

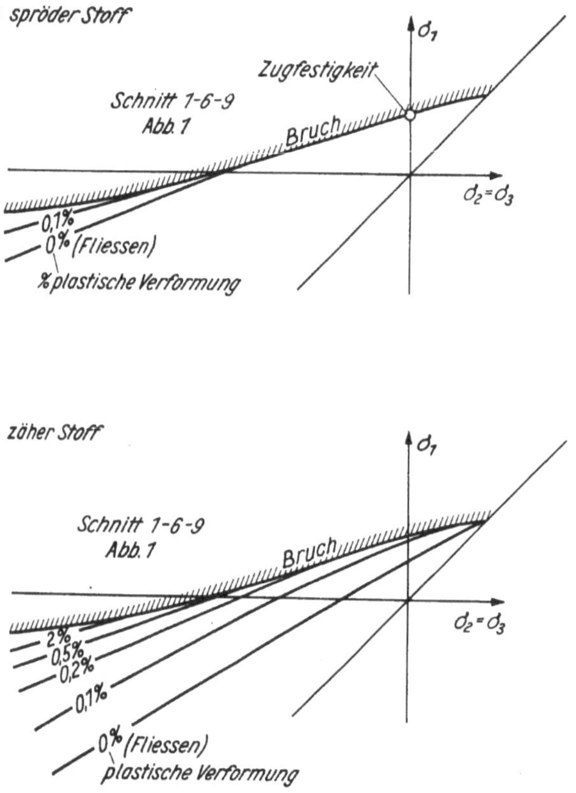

Bild 4. Schematische Zähigkeitsdiagramme

Verformungsvermögen weit geringer ist; dennoch ist es vorhanden, z. B. bei gewissen Tonschiefern. Man muß den Begriff der Fließgrenze näher definieren, nämlich als eine Spannunggrenze, bei der die plastische Verformung bestimmte Werte annimmt, z. B. 0.1, 0.2, 0.5, 1%. Entsprechend erhält man dann mehrere Fließgrenzen.

Wie die Bruchgrenze hängen auch die verschiedenen Fließgrenzen eines Materials vom Spannungszustand ab; derselbe Stoff kann bei einachsigem Druck spröder brechen als bei mehrachsigem Druck. Zur Veranschaulichung kann man das Bruchzustandsschaubild des Bildes 3 zu einem Zähigkeitszustandsschaubild erweitern, indem man die verschiedenen Fließgrenzen einträgt. In Bild 4 sind zwei solche Schaubilder schematisch dargestellt, wobei Bild 4a ein Material zeigt, das spröder ist als das in Bild 4b gezeigte. Hierbei muß erinnert werden, daß *spröde* und *zähe* Gegensätzlichkeiten ausdrücken; Zähigkeit ist daher ein Ausdruck für das plastische Verformungsvermögen eines Gesteins und wird gemessen in Prozenten der bleibenden Verformung kurz vor dem Bruch. Ein spröder Bruch, der ohne plastische Verformung auftritt, hat die Zähigkeit Null.

Die Kenntnis des Zähigkeitsschaubildes eines Gesteins ist für die Gebirgsmechanik wichtig, da beim spröden Bruch mehr Energie freigesetzt wird als beim zähen Bruch. Gesteine, die bei den im Gebirge herrschenden Spannungszuständen spröde brechen, neigen zu heftigen Gebirgsschlägen. Die Notwendigkeit, Zähigkeitsschaubilder für Gesteine zu bestimmen, kann daher nicht stark genug betont werden. Praktisch bedeutet dies, daß man bei allen Festigkeitsversuchen Maßnahmen treffen soll, um nicht nur die Belastung, sondern auch die Verformung zu messen, und zwar nicht nur die elastische (die nützlich ist zur Bestimmung der Elastizitätskonstanten), sondern auch die plastische (bleibende) Verformung, indem man Vorsorge trifft, daß beim Versuch die Probe in gewissen Zeitabständen bis fast auf Null entlastet werden kann.

In einer früheren Arbeit [6] hat der Verfasser dargelegt, daß man die Heftigkeit des Bruches, d. h. die beim Bruch freiwerdende Energie, die ja in enger Beziehung zum plastischen Verformungsvermögen (Zähigkeit) steht, ebenfalls messen sollte. Ein einfaches Gerät hierzu wurde vorgeschlagen und von der südafrikanischen Forschungsgruppe benutzt. Es liefert nur Vergleichswerte, und das gesamte Verfahren bedarf sicher noch der Weiterentwicklung. Bezüglich der Beschreibung des Geräts und der Grundlagen des Verfahrens sei auf die angeführte Arbeit verwiesen.

3.2 Der heterogene aeolotrope Gebirgskörper

Die bisherigen Betrachtungen bezogen sich auf den homogenen isotropen Gebirgskörper. Es bleibt noch zu besprechen, inwieweit etwaige Heterogenität und oder Aeolotropie der Festigkeit des Gebirges bei Festigkeitsuntersuchungen zu berücksichtigen ist.

Die Heterogenität kann zunächst darin bestehen, daß das Gebirge aus Lagen verschiedener Gesteine besteht oder daß Gänge vorhanden sind. Für Festigkeitsuntersuchungen bieten sich hierbei keine grundsätzlichen Schwierigkeiten, man muß eben Proben aus den verschiedenen Lagen oder Gängen entnehmen. In welcher Weise die so ermittelten Festigkeitswerte zu Sicherheitsberechnungen für Baue in einem heterogenen Gebirgskörper verwendet werden können, ist allerdings eine andere Frage, die jedoch über den Rahmen dieses Referates hinausgeht.

Da die Haftfestigkeit zwischen den Lagen die Festigkeit des Hangenden mitbestimmt, wenn sich die plattenartigen Lagen über Abbauen durchbiegen und sich voneinander lösen, ist Kenntnis dieses Wertes erwünscht. Es sind dem Verfasser jedoch keine entsprechenden Untersuchungen bekannt. Vermutlich werden uns hier nur Großversuche untertage weiterbringen. Übrigens können Firstanker das Lösen verhindern oder wenigstens aufhalten.

Auch ein bestimmtes Gestein (eine Lage) kann in sich selbst heterogen sein. Dies äußert sich dann darin, daß die Festigkeitswerte an Proben, selbst wenn diese nahe beieinander entnommen wurden, stark streuen. Ein Beispiel hierfür ist Tafel I, welche die Streuungen der einachsigen Druckfestigkeit und der relativen Bruchheftigkeit für drei Lagen der Goldgrube ERPM am Witwatersrand zeigt. Diese Streuungen wurden erhalten, obwohl das in Anhang I beschriebene Standardverfahren angewandt wurde. Man muß daher annehmen, daß die Streuungen weitgehend auf eine Heterogenität des Gesteins zurückzuführen sind.

An denselben Gesteinen wurden auch Druckversuche durchgeführt mit dem Ziel, etwaige Aeolotropie der Festigkeit zu entdecken. Es wurde jedoch gefunden, daß Festigkeitsunterschiede zwischen senkrecht und parallel zum Lagenhorizont orientierten Proben geringer waren, als die durch die Heterogenität verursachten Streuungen. Man darf daher die untersuchten Gesteine für praktische Zwecke als isotrop hinsichtlich ihrer Druckfestigkeit betrachten.

Die Tatsache, daß Gesteine heterogen und vielleicht auch aeolotrop sein können, und die Festigkeitswerte daher stark streuen, braucht nicht zu entmutigen. Man muß lediglich daraus lernen, daß zu Festigkeitsuntersuchungen eine genügend große Anzahl Proben des betreffenden Gesteins erforderlich sind (siehe Tafel I) und daß man die Ergebnisse statistisch behandeln muß. Der Mittelwert und die Streuung, ausgedrückt durch die Standardabweichung, ergeben dann brauchbare Vergleichswerte, die es ermöglichen, gewisse in einem bestimmten Gebirge genommene Erfahrungen sinngemäß auf ein anderes anzuwenden. Für Festigkeitsrechnungen kann man, um sicher zu gehen, jeweils die untere Grenze der Streuung oder sogar den überhaupt kleinsten gemessenen Wert (siehe Tafel I) benutzen und einen Sicherheitsfaktor annehmen, wie es ja auch bei Berechnungen im Maschinen- und Bauwesen geschieht.

4. Der diskontinuierliche Gebirgskörper

Ein Gebirgskörper ist diskontinuierlich, wenn er aus mehr oder weniger dicht aneinander gelagerten (oder aneinander gedrückten) *Körnern* oder Blöcken besteht. Dann kann die Festigkeit nicht mehr, wie beim kontinuierlichen Körper, an verhältnismäßig kleinen Proben bestimmt werden.

Nun gibt es Übergangsformen zwischen dem kontinuierlichen und diskontinuierlichen Gebirgstyp. Manche Gebirge lassen sich als *Böden* nach den Lehren der Bodenmechanik behandeln [7].

In diesen Fällen kann man durchaus Proben entnehmen, deren Abmessungen allerdings erheblich größer als die Korngröße sein müssen und damit Festigkeitsversuche im Laboratorium durchführen. Wenn aber das Gebirge aus Blöcken oder ,,Körnern" von der Größenordnung von Zentimetern oder Metern besteht, d. h. stark zerklüftet, zerrüttet und gebrochen ist, so sind die für den kontinuierlichen Körper beschriebenen Verfahren zur Ermittlung der Festigkeit nicht mehr anzuwenden, ja der Begriff der Festigkeit selbst muß erweitert werden (Verbandsfestigkeit). Die Verbandsfestigkeit kann nur durch Großversuche untertage ermittelt werden, d. h. an ,,Proben, die wesentlich größer sind als die Korngröße". Eine Besprechung der damit verbundenen Fragen geht jedoch über den Rahmen dieses Referats hinaus.

5. Schlußbemerkung

Die Umständlichkeit der Festigkeitsuntersuchungen im Laboratorium läßt den Wunsch entstehen, das Verfahren zu vereinfachen. Eine Möglichkeit besteht darin, daß man die Festigkeit in Beziehung bringt zu anderen Eigenschaften, wie etwa die Dichte, Härte oder petrographische Struktur des Gesteins, die einfacher, vielleicht sogar untertage zu messen sind. Zweifellos bestehen solche Beziehungen. Auf dem Gebiete der Messung der Elastizitätskennwerte und der Spannung haben die Beziehungen zwischen diesen Kennwerten und der Schallgeschwindigkeit im Gestein zur Entwicklung seismischer Verfahren geführt, die unter günstigen Bedingungen untertage mit Vorteil angewandt werden können. Bezüglich der Festigkeit des Gesteins haben die Bestrebungen jedoch bisher zu keiner Entwicklung geführt, welche die zeitraubenden Festigkeitsversuche überflüssig machen.

TAFEL I

Ergebnisse aus einachsigen Druckversuchen an Gestein aus der Grube E.R.P.M.

Gestein	Spezifisches Gewicht (g/cm³)					Druckfestigkeit (kp/mm²)					Bruchheftigkeit (mm)				
	Z	*M. W.*	*ST.*	*G. W.*	*K. W.*	*Z*	*M. W.*	*ST.*	*G. W.*	*K. W.*	*Z*	*M. W.*	*ST.*	*G. W.*	*K. W.*
Hanging Wall Quartzite	115	2,690	0,032	2,830	2,611	110	28,40	1,90	36,63	17,44	114	4,2	1,1	9,7	0,8
Composite Reef	110	2,766	0,056	2,967	2,664	109	30,44	3,16	38,46	16,31	109	5,4	2,1	18,4	0,3
Footwall Quartzite	158	2,730	0,037	2,872	2,656	166	23,69	3,16	38,88	13,99	160	3,0	1,5	12,8	0,4

Z = Anzahl der Proben
M. W. = Mittelwert
ST. = Streuung: Mit einer Wahrscheinlichkeit von 1 : 20 fallen mindestens 75% aller Ergebnisse in den Bereich *M. W.* $\pm 2 \times ST$ oder mindestens 89% in den Bereich *M. W.* $\pm 3 \times ST$.
G. W. = Größter an den *Z*-Proben gemessener Wert
K. W. = Kleinster an den *Z*-Proben gemessener Wert

Die Bruchheftigkeit wurde als Ausschlag in mm eines a. a. O. beschriebenen Gerätes gemessen.

ANHANG I

South African Council for Scientific and Industrial Research
National Mechanical Engineering Research Institute
Rock Mechanics Division

Vorschrift für einachsige Druckversuche an Gestein

1. Probenentnahme

Die Proben sind als Bohrkerne einer EX Torpedo Diamantbohrkrone zu entnehmen und müssen mindestens 1,1 Zoll lang sein. Sie können entweder direkt untertage oder aus zu Tage gebrachten Gesteinsblöcken genommen werden. In jedem Falle ist die Zeit, der Ort und die Teufe der Entnahme der Gesteinsblöcke bzw. der direkt erbohrten Proben sowie die Orientierung der Proben zur Lage auf dem vorgeschriebenen Formblatt zu vermerken.

2. Probenvorbereitung

2.1 Die rohen Proben sind mit bloßem Auge zu untersuchen und solche mit sichtbaren Rissen, Löchern u. dergl. sind zurückzuweisen. Mindestens 10 brauchbare Proben, die nahe beieinander entnommen sind, müssen zur Verfügung stehen.

2.2 Die Proben sind auf der hierzu vorgeschriebenen Maschine[1]) zunächst zylindrisch und dann auf Länge zu schleifen, so daß die Endflächen rechtwinklig zu den Zylinderflächen sind. Die Abmessungen für Durchmesser und Länge müssen $1{,}00 \pm 0{,}025$ Zoll sein. Das Schleifen geschieht auf einer rotierenden Gußeisenscheibe, bedeckt mit nassem Alundum Schleifpuder No. 150 für das Vorschleifen und No. 400 für das endgültige Polieren.

2.3 Der Zylinderdurchmesser ist zweimal, rechtwinklig zueinander, mit einem Mikrometer zu messen. Die Ebenheit der Endflächen ist zu prüfen, indem man sie gegen eine ebene Testplatte (Oberfläche eben innerhalb zwei Newton Interferenzringe pro Zoll), die mit einer sehr dünnen Lage Preußischblau (Mechanikerblau) bedeckt ist, preßt. Erhebungen in der Probenendfläche erscheinen dann gefärbt, Vertiefungen ungefärbt. Proben mit ungleichmäßiger Färbung sind zurückzuweisen (Nachschleifen, wenn möglich). Proben mit gleichmäßiger Färbung sind dann eben innerhalb 0,0001 Zoll (0,0025 Millimeter).

2.4 Alle Proben sind für 14 Tage in einem Dessikator zu trocknen, bevor sie zum Versuch zugelassen werden.

3. Versuchsdurchführung

3.1 Die Probe ist zu wiegen, ihre Abmessungen sind wieder zu bestimmen und das spezifische Gewicht zu berechnen. Das Aussehen der Probe hinsichtlich Farbe, Korngröße usw. ist auf dem vorgeschriebenen Formblatt zu beschreiben.

3.2 Die Probe ist zwischen die Druckplatten einer Druckprüfungsmaschine zentrisch einzubringen. Eine der Druckplatten der Maschine muß kugelig gelagert sein. Zwischen Probenendfläche und Maschinendruckplatten müssen Stahlkegelstümpfe (Kegelwinkel: 45°, oberer Enddurchmesser: 1 Zoll, Dicke: $^1/_2$ Zoll) eingebracht werden. Die Probenendflächen und die Kegelstumpfendflächen werden *nicht* geschmiert und sind mit Petroleum zu säubern. Die Kegelstümpfe müssen gehärtet sein auf 10 kp — Vickershärte 650, müssen eben geschliffen sein ebenso wie die Probenendfläche (siehe 2.3).

---

[1]) Beschreibung und Bild der Maschine siehe GROBBELAAR, C.: Some properties of rock from a deep-level mine of the Central Witwatersrand, Ass. Min. Mngrs. S. Afr., September 1958.

3.3 Die Drucklast ist allmählich mit einer Geschwindigkeit von 100 lb.[1]) per Quadratzoll Querschnittsfläche per Sekunde zu steigern.

3.4 Wenn vorgeschrieben, ist sowohl die Längenänderung als auch die Durchmesseränderung der Probe mit Hilfe der dafür vorgesehenen Instrumente zu messen. Weiterhin kann ein Bruchheftigkeitsmeßgerät an der unteren Druckplatte der Prüfmaschine installiert werden.

3.5 Die Last bei Bruch ist zu notieren und die Bruchform zu beschreiben. Die zerbrochene Probe ist aufzubewahren.

3.6 Die Nenndruckfestigkeit wird erhalten als Quotient von Druckbruchlast und Querschnittsfläche der Probe.

[1]) lb. = englische Pfund.

ANHANG II

Ermittlung der einachsigen Druckfestigkeit aus dem Druckversuch

(Überarbeitet nach A. N. Procter)

Wie in der Skizze angedeutet, wirken der äußeren Last F in axialer Richtung Normalspannungen σ und Schubspannungen τ entgegen. Die Elastizitätstheorie lehrt, daß die axialen Schubspannungen stets zusammen mit gleich großen Schubspannungen in transversaler Richtung auftreten müssen. Wie die Skizze zeigt, heben sich die transversalen Komponenten gegenseitig auf. Sie können dies jedoch nur dann gleichmäßig, wenn sie radial zueinander angeordnet sind. Daher gibt ein kreisförmiger Probenquerschnitt geringsten Anlaß zu störenden Sekundärspannungen, die von unvollständig ausgeglichenen transversalen Schubspannungen herrühren.

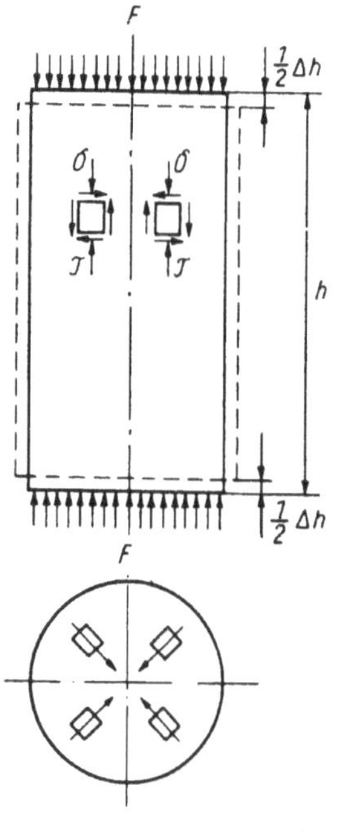

F = äußere Belastung
σ = axiale Druckspannung
ε = axiale Verformung
τ = Schubspannung
γ = Schubverformung
h = Länge der Probe
Δh = Zusammendrückung der Probe
A = Querschnittsfläche der Probe
E = Elastizitätsmodul
G = Gleitmodul
α_1, α_2 = Faktoren zur Berücksichtigung der Nichtkonstanz, Heterogenität und Aeolotropie von E und G

Äußere Arbeit der Belastung $W = \frac{1}{2} F \, \Delta h$.

Innere Verformungsenergie $U = \frac{1}{2} \sigma \, \varepsilon \, A \, h + \frac{1}{2} \tau \, \gamma \, A \, h =$

$$= \frac{1}{2} \alpha_1 E \, \varepsilon^2 A \, h + \frac{1}{2} \alpha_2 G \, \gamma^2 A \, h .$$

$$W = U .$$

Daraus mit $\varepsilon = \Delta h / h$:

$$F = \alpha_1 E \, A \, \Delta h / h + \alpha_2 G \, A \, \gamma^2 \, h / \Delta h \qquad (1)$$

Wird F gesteigert, so wachsen auch $\varepsilon = \Delta h/h$ und γ. Sobald entweder γ oder ε einen Grenzwert erreichen ($\bar{\gamma}$ bzw. $\bar{\varepsilon} = \overline{\Delta h}/h$), tritt Bruch ein; die Belastung F hat dann den Wert B (Bruchlast). Normalerweise gibt man dann B/A als *Nenndruckfestigkeit* an.

$$B/A = \alpha_1 E \, \overline{\Delta h}/h + \alpha_2 G \, \bar{\gamma}^2 \, h/\overline{\Delta h} \qquad (2)$$

d. h. B/A hängt von h ab. Für welchen Wert von h ist B/A denn ein Minimum? — Differenziere B/A nach h und setze gleich Null

$$\frac{d(B/A)}{dh} = -\alpha_1 E\, \overline{\Delta h}/h^2 + \alpha_2 G\, \bar{\gamma}^2/\overline{\Delta h} = 0 \quad .$$

Daraus:

$$h_{crit.} = \frac{\bar{\gamma}}{\overline{\Delta h}} \sqrt{\frac{\alpha_1 E}{\alpha_2 G}} \quad \ldots \ldots (3)$$

Durch Einsetzen von Gl. (3) in (2) erhält man

$$\left(\frac{B}{A}\right)_{min} = 2\,\bar{\gamma} \sqrt{\alpha_1 \alpha_2 E G} \quad \ldots \ldots (4).$$

Da $\bar{\varepsilon} = \overline{\Delta h}/h$ in dieser Formel nicht mehr erscheint, ist der Bruch ein reiner Gleitbruch, wenn $h = h_{crit.}$.

Durch Einsetzen von

$$\bar{\gamma} = \tau_B/\alpha_1 G \quad ,$$

wobei τ_B die Schubfestigkeit ist, erhält man aus Gl. (4)

$$\tau_B = \frac{1}{2} \sqrt{\frac{\alpha_2}{\alpha_1}} \frac{B}{A} \sqrt{\frac{G}{E}}$$

oder, durch Zusammenfassen der Faktoren α_1 und α_2 zu

$$\alpha = \sqrt{\frac{\alpha_2}{\alpha_1}}$$

$$\tau_B = \frac{1}{2} \alpha \frac{B}{A} \sqrt{\frac{G}{E}} \quad \ldots \ldots (5).$$

Die einachsige Druckfestigkeit ist dann

$$\sigma_B = 2\,\tau_B = \alpha \frac{B}{A} \sqrt{\frac{G}{E}} \quad \ldots \ldots (6).$$

Literatur

[1] OBERT, L., WINDES, S. L. and DUVALL, W. I.: Standardized tests for determining the physical properties of mine rock. US. Bur. Min., Rep. Inv. 3891, August 1946.

[2] Siehe Anhang I.

[3] PROCTER, A. N.: Newtonian theory of axial elasticity. Engineering, 19th June, 1959.

[4] BERENBAUM, R. and BRODIE, I.: Measurement of the tensil strength of brittle materials. Brit. Jnl. Appl. Phys. Vol. 10, p. 281/287, June 1959.

[5] ROBERTSON, E. C.: Experimental study of the strength of rock. Bull. Geol. Soc. Amer., Vol. 66, p. 1275/1314, October 1955.

[6] DENKHAUS, H. G.: Über die Bedeutung einiger Eigenschaften des Gesteins für das Problem der Gebirgsschläge in Gruben großer Teufe. Internat. Gebirgsdruckkonf., Leipzig, Okt. 1958.

[7] SELDENRATH, T. R.: Can Coal measures be considered as masses of loose structure to which the laws of soil mechanics may be applied? Internat. Conf. Rock Pressure, Liège, April 1951.

ZUM 2. LÄNDERTREFFEN DES INTERNATIONALEN BÜROS FÜR GEBIRGSMECHANIK VORGELEGTE ARBEITEN

Die Beurteilung von Kenngrößen starrummantelter druckbeanspruchter Gesteinsprüfkörper

von H. WÖHLBIER, Clausthal

1. Einleitung

Seit einiger Zeit sind in der Abteilung Gebirgsdruckforschung und Bodenmechanik meines Institutes unter anderem Untersuchungen an Karbongesteinen des Niederrheins im Gange. Sie erstrecken sich auf die Ermittlung der bekannten *Materialkonstanten* [1] wie E-Modul und POISSONzahl.

Darüber hinaus wurde, an frühere Versuche von MÜLLER und mir [2] [3] anknüpfend, erneut das Problem der Kompression von Naturgesteinen aufgegriffen.

Bekanntlich wurden seinerzeit Untersuchungen an Karbongesteinen Oberschlesiens und Gesteinen der Zechsteinformation durchgeführt. Als Versuchseinrichtung zur Komprimierung der zylindrischen Prüfkörper dienten Werkstoffprüfmaschine und starre Stahlummantelung der Prüfkörper. Das Gestein war also bei verhinderter Querdehnung einem dreiachsigen Spannungszustand unterworfen von der allgemeinen Form

$$\sigma_{x,y} = f(\sigma_z) .$$

Darin ist σ_z der parallel zur Flächennormalen des Prüfkörpers auf denselben ausgeübte Druck, also die Vertikalspannung.

Die Horizontalspannungen σ_x und σ_y ließen sich seinerzeit noch nicht erfassen. Zwar untersuchte KÜHN [4] fast gleichzeitig das Problem von der rein theoretischen Seite her; er leitete auch auf der Elastizitätstheorie aufbauend die Beziehung $\sigma_x = \frac{\sigma}{m\cdot 1}$ ab; jedoch verlor dieser gegebene Zusammenhang dadurch an Bedeutung, weil er mit der Einschränkung verbunden worden war, daß die POISSONzahl m den Wert 4 bei Gesteinen nicht unterschreiten würde. Die POISSONzahl muß aber als veränderlich angesehen werden, wenn erhebliche Spannungsänderungen vorgenommen werden.

Eine willkürliche Annahme der POISSONzahl ist nicht als sinnvoll anzusehen, um die Horizontalspannung quantitativ beurteilen zu können. Willkürliches Einsetzen von beispielsweise $m = 4$, $m = 6$ oder $m = 8$ bei einer vorgegebenen Vertikalspannung $\sigma_z = 1000$ kp cm^{-2} läßt die damit verbundenen Schwankungen der Horizontalspannung σ_x erkennen.

Die Möglichkeit, bei einer vorgegebenen Vertikalspannung die dazugehörigen Spannungen $\sigma_{x,y}$ zu berechnen, ist erst dann gegeben, wenn die Abhängigkeit der POISSONzahl m von der Vertikalspannung σ_z erkannt worden ist.

Bei Versuchen an Basalten hatte zwar DREYER [5] festgestellt, daß mit Zunahme des Vertikaldruckes σ_z mit einer Verkleinerung der POISSONzahl gerechnet werden müsse. Ein funktioneller Zusammenhang zwischen m und σ_z wurde jedoch bislang nicht bekannt.

Die Voraussetzung für eine erfolgreiche Erweiterung der von mir und MÜLLER durchgeführten Versuche mußte daher die Klärung oben angeschnittener Frage sein.

2. Die Poissonzahl als Voraussetzung für die Berechnung horizontaler Spannungen

Es wurden daher Versuchsreihen zur Bestimmung der POISSONzahl angesetzt und ausgewertet. Dabei handelte es sich um verschiedene Gesteinsarten des niederrheinischen

Karbons, nämlich Sandstein, Schiefer und Sandschiefer. Die Prüfkörperform war zylindrisch, da die Proben mittels Kernbohrung aus dem Gebirgsverband gelöst worden waren. Die Beanspruchung der Prüfkörper, die im übrigen durch das Schlankheitsmaß $\lambda \approx 2{,}5$ gekennzeichnet waren, erfolgte bei sämtlichen Prüfkörpern senkrecht zur Schichtung.

Die kritischen Punkte, nämlich die Einspannstellen der Prüfkörper, fanden durch Aufbringen eines Gleitfilms die erforderliche Berücksichtigung, so daß der an den Preßflächen ohne Gleitfilm zu befürchtenden, an sich unerwünschten Querdehnungsbehinderung entgegengewirkt werden konnte.

Die Auswertung der Versuche zur Bestimmung der POISSONzahl

$$m = \frac{\varepsilon_c}{\varepsilon_g} = \frac{\Delta l \cdot l_0^{-1}}{\Delta v \cdot r_0^{-1}}$$

zeigte folgende vier Tendenzen:

a) Bei jedem der untersuchten Prüfkörper nahm die POISSONzahl mit wachsender Vertikalspannung σ_z ab.
b) Das Maß der Abnahme der POISSONzahl verringert sich mit wachsender Vertikalspannung.
c) Die POISSONzahlen von Sandstein sind größer als die von Sandschiefern und Schiefer.
d) Der mit Punkt c gekennzeichnete Unterschied der untersuchten Gesteinsarten verringert sich jedoch mit zunehmender Vertikalspannung σ_z.

Gestützt auf diese 4 Punkte, die numerisch mittels eines korrelativ, d. h. stochastisch bewerteten Differenzenverfahrens — seine Erläuterung würde den Rahmen meiner Ausführungen zu sehr überschreiten — definiert wurden, gelang die Aufstellung eines funktionellen Zusammenhanges zwischen der POISSONzahl m und der Vertikalspannung σ_z.

Er kann hier zunächst nur in der allgemeinen Form

$$m = a \cdot \sigma_z^n + b$$

wiedergegeben werden.

Die Übereinstimmung dieser Beziehung mit den aus den Messungen errechneten Werten für m liegt innerhalb der der POISSONzahl zugeordneten Fehlergrenzen, die durch die Meßanordnung bedingt sind.

Es sei noch darauf hingewiesen, daß die POISSONzahl von Sandstein bei Drücken von 500 kp cm^{-2} $= \sigma_z$ (Vertikaldrücke, einachsig) durchaus Werte um 3 annehmen kann.

3. Versuche mit druckbeanspruchten, starrummantelten Prüfkörpern

Damit war die Voraussetzung erfüllt, die Horizontalspannungen und die aus ihnen und der Volumenkompression $\frac{\Delta V}{V_0} = e$ abzuleitenden zusammengesetzten Kenngrößen, wie Elastizitätsmodul, Kompressionsmodul und Kompressibilität, rechnerisch zu bestimmen.

Auf die Schwierigkeiten, den E-Modul starrummantelter Gesteinsproben experimentell zu bestimmen, habe ich bereits früher [3] hingewiesen.

Das Ziel der neueren Versuche lautete also:

1) Messung der Volumenkompression $e = \frac{\Delta V}{V_0}$

2) Erfassung der Horizontalspannung $\sigma_x = \sigma_y$ nach $\sigma_x = \frac{\sigma_z}{m-1}$, worin $m = a \cdot \sigma_z^n + b$.

3.1. Versuchsapparatur und Meßmethode, ein kurzer Abriß

Der Aufbau der Versuchsapparatur werde noch einmal kurz umrissen. Die Probe war von einem riefenfreien Spezialstahlrohr umschlossen, das seinerseits von einem Stahlzylinder umgeben war. Die Gesteinsprobe selbst wurde mit einem Paraffinüberzug versehen; ihr vertikales Widerlager stellten der oberflächengehärtete Druckstempel und die oberflächengehärtete untere Preßplatte der Werkstoffprüfmaschine dar. Der Druckstempel stützte sich an der oberen Platte der Maschine ab. Es bestanden nun grundsätzlich zwei Möglichkeiten, die Stauchung Δl des Prüfkörpers zu messen:

Bild 1

Bild 2

a) Indirekt, d. h. als Maß der Verkürzung des Prüfkörpers wird die Konvergenz der beiden Druckplatten der Werkstoffprüfmaschine angesehen.

b) Direkt, d. h. Messung der Verkürzung mittels Dehnungsmeßstreifens (hier Stauchung).

Es wurde die zweite Methode gewählt, die zwar teurer, aber genauer als die erste ist. Die Auswertung der zweiten Methode gestaltet sich außerdem einfacher, da die Eigenkompression des Stempels nicht mitgemessen zu werden brauchte. Allerdings verlangte die zweite Methode eine besondere Zurichtung der Prüfkörper, die in einer den Abmessungen der DMS entsprechenden Nut bestehen mußte. Sie wurde vorsichtig am Umfang des Prüfkörpers parallel zur Flächennormalen eingearbeitet. Der Anschluß des Gebers erfolgte durch ein „Fenster“ in der Stahlummantelung an die Zuleitungen zur Meßbrücke und zum Temperatur-Kompensationskörper, der aus einem unbelasteten Prüfkörper plus Dehnungsmeßstreifen bestand (siehe Bild 1 und 2).

3.2. Definition der Kenngrößen

Für den 3-achsigen Spannungszustand ist die Kompression als Quotient aus Volumenänderung (= Volumenverkleinerung) zu dem Ausgangsvolumen V_0 definiert;

$$e = \frac{\Delta V}{V_0} .$$

Zusammen mit der mittleren Hauptspannung σ_m und der Poissonzahl m bestimmt sie den Elastizitätsmodul zu

$$E = \frac{\sigma_m \cdot 3\,(1 - 2\,m^{-1}) \cdot V_0}{\Delta V} \,[\text{kp cm}^{-2}] .$$

Die Doppelrolle, die von der Poissonzahl eingenommen wird, ist ohne weiteres erkennbar. Einmal tritt m direkt in Erscheinung; zum anderen ist sie mit in der mittleren Hauptspannung σ_m enthalten, da letztere gebildet wird aus

$$\sigma_m = \frac{\sigma_z + \sigma_y + \sigma_x}{3} .$$

Darin ist

$$\sigma_x = \sigma_y = \frac{\sigma_z}{m - 1} .$$

Wollte man E unter Verzicht der Messung des federnden Anteiles der Volumenkompression erhalten, so konnte also der Weg nur über die Kenntnis der Abhängigkeit der Poissonzahl von der Vertikalspannung gehen. Da mit Zunahme der Vertikalspannung m kleiner wird, nähern sich die Werte σ_z und $\sigma_{x,y}$ einander an. Löst man obige Gleichung für den E-Modul nach der mittleren Hauptspannung σ_m auf, so erhält man

$$\sigma_m = \frac{E}{3\,(1 - 2\,m^{-1})} \cdot e \quad [\text{kp cm}^{-2}] .$$

Hierin wird der Quotient als Raumelastizitäts- oder *Kompressionsmodul* bezeichnet.

Er soll als zweite *zusammengesetzte* mechanische Kenngröße bezeichnet werden.

Seinen reziproken Wert $\frac{1}{K} = k$ nennt man *Kompressibilität*.

3.3. Ergebnisse der Versuche

Mit der Auswertung der Versuche stellte sich heraus, daß der E-Modul mit steigendem Vertikaldruck σ_z zunächst rasch, später langsamer abnimmt. Das gilt sowohl für Schiefer als auch für Sandstein; die E-Moduln der Sandsteinprüfkörper sind im ganzen größer als bei Schiefer. Mit zunehmendem Vertikaldruck σ_z ist also generell eine Verringerung der elastischen Eigenschaft der Gesteine verbunden. Daß die Abnahme des E-Moduls mit wachsendem σ_z nachläßt, ist dabei nicht verwunderlich, da nämlich die Differenz $\Delta\sigma = \sigma_z - \sigma_{x,y}$ kleiner wird. Diese Beobachtung wurde schon von Müller [2] gemacht; Everling [6] bestätigte sie unlängst erneut. Beide zuletztgenannten Wissenschaftler bedienten sich dabei des Kármánschen Prinzips.

Um einen größenordnungsmäßigen Anhaltspunkt bezüglich der *starrummantelten Versuche* zu geben, sei hier erwähnt, daß z. B. bei einer mittleren Hauptspannung $\sigma_m = 350$ kp cm^{-2} der E-Modul eines Sandsteinprüfkörpers zu ca. $3 \cdot 10^5$ kp cm^{-2} bestimmt wurde; er nahm bei der mittleren Hauptspannung $\sigma_m = 2300$ kp cm^{-2} auf etwa 10^5 kp cm^{-2} ab.

Betrachtet man nun den Kompressionsmodul K als Funktion von σ_m, so ist eine Zunahme des Kompressionsmoduls festzustellen. Ebensowenig, wie die Abnahme des E-Moduls *linear* erfolgte, steigt der Kompressionsmodul an. Von einem bestimmten Bereich der mittleren Hauptspannung an aufwärts nimmt das Steigungsmaß mehr und mehr ab. Ist ungefähr die mittlere Hauptspannung $\sigma_m = 2500$ kp cm^{-2} erreicht, so ist von da ab der Kompressionsmodul K fast unabhängig von der Spannung. Anstieg des Moduls K heißt, wenn man den Kompressionsmodul analog zu MÜLLERS E-Modul definiert, daß sich der Widerstand des Prüfkörpers mit steigender Beanspruchung bei starrer Ummantelung erhöht. Der Kehrwert des Kompressionsmoduls, also die Kompressibilität k, nimmt im selben Maße ab.

Diskutiert man die Formel des Kompressionsmoduls

$$K = \frac{E}{3\,(1 - 2\,m^{-1})}\ [\text{kp cm}^{-2}]\,,$$

so mag der oben beschriebene Verlauf $K = f(\sigma_m)$ zunächst unverstanden sein. Da nämlich E abnimmt, so könnte man argumentieren, müßte auch K kleiner werden (weil eben E proportional K). Daß dem aber nicht so ist, liegt daran, daß der Nenner des Quotienten K mit wachsendem σ_m rasch gegen Null strebt, weil $m = f(\sigma_z)$ gegen 2 geht.

Im Grenzfall $m = 2$ wäre im übrigen der Zustand totaler Plastizität, der durch Inkompressibilität gekennzeichnet ist, erreicht.

Die oben diskutierten zusammengesetzten mechanischen Kenngrößen nähmen dort die Werte an

$$E = 0,\quad K = \infty\,.$$

4. Kurze Kritik

Schließlich noch einige Worte der Kritik. Feste Körper völliger Starrheit, d. h. ohne die Fähigkeit, sich zu verformen, existieren bekanntlich nicht. Zur Verformung sind eben nur hinreichend große Spannungen erforderlich. Das gilt natürlich auch für die Stahlummantelung unserer Proben. Da uns jedoch mit der Berechnung der Horizontalspannungen, die auf den Stahlmantel wirkten, auch deren Verformung erfaßbar war, konnte die Wandstärke immerhin derart stark ausgelegt werden, daß man von einer nahezu starren ummantelten Probe sprechen darf. Um aber dem Grundsätzlichen gerecht zu werden, halte ich es für exakter, solche Versuche als Versuche mit *quasi-starrer Ummantelung* bzw. mit *quasi-behinderter Querdehnung* zu bezeichnen.

Ich darf mich mit dem Hinweis bescheiden, daß an meinem Institut weitere gesteinsmechanische Untersuchungen durchgeführt werden, über deren Ergebnisse zu gegebener Zeit zu berichten sein wird.

Literatur

[1] DREYER, W. und BORCHERT, H.: Gesteinsmechanik und Gebirgsdruck, ein Überblick über einige Entwicklungen in Deutschland. Bergbauwiss. **7** (1960), H. 9/10, S. 237—241.

[2] MÜLLER, O.: Untersuchungen an Karbongestein zur Klärung von Gebirgsdruckfragen. Glückauf **66** (1930), H. 47, S. 1601—1612.

[3] WÖHLBIER, H.: Untersuchungen an Gesteinen der Zechsteinformation usw. Zs. Kali u. verwandte Salze **25** (1931), S. 230.

[4] KÜHN, P.: Spannungszustand und Bruchgefahr im ungestörten Gebirge. Glückauf **67** (1931), H. 32, S. 1033—1037.

[5] DREYER, W.: Über das Festigkeitsverhalten sehr verschiedenartiger Gesteine. Bergbauwiss. **2** (1955), H. 7, S. 183—191.

[6] EVERLING, G.: Gesteinsmechanische Untersuchungen usw. Glückauf **96** (1960), H. 7, S. 390—408.

Einheitliche Methoden zur Bestimmung der physikalischen und mechanischen Eigenschaften des Gesteins

von E. Petyrek, Prag

In der Tschechoslowakischen Sozialistischen Republik wurde eine Methodik zur Bestimmung einiger fundamentaler physikalischer und mechanischer Eigenschaften des Gesteins ausgearbeitet. Dieser Versuch geht vom Bergbauinstitut der Tschecholsowakischen Akademie der Wissenschaften aus. Er ist für die angewandte Forschung bestimmt und zwar in erster Linie deshalb, damit die Ergebnisse der in verschiedenen Instituten durchgeführten Gesteinsprüfungen überhaupt vergleichbar seien. In Zukunft wird es die Aufgabe der Grundforschung sein, z. B. die Zweckmäßigkeit der Größe der Prüfmuster, die Belastungsgeschwindigkeit bei der Prüfung sowie die eigentliche Prüfungstechnik zu überprüfen. Nach eventuellen Änderungen der Methodiken wird es möglich sein, in der zweiten Phase der Lösung dieser Aufgabe an die gebietsbegrenzte Gesteinsklassifikation in den einzelnen Revieren der CSSR heranzutreten. Die Prüfungsart muß einerseits nach dem geologischen Bau des Gebietes, andererseits dem Zweck entsprechend gewählt werden. Unser Entwurf ist ausgearbeitet im Hinblick auf die Auswertung der physikalischen und mechanischen Eigenschaften des Gesteins in der Grubenforschung der Gebirgsdrücke, beim Modellieren von äquivalenten Materialien, in der Spannungsoptik, bei Bohrungen, bei geophysikalischen Messungen und bei mathematisch-analytischen Lösungen.

Der Anschaulichkeit halber gebe ich hier eine kurze Übersicht der einzelnen Methodiken: Zusammenfassung der Weltnormen:

1. a) Tabelle der Grundbegriffe,
   b) Geologische Charakteristik der Gesteinsarten — Probenahme und Vorbereitung der Muster —,
   c) Tabelle der Größenbedeutung.

2. a) Die fundamentalen deskriptiven physikalischen Eigenschaften:
   Raumgewicht,
   Schüttgewicht,
   spezifisches Gewicht,
   Dichtegrad,
   Porosität,
   Feuchtigkeitsgrad,
   Sättigungsgrad,
   Korngrößenverteilung.
   b) Weitere physikalische Eigenschaften:
   Schwellen,
   Schrumpfen,
   Durchlässigkeit,
   Kapillarität,

Kompressibilität,
Reibung und Kohäsion,
Staubgehalt.

3. a) Mechanische Eigenschaften, im Laboratorium gemessen (einachsige Belastung):
   α) bei statischer Belastung:
      einachsige Druckfestigkeit,
      einachsige Zugfestigkeit,
      einachsige Schubfestigkeit (Scherfestigkeit),
      einachsige Biegefestigkeit,
      Schubfestigkeit (Kombination mit Druckfestigkeit bei unbearbeiteten Gesteinsmustern).
   β) bei dynamischer Belastung (durch Schlag):
      Druckfestigkeit,
      Zugfestigkeit,
      Schubfestigkeit,
      Biegefestigkeit.
   γ) spezielle Prüfungen:
      Härteprüfung nach Brinell,
      Härteprüfung nach Shore,
      Dynamische Zerkleinerung der Kohle nach IGDAN (UdSSR),
      Abschlagprüfung (Los Angeles).
   b) Mechanische Eigenschaften, gemessen in situ:
      Belastungsprobe,
      Scherprobe,
      Schnittwiderstand,
      Bohrindex.

4. Zerstörungsfreie Prüfungen im Laboratorium und in situ:
   dynamischer Elastizitätsmodul (Resonanzmethode und Impulsmethode).

5. Betriebsprüfungen, im Streb leicht durchführbar:
   Makroskopische geologische Beurteilung,
   Raumgewicht in situ (Umfangmesser),
   Feuchtigkeitsbestimmung in situ (Schnelltrockner),
   Kegeleindringsprüfungen (Penetrometer),
   Härteprüfungen (POLDI-Hammer),
   Bohrindex.

6. Auswertung der Prüfungsergebnisse.
7. Dokumentation und Bedeutung für die Auswertung im gesamt-staatlichen Ausmaße.

Untersuchungen zur Ermittlung der Festigkeitskennziffern von Gesteinen im Forschungsinstitut für Bergbau der Volksdemokratie Ungarn[1])

von F. MARTOS, Budapest

1. Kurze Beschreibung der ungarischen Kohlenvorkommen und ihrer Nebengesteine

1.1 Geologisch-petrographische Beschreibung

1.11 Das Steinkohlenvorkommen des Mecsek-Gebirges

Ungarns einziges Steinkohlenvorkommen des unteren Jura (unteren Lias) befindet sich im Süden Transdanubiens im Mecsekgebiet. Die Lagerstätte erstreckt sich von der Stadt Pécs über die Ortschaften Szabolcs und Vasas in der Form eines umgekehrten „S" bis nach Komló. Ihre Fortsetzung bildet das nordwestlich von Komló gelegene linsenartige Liasvorkommen im Raum zwischen Magyaregregy und Hidas.

Das Liasbecken enthält die gasreichsten Flöze des Landes mit einem Gasgehalt von 40—80 m³ CH_4 je t geförderter Kohle. Einige dieser Flöze neigen zu Gasausbrüchen. Die geothermische Tiefenstufe des Beckens ist sehr niedrig (weniger als 20 m/°C), so daß der Bergbau auch durch grubenklimatische Probleme erschwert wird.

1.111 Im *Pécs-Vasas*-Abschnitt von etwa 12—15 km streichender Ausdehnung des Flözzuges beträgt die Mächtigkeit der Kohlenformation insgesamt 880 m und enthält 175 Steinkohlenflöze von über 5 cm Stärke. Hiervon sind 42 Flöze teilweise oder durchweg bauwürdig, mit einer gewinnbaren Gesamtmächtigkeit von rd. 25 m.

Die Lagerung der Flöze ist infolge der geologisch jungen orogenen Einwirkungen steil und hat ein Einfallen von 24°—60°. Die Kohlenflöze des Pécser Abschnittes reichen von übertage — durch kleine oder größere Sprünge oder Verwerfer gestört — bis in eine Teufe von 800—1000 m.

1.112 In *Komló* sind 12—16 Steinkohlenflöze bergbaulich erschlossen. Die abbaubare Gesamtmächtigkeit beträgt hier 14,0—22,5 m.

1.113 Im *nördlichen Flözabschnitt* sind die Kohlenflöze des älteren Jura hauptsächlich durch die gebirgsbildenden Vorgänge, welche nach dem Pannon erfolgten, auf die Ablagerungen des jüngeren Miozän aufgeschoben. Als Folge dieser Überschiebung sind diese Steinkohlenflöze im Streichen wie auch im Fallen stark gestört, ebenso ist auch die Mächtigkeit und die Flözausbildung in beiden Richtungen überaus unbeständig. In Magyaregregy, Kárász und Vékény sind 1—4 Steinkohlenflöze bekannt. Die Lagerung bei Szászvár ist sehr stark gestört.

Im Süden dieses nördlichen Flözzuges bildet die Mulde von Ujbánya ein weiteres bedeutendes Steinkohlengebiet, das jedoch noch der genaueren Erforschung bedarf.

1.12 Die Braunkohlenvorkommen von Dorog und Pilis

Die Ausdehnung des produktiven Gebietes beträgt in dem Becken von Dorog 60 km², die des wesentlich kleineren Beckens von Pilis 6 km². Die beträchtliche Mächtigkeit der paleozoischen Kohlenflöze, die hier die Basis der Kohlenförderung bilden, geben diesem Vorkommen eine besondere volkswirtschaftliche Bedeutung.

---

[1]) Erweiterte Fassung eines Diskussionsbeitrages von F. MARTOS auf dem 2. Ländertreffen des IBG.

Das Kohlenvorkommen entstammt drei geologischen Stufen, dem unteren Eozän (Paleozän), dem oberen Eozän (Auversiän) und dem Oligozän. Die Sedimente dieser späten geologischen Perioden lagerten sich mit ihren wertvollen Kohlenflözen in den Buchten des aus Kalkstein und Dolomit bestehenden Grundgebirges ab.

In dem verkarsteten Triaskalkstein bildeten sich Wasserläufe, die durch Klüfte, Spalten, besonders aber über die Verwerfer miteinander kommunizieren. Das Niveau der Donau, der Haupterosionsbasis dieser Gegend, liegt +100 m über dem Spiegel der Adria, darüber hinaus sind die Spalten, Sprünge und Klüfte, den jeweiligen Niederschlagsmengen und dem Wasserabfluß entsprechend, bis zu einer Höhe von 30 m mit Wasser angefüllt.

Die paleozäne Kohle lagert entweder unmittelbar auf dem Triaskalkstein, oder sie ist durch eine maximal 60 m starke Schicht aus Ton und Kalkstein von dem Grundgebirge getrennt.

In den von Verwerfern gestörten Gebieten des Beckens, besonders aber in der Zone der wasserführenden Verwerfer, oder an jenen Stellen, an denen die Wasserschutzschicht eine nur ungenügende Mächtigkeit hat, tritt das Wasser aus dem speichernden Kalkstein in die Grubenbaue und verursacht Wassereinbrüche.

Zum Schutz gegen diese Wassereinbruchsgefahr wurden verschiedene Verfahren ausgearbeitet. Die Wasserhebung dieses Reviers betrug in den letzten Jahren 50—70 m³/min.

Das paleozäne Kohlenflöz besitzt im allgemeinen eine Mächtigkeit von 10 m. Oft ist das Flöz durch Süßwasserkalk- und Mergelschichten in mehrere Bänke geteilt.

100—150 m über dem Paleozänflöz, in den Schichten des oberen Eozän, ist in einigen Teilen des Doroger Beckens ein in quarzitischen Sandstein eingebettetes weiteres abbauwürdiges Kohlenflöz bekannt. Seine Mächtigkeit schwankt zwischen 0,6 und 5 m, bei stark gegliederter Lagerung. Der Sand verursacht bei Zutritt von Wasser infolge seines großen Porenvolumens Schwimmsandgefahr, während er nach seiner Entwässerung sich verfestigt. Deshalb muß vor Beginn des Abbaus der das Flöz umschließende Sand gründlich entwässert, das Wasser abgezapft werden.

Das dritte Flöz des Doroger Reviers ist zwischen den Schichten des oberen Oligozän gelagert und ist gleich dem Flöz des oberen Eozän in Einzelfelder von größerer Ausdehnung verteilt. Seine Mächtigkeit ist gleichfalls unbeständig und schwankt, von Zwischenmitteln oft durchzogen, zwischen 0,8 und 1,6 m.

Im Becken von Pilis entwickelte sich nur das Paleozänflöz zu abbauwürdiger Mächtigkeit.

Die Höhe von Dorog beträgt +190 m ü. N. N., die der gegenwärtig betriebenen Abbaue —150 m ü. N. N. Dies entspricht einer Teufe von 340 m, die im Becken von Pilis wesentlich geringer ist. Die tiefsten Baue befinden sich in Dorog und zwar von der Tagesoberfläche gemessen in 450 m Tiefe.

1.13 Die Braunkohlenvorkommen von Tatabánya, Pusztavám, Balinka, Dudar und Ajka

1.131 Das *Becken von Tatabánya* ist eines der wichtigsten Kohlenreviere Ungarns. Sein produktives Gebiet umfaßt 26,6 km², die Tagesoberfläche liegt bei 160—220 m über N. N.

Auf dem Grundgebirge, welches von triassischem Kalkstein und Dolomit, in der Mitte des Beckens von den durch die Erosion nicht zerstörten Gesteinen der Kreide und des Jura gebildet wird, sind in einer wechselnden Mächtigkeit von 0—30 m Tone verschiedener Färbung als tiefes Liegendes gelagert. Dieses bildet zusammen mit den Schichten des unmittelbaren Liegenden jene Schutzschicht, welche die unter dem Karstwasserniveau

(+135 bis +138 m ü. N. N.) liegende Flözformation gegen das von Karstwasser gefüllte Grundgebirge sichert.

Auf den Schichten des Liegenden sind die in ihrer Qualität und Mächtigkeit stark schwankenden Braunkohlen des Eozän gelagert. Das Hangende der Formation besteht aus Brackwasserbildungen und zwar aus Molluskentonen. Die Mächtigkeit des Hauptflözes ist sehr wechselnd und erreicht an manchen Stellen 20—30 m.

Die tektonische Struktur der Lagerstätte ist bruchartig.

In diesem Gebiet wird gegenwärtig das Wasser von 70 Zuflüssen, ca. 47,5 m^3/min, gehoben, wozu bemerkt werden muß, daß bisher etwa 30 m^3/min Grubenwasser mit Hilfe der von Übertage niedergebrachten Zementierbohrlöcher abgesperrt werden konnten.

Zwischen dem Hauptflöz und dem Hangendflöz befinden sich Brackwasser-Molluskentone von 1—3 m Stärke, zwischen dem Hangendflöz und dem sog. „Kleinen Flöz" Tone gleicher Herkunft von 6—20 m Mächtigkeit.

1.132 Das *Becken von Oroszlány* stimmt in seinem geologischen Aufbau mit dem von Tatabánya überein. Das auf den Liegendschichten gelagerte Kohlenflöz wird im ganzen Revier durch ein Zwischenmittel von 0,4—1,0 m in zwei Bänke von ungefähr gleicher Mächtigkeit geteilt.

Die Oberbank enthält Braunkohle guter Qualität und hat eine Stärke von 1,7—2,3 m, die jedoch in der Randausbildung abnimmt. Die Mächtigkeit der Unterbank beträgt 1,5—2,8 m und keilt am östlichen Rande des Beckens aus.

Die beträchtlichen Kreide- und Untereozänschichten, die das Liegende des Beckens bilden, bieten einen genügenden Schutz gegen die Kartstwassereinbrüche.

1.133 Im *nördlichen Vorlande des Bakony-Gebirges* bzw. nordwestlich des Vértes-Gebirges liegt ein Kohlenvorkommen des unteren Eozän, welches sich mit größeren und kleineren Unterbrechungen von Zirz über die Ortschaften Nagyesztergár, Dudar, Bakonynána, Csetény, Bakonycsernye, Kisgyón, Balinka bis zum Mórer Graben und darüber hinaus bis Pusztavám, Bokod und Oroszlány erstreckt, wo es an das Kohlenvorkommen von Tatabánya anschließt.

In diesem Flözzuge wird gegenwärtig an drei Stellen, in Dudar, Kisgyón-Balinka und in Pusztavám Bergbau betrieben.

1.134 Das *Kohlenvorkommen der Kreideformation* liegt im südlichen Bakony, im Gebiete der Ortschaften Ajka, Csékut und Padrag. Das Kohlenbecken ist durch eine Reihe von nordöstlich-südwestlich verlaufenden Sprüngen stark gestört. Die Teufe der hierdurch entstandenen Teilfelder nimmt nach Südwesten zu. Die Süßwasserbildungen der oberen Kreide von 16—20 m Gesamtmächtigkeit enthalten die Flöze von verschiedener Stärke, die durch dünnere oder dickere Kalkstein- und Mergelbänke voneinander geschieden sind.

Die Gesamtmächtigkeit der Flöze beträgt stark schwankend 1—5 m.

1.14 Die Braunkohlenvorkommen von Borsod

Das Borsoder Kohlenbecken des unteren Miozän befindet sich im nördlichen Teil des Landes, nordwestlich der Stadt Miskolc.

Die natürliche geologische Grenze dieses Gebietes wird im Norden und Nordwesten als tiefes Liegendes durch das karbonisch-triassische Grundgebirge, im Westen durch das Inselgebirge von Uppony, im Südwesten durch das Bükkgebirge gebildet. Als Ergebnis weiterer Schürfungen ist in nord-nordwestlicher Richtung eine gewisse Änderung der Grenze, und zwar eine Zunahme des produktiven Gebietes zu erwarten. Die jetzige Ostgrenze hat nur provisorische Bedeutung, indem sie den heutigen Stand der Schürfungen festlegt.

Die produktive Schichtenfolge besteht aus Ton und Sandschichten, welche im allgemeinen 5 Flöze führen. Das obere Miozän ist durch Andesittuffe, Brekzien und Konglomerate vertreten. Das Zentrum der Vulkanausbrüche in der oberen Kreide dürfte die Gegend zwischen Tardona und Bánfalva gewesen sein. Die Sedimente des Pannons (Sande, Tone) sind im Norden dieses Gebietes unmittelbar auf dem Grundgebirge gelagert, während sie bei Edelény und Sajókaza die kohlenführenden Schichten überlagern.

Die Struktur dieses Reviers ist durch Sprünge, die Nordost-Südwest verlaufen und eine Verwurfshöhe von 0—100 m bei einem Einfallen von 50—60° besitzen, gekennzeichnet. Das Streichen der Flöze stimmt mit der Richtung der Sprünge überein. Die flachgelagerten Flöze haben ein Einfallen von 4—8° nach Ost-Südost. Die Mächtigkeit der abbauwürdigen Flöze beträgt 0,6—6,0 m.

1.15 Das Braunkohlenvorkommen von Ózd

Das Kohlenbecken von Ózd-Egercsehi liegt im nordöstlichen Teile von Ungarn zwischen den Kohlenrevieren von Borsod und Salgótarján.

Es umfaßt die kohlenführenden Schichten des unteren Miozän und ist von dem Borsoder Revier durch das paleozoisch-mesozoische Grundgebirge, von dem Salgótarjáner Revier durch den in Ausbissen feststellbaren Liegendstreifen des Oligozän und Untermiozän getrennt. Deswegen wird das Vorkommen von Ózd-Egercsehi eher als ein Teil des Salgótarjáner Beckens angesehen, obgleich es in seinem geologischen Aufbau eine Mittelstellung zwischen den beiden Nachbarrevieren einnimmt.

In der Schichtenfolge dieses Beckens sind die Ablagerungen des mittleren und oberen Oligozän sowie die des unteren, mittleren und oberen Miozän vertreten. Zu letzterem und zwar zur Bourdigaler Stufe sind auch die Kohlenflöze dieses Beckens zu zählen.

In den Mulden von gefalteten und welligen Tuffschichten, im Norden jedoch flach und fortlaufend gelagert, entstanden Tone von geringer Festigkeit, auf denen in linsenförmiger Ausbildung das liegende Kohlenflöz III sich bildete. Seine Mächtigkeit beträgt 0,40—3,0m. Zwischen dem unteren und dem mittleren Flöz II befinden sich Schichten von durchschn. 25—30 m Mächtigkeit, die hauptsächlich aus Sanden und sandigen Tonen bestehen. Die Stärke des mittleren Flözes schwankt zwischen 0,30 und 2,50 m. Etwa 20—30 m über dem Flöz II liegt das hangende Flöz I, auch Leitflöz genannt, welches, 0,60—1,40 m mächtig, in dem Revier nur in einigen Feldern als abbauwürdig bekannt ist und dann auskeilt.

Die Teufe der flözführenden Schichten ist sehr verschieden und beträgt durchschnittlich 200—250 m. Der Bergbau schreitet in größere Tiefen fort.

Der Abbau — besonders der des Flöz II — wird im ganzen Revier durch den wasserreichen Hangendsand erschwert, dessen erfolgreiche Entwässerung von ausschlaggebender Wichtigkeit ist, da das unmittelbare Liegende des Flöz II von Tonen gebildet wird, die sehr zum Quellen neigen.

1.16 Die Braunkohlenvorkommen von Nógrád

Die kohlenführende Schichtengruppe entstammt dem unteren Miozän und enthält drei Flöze welche vom Hangenden zum Liegenden mit Flöz I, II und III bezeichnet werden. Die abbaubare Gesamtmächtigkeit schwankt zwischen 1 m und 5 m. Die Formation des Beckens ist überwiegend aus Schichten von Tonen und Feinstsand aufgebaut. Im nördlichen Teil des Beckens ist der Bergbau am Erliegen. Gegenwärtig werden nur im mittleren und südlichen Teile Flöze mäßiger Güte abgebaut.

1.17 Die Lignitvorkommen von Várpalota und Mátra

1.171 Das Grundgebirge des in Transdanubien gelegenen Vorkommens von *Várpalota* bildet der Hauptdolomit des Trias, auf welchem sich Eozänmergel und Bryosoenschichten lagerten. Die tortonischen Bildungen des mittleren Miozän beginnen mit Sand- und Tonschichten, auf diesen kamen als Süßwasserbildungen Braunkohlen zur Ablagerung. Das Kohlenflöz (Lignit) hat eine Mächtigkeit von rd. 6 m und ist durch ein dünnes Zwischenmittel aus Riolittuff in zwei Bänke geteilt.

Die jüngeren Hangendschichten entstammen dem Pliozän. Unmittelbar unter der Rasendecke ist Torf anzutreffen.

1.172 *Das Lignitvorkommen der Mátraumgebung* liegt am südlichen Flusse des Mátragebirges, bzw. am nördlichen Rande der großen ungarischen Tiefebene bei Rózsaszentmárton und Gyöngyös und führt in einer Ausdehnung von 40 km Länge und 8—12 km Breite pliozäne Braunkohle (Lignit).

Von dem 800 Millionen t betragenden Gesamtkohlenvermögen liegen als abbaubarer Kohlenvorrat nur 100 Millionen über dem Wasserniveau.

In diesem Revier ist die Braunkohle stellenweise nur in dünnen Schnüren, öfter jedoch in Flözen wechselnder Mächtigkeit vorhanden. Die Kohlenbänke sind manchmal über die ganze Schichtenfolge verteilt. Die Gesamtmächtigkeit der Formation beträgt dann 8—12 m, worin 6—8 m reine Kohle enthalten ist. Öfter jedoch sinkt die Mächtigkeit auf nur 2—3 m. Die geringe Teufe des Vorkommens ermöglicht stellenweise die Gewinnung der Kohle im Tagebau.

2. Die Notwendigkeit der Gesteinsphysikalischen Untersuchungen

Die Ermittlung der physikalischen und Festigkeitskennziffern jener Gesteine, die am Aufbau der produktiven Schichtenfolge in den ihren Typen nach verschiedenen Kohlenrevieren des Landes beteiligt sind, ist im Gange. Die Reihenfolge dieser Untersuchungen wird durch die getätigten Aufschlüsse bestimmt, das heißt, durch die die Schichten durchörternden bergbaulichen Arbeiten (Schachtabteufen, Auffahren von Querschlägen, Tiefbohrungen), die eine präzise Probenahme ermöglichen. Leider können daher nicht sämtliche Kennziffern mitgeteilt werden, da die Untersuchungen noch nicht abgeschlossen sind.

Die Ergebnisse der Untersuchungen der gesteinsphysikalischen Kennziffern der Kohlenflöze und Nebengesteine der einzelnen Kohlenreviere werden in Schichtendiagrammen dargestellt, die folgende Werte enthalten:

Einachsige Druckfestigkeit,
senkrecht zur Schichtung und parallel zur Schichtung,
Zugfestigkeit,
Scherfestigkeit,
Winkel der inneren Reibung,
Raumgewicht,
Porenvolumen,
natürlicher Wassergehalt,
Plastizitätsindex und
Fließgrenze.

Auf eine Wiedergabe der Schichtendiagramme ungarischer Kohlengruben muß hier leider verzichtet werden. Beispiele solcher Schichtendiagramme sind im Diskussionsbeitrag von F. Martos zur Internationalen Gebirgsdrucktagung 1958 angeführt (vgl. Internationale Gebirgsdrucktagung 1958, Diskussionen, Akademie-Verlag, Berlin 1959, S. 78, Bild 1—3).

Aus den Angaben in Kapitel 1 geht hervor, daß der geologische Aufbau der ungarischen Kohlenbecken überaus wechselnd und im allgemeinen ungünstig ist. Die Nebengesteine sind weich, die Struktur der Becken stark gegliedert, gefaltet. Diese Mannigfaltigkeit ist auch innerhalb der einzelnen Becken vorhanden. Verschieden ist die Festigkeit des Nebengesteins, wie auch der Grad der Gestörtheit. Eine der ungünstigsten Gegebenheiten der ungarischen Kohlenreviere äußert sich darin, daß das Nebengestein, das unmittelbare Hangende, in den meisten Fällen jedoch auch das unmittelbare Liegende, eine geringere Festigkeit besitzt als das Kohlenflöz. Diese Eigenheit hat zur Folge, daß in der Umgebung der Grubenräume nicht so sehr die Kohle als vielmehr das Nebengestein, gewöhnlich das Liegende, in den Fließzustand gerät.

Ein Vergleich der Festigkeitsangaben aus den ausländischen Karbonrevieren mit den entsprechenden Kennwerten in Kapitel 1 lassen die schwierigen Verhältnisse des ungarischen Bergbaus klar erkennen. Das Betreiben des Bergbaus zwischen diesen weichen Gesteinen bedeutet ein Landesproblem, mit welchem wir uns — mit Rücksicht auf seine Tragweite — eingehendst befassen müssen. Die hiermit verbundenen theoretischen Fragen erfordern in erster Linie die gründlichste Kenntnis der gesteinsphysikalischen Eigenschaften der Schichtenfolge. Sind die gesteinsphysikalischen Kennziffern bekannt, so hat man die Möglichkeit, die Gefahr des Gesteinfließens nachzuweisen, den Streckenausbau richtig zu bemessen und das System der Hauptausrichtungsstrecken in den geeignetsten Schichten anzulegen. Mit all diesen Maßnahmen kann die Wirtschaftlichkeit des Bergbaus weitgehendst gefördert werden.

3. Methodik der Bestimmung der gesteinsphysikalischen Kennziffern

Unter Berücksichtigung der bergbaulichen Belange müssen die gesteinsphysikalischen Untersuchungen auf sämtliche Schichten ausgedehnt werden, die beim Zustandekommen des durch den Bergbau ausgelösten Druckes noch eine Rolle spielen können. Deswegen erstrecken sich unsere Untersuchungen auf den Schichtenkomplex sämtlicher Flöze, sowie 15—30 m ins Hangende und 3—8 m ins Liegende.

3.1 Die untersuchten Gesteinskennziffern

Allgemein werden folgende, auf die vorhergehend bezeichnete Schichtenfolge bezogenen gesteinsphysikalischen Kennziffern bestimmt:

Wichte. Das der Volumeneinheit entsprechende Gewicht des porenfrei angenommenen Gesteins in Gramm/cm³. Hilfsgröße zur Berechnung des Porenvolumens.

Volumengewicht. Das der Volumeneinheit des natürlichen Gesteins als eines mehrphasigen Systems entsprechende Gewicht in Tonnen/m³. Hilfsgröße zur Bestimmung des geostatischen Druckes.

Natürlicher Wassergehalt. Die prozentuale Menge des die Poren des Gesteins füllenden, bei höchstens 105 °C entweichenden Wassers, in Gewichtsprozenten der trockenen Substanz ausgedrückt.

Porenvolumen. Das prozentuale Verhältnis des Volumens der in dem Gestein befindlichen Poren zu dem ganzen Gesteinsvolumen.

Porositätsfaktor. Das Verhältnis des Volumens der im Gestein befindlichen Poren zu dem Rauminhalt der das Gestein bildenden mineralischen Substanz.

Porenvolumen und Porositätsfaktor sind zur Beurteilung der Dichtigkeit einzelner Schichten gleichermaßen geeignet.

Konsistenzgrenzen (nach ATTERBERG). Die Prozente eines gegebenen Wassergehaltes, bei welchem die verschiedenen Gesteine aus einem Konsistenzzustand (z. B. knetbar, weich, hart) in einen anderen Zustand übergehen. Diese Angaben sind zur Identifizierung der Schichten und zur Klassifikation der Gesteine geeignet.

Einachsige Bruchfestigkeit. Größte Druckspannung in kp/cm², die ein von 0 bis zur Bruchbelastung statisch beanspruchter Probekörper aufzunehmen imstande ist. Größe zur Bezeichnung der Bruchbedingung.

Poissonsche Zahl. Verhältniszahl der bei der einachsigen Druckprobe ermittelten längs- und quergerichteten Formänderungen. Größe zur Bezeichnung der den Spannungszustand untertätiger Grubenräume kennzeichnenden Spannungskomponenten.

Reibungswinkel. Jener Winkel, der den auf das letzte Stadium des plastischen Zustandes eines Gesteins bezüglichen Reibungsfaktor ausdrückt. Größe zur Berechnung des Spannungszustandes in den zerklüfteten Gesteinszonen von untertägigen Strecken.

Zugfestigkeit. Größte Zugspannung, die eine von 0 bis zur Zerreißbelastung beanspruchte Gesteinsprobe aufzunehmen imstande ist, in kp/cm². Größe zur Bezeichnung eines durch Zugspannungen beanspruchten, zum Brechen neigenden Firstengewölbes.

Kornverteilungskurve. Kennlinie im semilogarithmischen Koordinatensystem, deren einzelne Punkte besagen, in wieviel Gewichtsprozenten Teilchen unter einer bestimmten Korngröße in dem Gestein als Anhäufung von Teilchen verschiedener Größe vorhanden sind. Die Kornverteilungskurve dient zur Klassifikation der losen und wenig gebundenen Sedimente.

Wasserdurchlässigkeitsfaktor. Die auf die Einheit bezogene, bei hydraulischem Gefälle im Gestein als einer Filterschicht auftretenden Strömungsgeschwindigkeit. Diese Angabe ist zur Planung von Wasserspiegelsenkungen, Wasserschutzpfeiler und Wasserdämmen erforderlich.

Innerhalb der einzelnen Schichtenfolgen werden nicht in jedem Falle sämtliche, vorgehend beschriebenen Kennziffern bestimmt. So werden z. B. zur Bewertung bzw. Klassifizierung der Gesteine entweder Kornverteilungs- oder Konsistenzgrenzen-Untersuchungen durchgeführt. Erstere sind bei losen oder wenig gebundenen Gesteinen, letztere bei stark verfestigten Substanzen üblich. Bei von Versteinerungen stark durchsetzten oder im Wasser sich nicht lösenden Tonen und Mergeln bleibt die Untersuchung der Konsistenzgrenze aus. Ebenso wird die Kornverteilung nicht bestimmt bei losen Sedimenten, die durch Kohle verunreinigt sind.

3.2 Arbeitsordnung bei der Ermittelung der Kennziffern

Die bei den bergbaulichen Auffahrungen oder Schürfbohrungen genommenen Proben gelangen vorschriftsmäßig konserviert und verpackt an den Ort der Untersuchung. Entsprechend der Zielsetzung wird für jede einzelne Probe eine Anweisung ausgefertigt, die besagt, auf welche gesteinsphysikalischen Kennziffern die Probe untersucht werden soll. Dieser Untersuchungsvorschrift entsprechend wird die Probesubstanz in der Vorbereitungswerkstätte bzw. im physikalischen und Festigkeitslaboratorium verarbeitet. Die von den einzelnen Untersuchungen angefertigten Prüfungsbefunde werden durch die die Untersuchung durchführenden Dienststelle aufbewahrt und stehen jederzeit zur Verfügung. Aus dem laufend geführten Laboratoriumsjournal kann der Stand der durchgeführten Untersuchungen in jedem Zeitpunkt festgestellt werden. Sind die in der Anweisung vorgeschriebenen sämtlichen Untersuchungen beendet, so werden die Ergebnisse zusammenfassend in den in Punkt 1.2 erwähnten Schichtendiagrammen dargestellt. Um ein späteres Auffinden der Angaben zu erleichtern, werden die Ergebnisse außerdem — unter der entsprechenden Laboratoriumszahl — in das Hauptbuch des Laboratoriums eingetragen.

3.21 Probenahme

Die Probenahme erfolgt meist aus den laufenden bergbaulichen Aufschlüssen (Schachtabteufen, Querschlag- oder Aufbruchvortrieb usw.). Nach Bestimmung des zu bearbeitenden Schichtenabschnittes wird in der Regel durch einen Fachmann mit Ingenieurbildung die ins einzelne gehende Aufnahme des Schichtenprofils vorgenommen und die auf die geologischen und bergbaulichen Angaben dieses Gebietes bezügliche Dokumentation gesammelt. Aus den vorgemerkten Schichten werden durch einen Probenehmer mit Technikerausbildung die Proben in der Weise genommen, daß aus jeder neuen Schicht wenigstens 3 Stück Gesteinsproben mit den Maßen 25×25×25 cm herausgebrochen werden. Die Gesteinsproben werden mit einem Paraffinüberzug konserviert und mit einem Zettel versehen. Der Zettel enthält die Benennung des Gesteins, die laufende Nummer der Probe und die Angaben über die Lage des Stückes in der Schichtenfolge. Die konservierten Probestücke werden in Sägemehl verpackt an das Laboratorium versandt. Mit jeder Probesendung trifft auch ein Begleitbrief ein, welcher das eingehende Schichtenprofil, die Lage der Proben in diesem Profil, die Nummern der Proben und deren Bezeichnung angibt.

3.22 Vorbereitung der Proben

Die Verarbeitung gemäß der Untersuchungsvorschrift erfolgt in folgender Weise.

3.221 *Probekörper zur Festigkeitsuntersuchung.* Aus Gesteinen, die sich leicht bearbeiten lassen, werden für die Bruchprobe Probewürfel von 5×5×5 cm Größe angefertigt und zwar aus jeder Probe mindestens 3 Stück. Bei der Herstellung der Probewürfel erfolgt die Zerteilung der Stücke mit der Bandsäge. Zur Grobbearbeitung werden Schleifscheiben benützt, während die Feinbearbeitung unter Verwendung von Karborundumstaub entsprechender Korngröße durchgeführt wird.

Aus festeren Gesteinen werden für die Druckprobe zylindrische Probekörper angefertigt. Die Probezylinder werden in einem Verhältnis von Durchmesser zu Höhe von 1 : 1,5 mit einer Laboratoriums-Bohrmaschine als luftgespülte Kernbohrung hergestellt.

Für die Zerreißfestigkeits-Untersuchungen werden die Probekörper in „Biskuit"-Form mit ähnlicher Technologie hergestellt wie die Probewürfel.

3.222 *Vorbereitung der Proben zur physikalischen Untersuchung.* Zur Untersuchung von Wichte, Raumgewicht, Wassergehalt und zur Bestimmung der Konsistenzgrenzen wird die Gesteinsubstanz meist in Staubform benützt. Das zerkleinerte Gut wird in Sieben von 2 mm, danach von 0,5 mm Lochweite klassiert und der Siebdurchgang zur Bestimmung obiger Kennziffern verwendet.

3.223 *Proben zur Bestimmung des Reibungswinkels.* Gesteinsmassen, die in der zertrümmerten Gesteinszone um den Streckenumfang gelagert sind, werden durch den Druck des äußeren elastischen Mantels steigend zermürbt. Beim Verbruch von Strecken läßt sich oft feststellen, daß das zertrümmerte Gestein in Form von Gesteinstaub in die Strecke dringt. Dementsprechend wird auch zur Messung des zur Untersuchung des Spannungszustandes in der zertrümmerten Zone erforderlichen Reibungswinkels das Gut in Staubform verwendet. Seine Vorbereitung erfolgt in der gleichen Weise wie die nach 3.222.

3.23 Laboratoriumsuntersuchungen

Für die Untersuchungen zur Ermittelung sämtlicher Kennziffern stehen Hausnormen zur Verfügung, welche die zu jeder Prüfung zu verwendenden Substanzmengen, die hierbei zu benützenden Laboratoriumseinrichtungen und deren Komparation, das genaue Untersuchungsverfahren und schließlich jene Grenzwerte vorschreiben, innerhalb deren die Ergebnisse bei erfolgreichen Untersuchungen erscheinen müssen. Die Untersuchungsprotokolle sind gleichfalls genormt.

3.231 *Physikalische Kennziffern. Wichte.* Die Bestimmung erfolgt mit einem Quecksilber-Raumgewichtsmesser. Die Errechnung des Durchschnittswertes aus 3 Messungen ist auch hier notwendig.

Natürlicher Wassergehalt. Aus der Gewichtsbestimmung des grubenfeuchten, danach des auf 105 °C getrockneten Gesteins wird der natürliche Wassergehalt ermittelt. In jedem Falle werden 3 Messungen vorgenommen.

Porenvolumen und Porositätsfaktor. Diese werden aus den obigen Angaben berechnet.

Konsistenzgrenzen. Hierbei pflegen wir die aus der Bodenmechanik bekannten Ausroll- und Fließprüfungen durchzuführen, auf Grund deren sich Fließgrenze, Plastizitätsgrenze, Fließindex, Plast zitätsindex und schließlich der Index der relativen Konsistenz bestimmen lassen.

Einachsige Bruchfestigkeit und Poissonsche Zahl. Die Untersuchung erfolgt mit stufenweise aufgetragener Belastung unter dem zur Schichtung senkrechten oder parallelen Einwirken der Druckkraft. Der beanspruchte Querschnitt und die Höhe des Probekörpers sind bekannt. Bei jeder Belastungsstufe wird längs- und quergerichtete Formänderung des Probekörpers mit Meßuhren von Hundertstel Millimeter Meßfähigkeit gemessen. Bei Untersuchungen, die eine größere Genauigkeit erfordern, werden hierzu mechanische oder elektronische Tensometer angewendet. Aus diesen Angaben kann der Wert der Poisson-Zahl bzw. deren Änderung in Abhängigkeit von der Spannung ermittelt werden. Senkrecht zur Schichtung werden mindestens zwei Untersuchungen, parallel zur Schichtung mindestens eine Untersuchung durchgeführt. Zur Erzielung eines besseren Durchschnittswertes kann jedoch die Anzahl der Untersuchungen wesentlich vermehrt werden.

Reibungswinkel. Die Untersuchung erfolgt in einer Scherzelle unter Anwendung stufenweise gesteigerter Normal- und Scherkräfte. Zwischen den einzelnen Stufen muß die Konsolidierung der Probe abgewartet werden. Werden die Änderungen des Reibungswinkels in Abhängigkeit von der Ortsänderung registriert, so sieht man, daß dieser bis zu einem gewissen Betrag eine steigende Tendenz besitzt, dann aber nach Erreichung eines Höchstwertes etwas sinkt und mit diesem Werte konstant bleibt. Dieser konstante Wert wird als der Reibungswinkel des geprüften Gesteins angesehen.

Zugfestigkeit. Die Untersuchung erfolgt in der Weise, daß die Zugkraft bis zum Zerreißen fortlaufend gesteigert wird. Die Formänderung wird hierbei nicht gemessen.

Kornverteilungskurve. Die Aufnahme der Kennlinie wird in der bekannten Weise durch Sieben und Hydrometrieren durchgeführt.

Wasserdurchlässigkeitsfaktor. Die Ermittelung des k-Faktors erfolgt je nach der Dichte des zu prüfenden Gesteins mit einem Permeabilimeter von gleichbleibendem oder wechselndem Wasserdruck.

3.24 Aufarbeitung der Meßergebnisse

Die gesteinsphysikalischen Untersuchungen erfordern — außer den Bruchfestigkeitsuntersuchungen — keine weitere Aufarbeitung. Die Berechnung dieser Kennwerte und ihre Aufschreibung kann gleichzeitig mit der Messung erfolgen. Bei Messung der einachsigen Bruchfestigkeit werden in dem Untersuchungsprotokoll nur die rohen Angaben der Belastung und der Formänderung vermerkt. Auf Grund dieser Angaben müssen dann die zu den einzelnen Stufen gehörigen Spannungen und spezifischen Formänderungen berechnet werden. Die Ergebnisse werden auch graphisch ausgewertet. Die Diagramme geben einen guten Überblick über die Elastizitäts- und Fließabschnitte sowie über die Änderungen der Poissonschen Zahlen.

4. Die Verwendung und die bisherigen Ergebnisse der gesteinsmechanischen Laboratoriumsuntersuchungen

Außer der allgemeinen Kennzeichnung unserer kohleführenden Schichtenprofile geben die unter Verwendung der Laboratoriumsangaben durchgeführten Untersuchungen Aufschluß über praktische Fragen des Streckenausbaus.

4.1 Das Grundprinzip der analytischen Untersuchungen

Unsere heimischen Gesteine erscheinen trotz ihres niedrigen Grades der diagenetischen Gesteinsverfestigung elastisch, das heißt, daß ihre σ—ε-Kurve bis zum plötzlichen Bruch oder dem Beginn des ausgesprochenen Fließens linear verläuft. Dementsprechend ist das HOOKEsche Gesetz und das Prinzip der Superposition auch für unsere Gesteine gültig und auf sie anwendbar.

Die Spannungskomponenten in der Umgebung der Strecken können daher nach den Regeln der Elastizitätslehre aufgeschrieben werden. In gleicher Weise können auch die Bruch- bzw. Fließbedingungen formuliert werden, mit Hilfe derer die kritische Teufe untersucht werden kann, das heißt jene Tiefe, bei welcher in der Umgebung der Strecken das Fließen des Gesteins beginnt. In der Umgebung der unter der kritischen (Grenz-)Teufe angelegten Strecken entstehen Zertrümmerungszonen. Die darin enthaltenen Gesteinsmassen dringen unter dem Drucke des elastischen Gesteins gegen den freien Streckenquerschnitt. Wenn die zertrümmerten Gesteine durch das Einbringen von Ausbaurahmen in ihrer freien Bewegung gehindert werden, üben sie auf den Ausbau einen Druck aus. Mit Berücksichtigung dieses Druckwertes kann dann die beste Ausbauart gewählt werden.

Das erwähnte Rechenverfahren bietet auch die Möglichkeit zur Klärung der relativ günstigsten Situation. Dies besagt, daß in gegebenen Fällen die Hauptausrichtungsstrecken in den gesteinsmechanisch optimalen Schichten angelegt werden können.

4.2 Bisherige praktische Erfolge

Die praktischen Ergebnisse der erwähnten gesteinsmechanischen Untersuchungen können folgendermaßen zusammengefaßt werden.

Die gesteinsmechanische Abteilung des Instituts unterbreitet in seinen Berichten, die auf die einzelnen Kohlenreviere bezüglichen Ergebnisse der Laboratoriumsuntersuchungen enthalten, gleichzeitig seine Vorschläge für die Anlage des geplanten Grubenraumes in dem untersuchten Gestein sowie für den maximalen Querschnitt, den optimalen Ausbau und oft auch für die Bautechnologie. Die bergbauliche Planung stützt sich neuerdings in stets wachsendem Maße auf diese Untersuchungsergebnisse und Vorschläge und deshalb steigt auch die Zahl der wichtigeren Grubenräume von langer Lebensdauer, deren Ausführungspläne nicht auf Grund technischer Schätzung oder einfacher Betriebserfahrung, sondern auf Grund exakter gesteinsmechanischer Untersuchungen und Erwägungen angefertigt werden. Auf diese Weise war es auch öfters möglich, Grubenräume, die früher ohne gesteinsmechanische Überlegungen angelegt und deswegen zerstört worden waren, zeitbeständig neuzubauen. Die Aufzählung dieser Fälle ist nur für die mit den örtlichen Verhältnissen Vertrauten von Interesse und erübrigt sich hier.

5. Pläne und Zielsetzung zur Weiterentwicklung der gesteinsphysikalischen Untersuchungen

Zur Klärung der Fließ-(Bruch-)bedingungen planen wir eine Untersuchungsreihe, bei welcher mit entsprechenden Gesteinsproben Zug-, Torsions- und triaxiale Versuche durchgeführt werden sollen. Die zu dieser Forschung erforderlichen Hilfsmittel stehen teils zur Verfügung, teils sind sie im Stadium der Planung.

Neben der laufenden Durchführung der Schnellprüfungen richten wir uns sukzessiv auf Festigkeitsuntersuchungen mit Dauerbelastung ein, um die Rolle des Zeitfaktors als neuen Begriff der Gesteinsmechanik zu klären.

Die Einführung der zerstörungsfreien Untersuchungsverfahren ist eines unserer perspektivischen Ziele. Hierbei kommen in erster Linie die Untersuchungen mit Ultraschall in Frage.

Zur Bestimmung des Elastizitätsmoduls des Liegenden auf der Grundlage der Sohlendeformationsmessung[1])

von J. Kohoutek, Prag

Ist die Spannung im Gestein kleiner als etwa einem Drittel seines Anstrengungswiderstandes entspricht, kann man in der statischen Berechnung der Stabilität die Gültigkeit des Hookeschen Gesetzes voraussetzen. Diese Voraussetzung ist nicht nur bei Steinkohlen-, sondern größtenteils auch bei Braunkohlenflözen gegeben.

So betrug z. B. beim Strebbau eines Braunkohlenflözes im Nordböhmischen Braunkohlenrevier an den Stellen, wo die Verformungsmessungen des Abbaues vorgenommen wurden, die Höhe des Hangenden 70 m. Bei einem durchschnittlichen Raumgewicht des Hangenden von 2 t/m³ beträgt der Spannungszustand im Flöz 14 kp/cm². Knapp vor dem Strebstoß erhöht er sich, wie die Messungsergebnisse in Gruben und an den Modellen zeigen, um 10—20%, d. h. er übersteigt nicht den Wert von 17 kp/cm². Bei Strebbauen ist für die Zerstörung des Flözes seine Druckfestigkeit entscheidend. Die im Laboratorium durchgeführten Untersuchungen von ungestörten Proben ergeben, daß diese Druckfestigkeit etwa 65 kp/cm² beträgt. Sohlenformänderungen können also auch in diesem Falle mittels klassischer Methoden der Elastizitätslehre bestimmt werden.

Meßwerte aus der Grube (Averšin 1937, Sibek 1960) zeigen, daß beim Strebbau die Verformungen des Liegenden fast radial sind. Der Krümmungsradius der entlasteten Sohle ist durch folgende Beziehung gegeben (Bild 1).

$$R_1^2 = b^2 + (R_1 - y_1)^2,$$

$$R_1 = \frac{b^2}{2\,y_1} .$$

Das Grenzgleichgewicht im Gestein ermittelt man zum Radius R_0, der aus der folgenden Gleichung errechnet wird (Ruppeneit 1957, S. 83):

$$R_0 = \frac{b^2}{2\,y_1} \cdot \frac{3\,y_0 + y_1}{3\,y_0 + 2\,y_1} . \tag{1}$$

Das Gleichgewicht der liegenden Schichten kann mit Hilfe der folgenden Gleichungen (Savin 1951) genau gelöst werden:

$$\frac{\partial \sigma_r}{\partial_R} + \frac{1}{R}\frac{\partial \tau_\vartheta}{\partial \vartheta} + \frac{\sigma_r - \sigma_\vartheta}{R} = -\gamma \cos \vartheta ,$$

$$\frac{\partial \tau_{r\vartheta}}{\vartheta R} + \frac{1}{R}\frac{\partial \sigma_\vartheta}{\partial \vartheta} + \frac{2\,\tau_{r\vartheta}}{R} = -\gamma \sin \vartheta .$$

Falls die Verformung senkrecht zur Richtung des Radius R vernachlässigt werden kann, ist die Stabilität (das Gleichgewicht) des Gesteins durch die folgende Gleichung gegeben (Ruppeneit 1957, S. 89):

$$\frac{\partial \sigma_r}{\partial R} + \frac{\sigma_r - \sigma_\vartheta}{R} = -\gamma . \tag{2}$$

---

[1]) Erweiterte Fassung eines Diskussionsbeitrages auf dem 2. Ländertreffen des IBG.

Da es bei der unmittelbaren Verformungsmessung in der Grube auch in Zukunft sehr schwierig sein wird, tangentiale Verformungen zu messen, wird die Aufgabe mit Hilfe der Gleichung (2) gelöst. Die erwähnte Gleichung hat zwei Komponenten des Spannungszustandes, die folgendermaßen ausgedrückt werden können:

$$\sigma_r = \sigma_r^0 - \gamma R\,, \qquad \sigma_\vartheta = \sigma_\vartheta^0 - \gamma R\,, \tag{3}$$

$$\frac{d\sigma_r^0}{dR} + \frac{\sigma_r^0 - \sigma_\vartheta^0}{R} = 0\,. \tag{4}$$

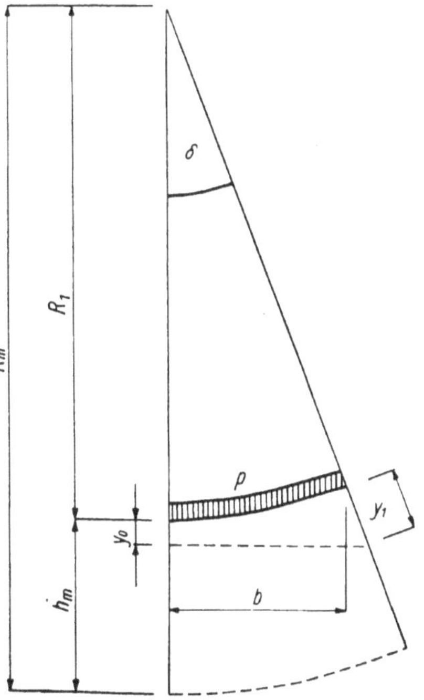

Bild 1a

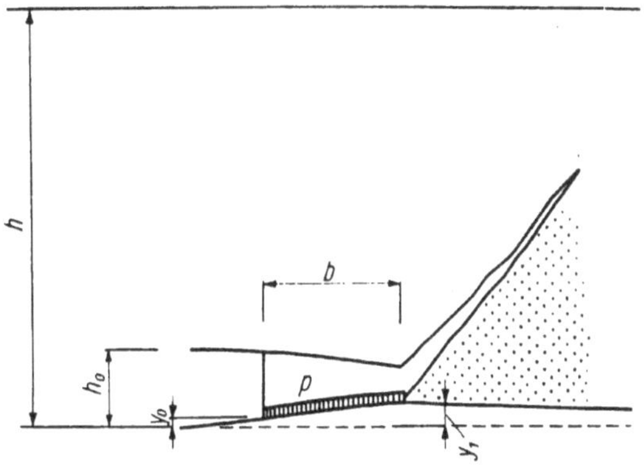

Bild 1b

Aus der Gleichung (4) ergeben sich folgende Beziehungen:

$$\sigma_r^0 = \frac{1}{R}\,\Phi\,, \quad \sigma_\vartheta^0 = \frac{d\Phi}{dR}\,. \tag{5}$$

Die Φ Funktion bestimmt man aus der sog. Kompatibilitätsgleichung

$$\frac{\alpha\,\varepsilon_\vartheta}{dR} + \frac{\varepsilon_\vartheta - \varepsilon_r}{R} = 0\,. \tag{6}$$

Die Verformungen drückt man durch die bekannte Beziehung zwischen Spannung und Verformung aus (Hookesches Gesetz)

$$\varepsilon_r = \frac{1+\mu}{E_s}\,[\sigma_r - \mu\,(\sigma_r + \sigma_\vartheta)]\,,$$

$$\varepsilon_\vartheta = \frac{1+\mu}{E_s}\,[\sigma_\vartheta - \mu\,(\sigma_r + \sigma_\vartheta)]\,. \tag{7}$$

In Gleichung (7) ersetzt man die Spannungskomponenten σ_r und σ_ϑ durch die Gleichungen (3) und (5).

$$\varepsilon_r = \frac{1+\mu}{E_s}\left[-\mu\,\Phi + (1-\mu)\frac{\Phi}{R} - (1-2\,\mu)\,\gamma\,R\right]$$

$$\varepsilon_\vartheta = \frac{1+\mu}{E_s}\left[(1-\mu)\,\Phi - \mu\frac{1}{R} - (1-2\,\mu)\,\gamma\,R\right]. \tag{8}$$

Aus den Gleichungen (8) und (6) erhält man eine gewöhnliche unhomogene Differentialgleichung zweiter Ordnung

$$\frac{d^2\Phi}{dR^2} + \frac{1}{R}\frac{d\Phi}{dR} - \frac{\Phi}{R^2} = \frac{1-2\mu}{1-\mu}\gamma\,, \tag{9}$$

die man in eine unhomogene Lineargleichung durch Substitution $R = e^t$ umwandelt

$$\frac{d^2\Phi}{dt^2} - \Phi = \frac{1-2\mu}{1-\mu}\gamma\, e^{2t}. \tag{10}$$

Das allgemeine Integral — Gleichung (10) — bestimmt man als Summe des Partikularintegrals

$$\Phi_0 = \frac{1}{3}\frac{1-2\mu}{1-\mu}\gamma\, e^{2t}$$

und des allgemeinen Integrals der verkürzten (homogenen) Gleichung

$$\Phi_1 = 2\,C\,e^t + A\,e^{-t}$$

$$\Phi = \Phi_1 + \Phi_0 = 2\,C\,e^t + A\,e^{-t} + \frac{1}{3}\frac{1-2\mu}{1-\mu}\gamma\, e^{2t}$$

oder nach der Rückensubstitution

$$\Phi = 2\,C\,R + \frac{A}{R} + \frac{1}{3}\frac{1-2\mu}{1-\mu}\gamma\, R^2\,. \tag{11}$$

Die Spannungen σ_r und σ_ϑ ergeben sich aus den Gleichungen (3) und (5)

$$\sigma_r = 2\,C + \frac{A}{R^2} - \frac{2-\mu}{3\,(1-\mu)}\gamma\, R\,,$$

$$\sigma_\vartheta = 2\,C - \frac{A}{R^2} - \frac{1+\mu}{3(1-\mu)}\gamma\, R\,. \tag{12}$$

Die Konstanten A und C werden aus den Randbedingungen bestimmt

$$\sigma_r = p \text{ bei } R = R_0$$

$$\sigma_r = 0 \text{ bei } R = R_m = R_0 + h_m\,,$$

wobei p die gleichmäßige Belastung der Sohle durch den Ausbau und h_m die Grenztiefe darstellt, in der die durch den Abbau verursachte Entlastung aufhört[1]:

$$2\,C + \frac{A}{R_m} - \frac{2-\mu}{3\,(1-\mu)}\gamma\, R_m = 0\,,$$

$$2\,C + \frac{A}{R_0} - \frac{2-\mu}{3\,(1-\mu)}\gamma\, R_0 = p\,.$$

$$A = -\frac{1}{K}(\gamma\, h_m - K_p)\frac{R_m^2\, R_0^2}{R_m^2 - R_0^2}\,,$$

$$2\,C = \frac{1}{K}\left[(\gamma\, h_m - K_p)\frac{R_0^2}{R_m^2 - R_0^2} + \gamma\, R_m\right],$$

$$K = \frac{3\,(1-\mu)}{2-\mu}\,.$$

Die Spannungen σ_r und σ_ϑ — Gleichung (12) — werden

$$\sigma_r = \frac{1}{K}\left[(\gamma\, h_m - K_p)\frac{R^2 - R_m^2}{R^2 - R_0^2}\frac{R_0^2}{R^2} + \gamma\,(R_m - R)\right],$$

$$\sigma_\vartheta = \frac{1}{K}\left[(\gamma\, h_m - K_p)\frac{R^2 + R_m^2}{R_m^2 - R_0^2}\frac{R_0^2}{R^2} + (R_m - R) + \frac{1-2\mu}{2-\mu}\gamma\, R\right].$$

[1]) Im wesentlichen handelt es sich um eine Analogie des Falles einer Verformung des unmittelbaren Hangenden, dessen überlagernde Schichten die Höhe h_m haben (Ruppeneit, 1957, S. 91).

Die mittlere Verformung bestimmt man aus der Gleichung (7)

$$y_s = \frac{R\,(1+\mu)}{E_s}\,[\sigma_\vartheta - \mu\,(\sigma + \sigma_r)]$$

$$y_s = \frac{R\,(1+\mu)}{K\,E_s}\left[(\gamma\, h_m - K_p)\,\frac{R_m^2 + (1-2\,\mu)\,R^2\,R_0^2}{R_m^2 - R_0^2\quad R^2} + \gamma\,(1-2\,\mu)\,.\right.$$

$$\left.(R_m - R) + \frac{1-2\,\mu}{3}\,\gamma\,RK\right]. \tag{13}$$

Die mittlere Sohlenverformung bestimmt man, indem man $R = R_0$ setzt.

$$y_{sp} = \frac{2\,(1-\mu^2)\,\gamma\,R_0}{K\,E_s}\left[h_m + \frac{R_0^2}{h_m + 2\,R_0} + \frac{(1-2\,\mu)\,R_0}{2\,(2-\mu)}\right.$$

$$\left.-\frac{3}{2-\mu}\,\frac{p}{\gamma}\left(\frac{R_0\,(1-\mu)}{h_m\,(2\,R_0 + h_m)}\right) + \frac{1}{2}\right]. \tag{14}$$

In den Gleichungen bedeutet y_s die mittlere durch die Beziehung

$$y_s = y_0 + \frac{1}{3}\,y_1$$

gegebene Verformung.

Die Poissonsche Zahl μ kann aus den Verformungen der Gesteinsproben bestimmt werden. Für Braunkohle ist diese Messung, soweit dem Verfasser bekannt ist, noch nicht vorgenommen worden. Diese Zahl ist nicht nur von den Eigenschaften des Gesteins, sondern auch von seinem Spannungszustand abhängig (Price 1958).

In der statischen Berechnung setzt man gewöhnlich einen vollkommen starren Stoff voraus, d. h. $\mu = 0{,}5$. In Wirklichkeit ist μ kleiner. Der Fehler aus der unrichtig gewählten μ-Zahl kann vernachlässigt werden. Ist die Verformung der Sohle und eines beliebigen Punktes des Liegenden unter der Sohle (z.B. in der von der Sohle oder Strecke unter dem Abbau ausgeführten Bohrung) bekannt, kann man aus den Gleichungen (13) und (14) den Modul E_s berechnen.

Beispiel: $\mu = 0{,}3$, $\gamma = 1{,}6\ \mathrm{t/m^3}$, $y_0 = 0{,}07$ m, $y_1 = 0{,}09$ m,

$b = 3{,}6$ m, $y_s = 0{,}085$ m, $R = R_0 + 3{,}45$ m, $p = 10\ \mathrm{t/m^2}$,

$$R_0 = \frac{3{,}6^2}{2\cdot 0{,}09}\,\frac{3\cdot 0{,}07 + 0{,}09}{3\cdot 0{,}07 + 2\cdot 0{,}09} = 55{,}38\ \mathrm{m}\,,$$

$$R = 55{,}38 + 3{,}45 = 58{,}83\ \mathrm{m}\,,$$

$$y_{sp} = 0{,}07 + \frac{1}{3}\,0{,}09 = 0{,}10\ \mathrm{m}\,,$$

$$K = \frac{3\,(1-0{,}3)}{2-0{,}3} = 1{,}235\,.$$

Aus der Gleichung

$$E_s = \frac{2\,(1-0{,}3^2)\,1{,}6\cdot 55{,}38}{1{,}235\quad\cdot\quad 0{,}10}\left[h_m + \frac{55{,}38^2}{h_m + 2\cdot 55{,}38} + \right.$$

$$\left.+\frac{(1-2\cdot 0{,}3)\cdot 55{,}38}{2\,(2-0{,}3)} - \frac{3\cdot 10}{(2-0{,}3)\,1{,}6}\left(\frac{55{,}38^2\,(1-0{,}3)}{h_m(2\cdot 55{,}38 + h_m)} + 0{,}5\right)\right]$$

berechnet man für verschiedene Tiefen h_m die Elastizitätsmodule E_s (Bild 2, Kurve E).

Aus der Gleichung

$$y_s = \frac{58{,}83\,(1 + 0{,}3)}{1{,}235 \cdot E_s}\left[(1{,}6\,h_m - 1{,}235 \cdot 10)\,\frac{(55{,}38 + h_m)^2 + (1 - 2 \cdot 0{,}3)\,58{,}83^2}{(55{,}38 + h_m)^2 - 55{,}38^2}\right.$$

$$\cdot \frac{55{,}38^2}{58{,}83^2} + 1{,}6\,(1 - 2 \cdot 0{,}3)\,(55{,}38 + h_m - 58{,}83) +$$

$$\left. + \frac{1 - 2 \cdot 0{,}3}{3}\,1{,}6 \cdot 58{,}83 \cdot 1{,}235)\right]$$

berechnet man die durchschnittlichen Verformungen y_s für h_m(m) (15; 70) und E_s (t/m²) (30000; 120000)[1]) (Bild 2, Kurve y_s). Der gesuchte Modul des Liegenden E_s ist 53400 t/m² und die Tiefe h_m = 24,5 m.

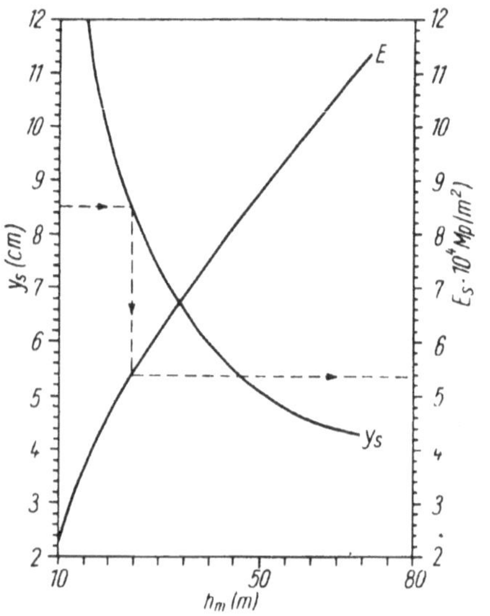

Bild 2

Die Berechnung kann für andere Werte y_{sp} wiederholt werden. Auf der Zeichnungsfläche erhält man ein System von Kurven, die ein rechnerisches Hilfsmittel, eine Netztafel zur schnellen Bestimmung des Moduls des Liegenden aus der Verformung der Sohle und eines Punktes in den unterlagernden Schichten bilden.

Zum Schluß sei erwähnt, daß es weiter möglich ist, aus der Verformung der Sohle und des Liegenden den Verformungsmodul für elastisch-plastische und kriechende Verformungen und für anisotrope Stoffe rechnerisch zu bestimmen. Die Lösung der dazu gehörigen Differentialgleichungen ist meist nur mit Hilfe von modernen elektronischen Rechenmaschinen durchführbar.

Die Kenntnis des Elastizitäts- bzw. Verformungsmoduls ist für die Wahl des richtigen Ausbaues wichtig.

Bezeichnungen

A, C — Konstanten
b — Breite des Abbaues
e — Basis des natürlichen Logarithmus
E_s — Elastizitätsmodul des Liegenden
γ — Raumgewicht des Liegenden
ε_r, ε_ϑ — Verformungskomponenten
μ — Poissonsche Zahl
σ_r, σ_ϑ, $\tau_{r\vartheta}$ — Spannungskomponenten

[1]) Die Klammern bedeuten, daß sich die betreffende Variable in den Grenzen von ... bis ... ändert.

Literatur

[1] AVERŠIN, S. G.: Nabljuděnije za poveděnijem porod krovli i počvy v očistnych vyrapotkach im. Proletarskoj diktatury tresta Šachtantracit. Sbornik trudov komisii po upravleniju krovlej i doklady na Pěrvom Vsedoněckom soveršanii. Gosudarstvěnnoje naučno-techničeskoje izdatělstvo Ukrainy.

[2] PRICE, N. J.: A Study of Rock properties in Conditions of Triaxial Stress, Mechanical Properties of Non Metallic Brittle Materials, Butterworths Scientific Publications London 1959, 106—122.

[3] RUPPENEIT, K. V.: Davlenije i směščenije gornych porod v lavach pologopadajuščich plastov, Ugletěxizdat Moskva (odkazy na str. přímo v textu).

[4] SAVIN, G. N.: Koncentracija naprjaženij okolo otverstij. Gostexizdat.

[5] SIBEK, V.: Výzkum horského tlaku a deformace v hlubinných dolech SHR při dobývání stěnovými poruby 1—3 část. Závěrečné zpráva, Hornický ústav ČSAV Praha.

Schwingungsanalyse im Gebirgsbau

von L. Bendel, Luzern

1. Zweck der Schwingungsanalyse

Der Zweck der Schwingungsanalyse im Bergbau ist, die dynamischen Eigenschaften des Gebirges erforschen zu können und hieraus auf das statische Verhalten des Gebirges Rückschlüsse zu ziehen.

Bis jetzt haben sich die Ingenieure hauptsächlich mit den statischen Eigenschaften des Gebirges, d. h. mit der *potentiellen Energie* beschäftigt.

Bei kleinem Gebirgsbau kommt man ohne Berücksichtigung der dynamischen Eigenschaften des Gebirges aus. Erschütterungen mit entsprechenden Schwingungen entstehen durch Sprengen, durch maschinellen Abbau, durch den Transport in den Strecken usw. Alle diese Quellen erzeugen z. T. große Mengen von *kinetischer Energie*.

Wichtig ist nicht nur die Kenntnis der Ausbreitung der Erschütterungswellen sondern auch die Art der Schwingungen. Es ist schwierig, den Einfluß der Schwingungen im voraus zu berechnen. Daher müssen hauptsächlich Schwingungsmessungen an Ort und Stelle durchgeführt werden, um die dynamischen Eigenschaften des Bodens kennen zu lernen.

2. Erschütterungsarten und ihre Bewertung

Die verschiedenen Arten von Erschütterungen gehen aus Bild 1 hervor. Man unterscheidet

sinusförmige Schwingungserregungen,
periodische Schwingungserregungen,
Schwingungserregungen infolge Schlag und
Schwingungserregungen infolge stochastischer Zusammenhänge.

Zu jeder Erschütterungsart gehört ein spez. Spektrum (vgl. Bild 2, aus welchem die verschiedenen Arten von Spektren, die zu den Erschütterungen gehören, ersichtlich sind).

3. Erzeugung der Erschütterungen

a) Periodische Erschütterung

Zur Erzeugung von periodischen Erschütterungen steht dem Unterzeichneten in seinem Laboratorium ein Erschütterungserreger mit Frequenzen von 3 bis 10000 Hz zur Verfügung. Die Kraft, die der Excitator erzeugen kann, beträgt 10 kp.

b) Schlagwirkungen

Für die Erzeugung von Schlagwirkungen und ihre Messung wurde eine besondere Einrichtung konstruiert.

4. Meßgeräte

a) Meßgrößen

Mit den vorhandenen Geräten können gemessen werden: Schwingungsweg, Schwingungsgeschwindigkeit einzelner Punkte, Beschleunigung, Druck, Dehnung.

b) Meßapparatur

Zur Messung der verschiedenen Erschütterungsarten werden verwendet:
Kathodenstrahloszillographen (System PHILIPS und TEKTRONIX)
Schreibgeräte auf Papier (System KELVIN und HUGHES) und
zwei Magnetbänder.

Die Magnetbänder bieten den Vorteil, daß die Meßergebnisse dauernd wiederholt werden können. Die vorhandene Magnetbandgarnitur gestattet, gleichzeitig 4 Aufnahmen auf die

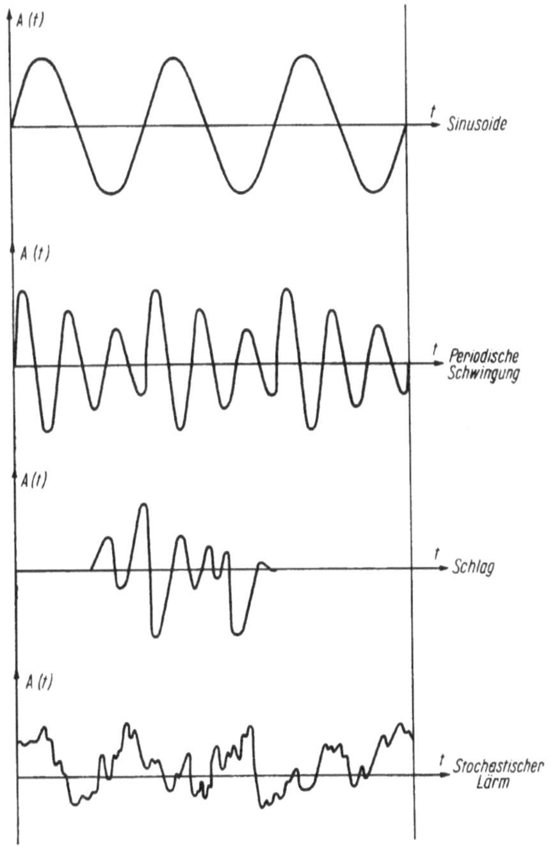

Bild 1. Schwingungsarten

Bänder zu machen. Das Ablaufen der Magnetbänder kann in 7 verschiedenen Geschwindigkeiten vorgenommen werden, so daß sehr schnelle Vorgänge durch die verlangsamte Laufgeschwindigkeit des Magnetbandes gut analysiert werden können.

Schläge, auf dem ersten Magnetband aufgenommen, können auf dem zweiten Band wiederholt werden, so daß eine virtuelle Periodizität entsteht. In diesem Falle ist es möglich, die Schlagwirkungen harmonisch zu analysieren, d. h. neben den Zeit-Amplitudenkurven können auch die Frequenz-Amplitudenkurven erstellt werden.

c) Wattmetrische Methode

Die harmonische Analyse wird mit Hilfe eines Analysators vorgenommen. In einem Prüfraum werden zwei Typen Analysatoren verwendet, einmal ein Filtergerät mit 1/15 Oktave und andererseits ein wattmetrischer Indikator.

Bei der Wattmetermethode wird eine gut definierte sinusoidale Schwingung als Bezugsschwingung benützt. Mit Hilfe der zwei Zeitfunktionen können die Fourierschen Koeffizienten berechnet werden. Mit den Nyquistschen Diagrammen und ihrer Auswertung

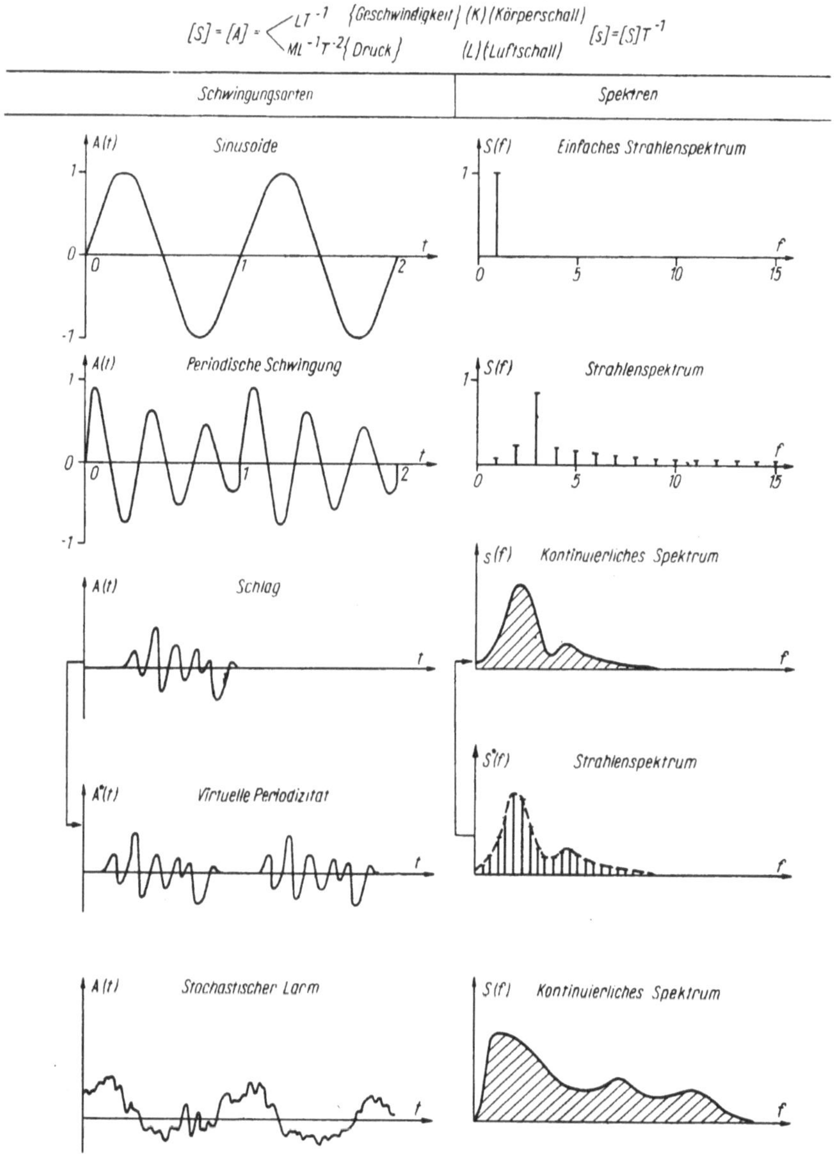

Bild 2. Schwingungsarten und -spektren

erhält man einen guten Einblick in den Aufbau des Bodens, namentlich bis in Tiefen von 2 bis 3 m. Da die Erregerfrequenz sehr tief gesenkt werden kann, ist es möglich, auf die Nullfrequenz zu extrapolieren, d. h. auf das statische Verhalten des Bodens und des Gesteines Rückschlüsse zu ziehen.

d) Dynamisches Triaxialgerät

Um die dynamischen Eigenschaften von kohärenten und inkohärenten Materialien ermitteln zu können, wird ein dynamisches Triaxialgerät benützt.

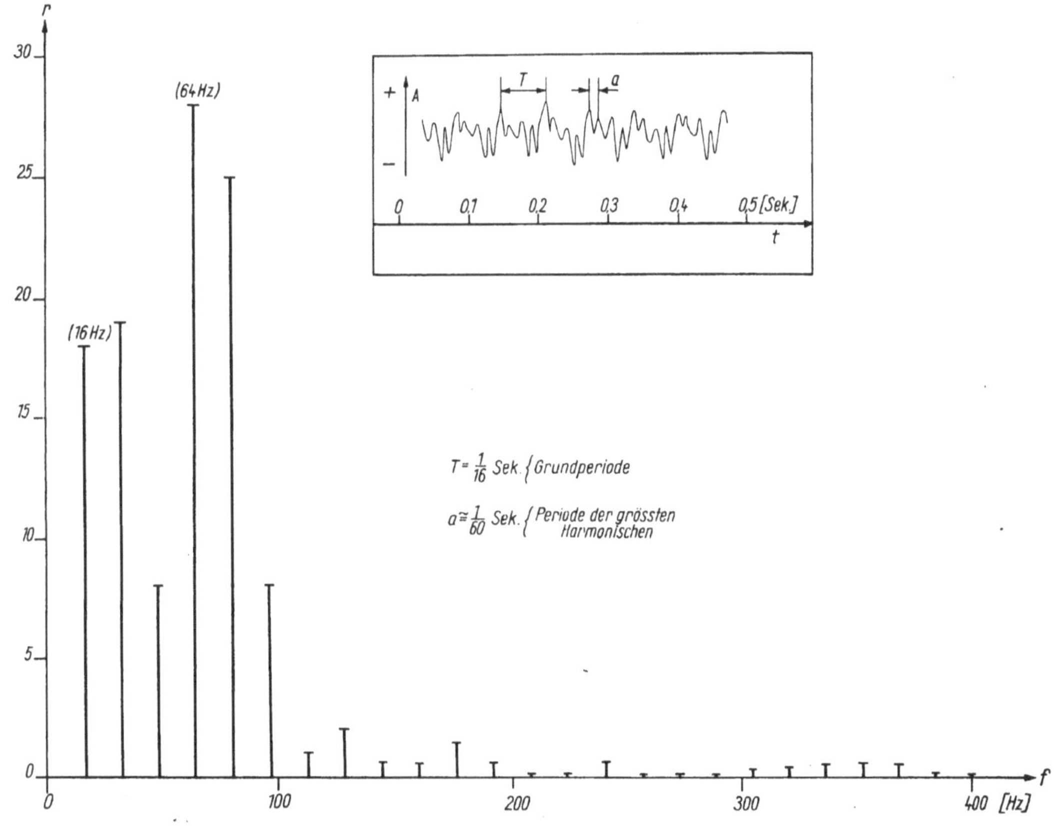

Bild 3. Strahlenspektrum

Durchgeführte Messungen bei Sprengungen, bei Maschinenfundamenten, an Maschinen selbst usw. zeigten die Vorteile oben beschriebener dynamischer Untersuchungsmethoden. Sie gestatten Einblick in das dynamische Verhalten des Gesteines und des Bodens bei periodisch erregten Schwingungen und bei Schlägen.

Aus den dynamischen Untersuchungsergebnissen kann in verschiedenen Fällen auch auf das statische Verhalten des Bodens geschlossen werden.

WISSENSCHAFTLICHE AUSSPRACHE

Methodik der Festigkeitsuntersuchungen in den verschiedenen Ländern

Diskussion zum Rahmenthema

Tagungsleiter Herr Bilkenroth

Meine Herren!

Ich begrüße Sie auch heute morgen recht herzlich. Wir wollen wieder an die Arbeit gehen und die Diskussion über das Rahmenthema „Methodik der Festigkeitsuntersuchungen in den verschiedenen Ländern" eröffnen.

Ich darf Ihnen noch mitteilen, daß Herr Dr. Özen aus Istanbul, der Vertreter der Türkei, der Tagung telegrafisch die herzlichsten Grüße übermittelt hat. Außerdem hat der finnische Bergwerksverein, der mit dem Büro in Korrespondenz steht, ebenfalls ein Begrüßungstelegramm an unsere Tagung gerichtet und darum gebeten, daß wir ihm die Unterlagen zuschicken. Er möchte das nächste Mal hier mit vertreten sein.

Meine Herren! Wir fahren nun in der Arbeit fort und ich bitte Herrn Prof. Mohr, die Diskussionsleitung zu übernehmen.

Diskussionsleiter Herr Mohr

Meine Herren!

Gestatten Sie mir, zur Einleitung der Diskussion einen ganz kurzen Rückblick zu halten über die bedeutenden Referate, die wir gestern haben hören können.

Herr Everling berichtete über die Methode von Druckversuchen, insbesondere zur Ermittlung der Elastizitätsmodulbestimmung und von Festigkeitseigenschaften, wobei er besonders ausführlich und mit großer Exaktheit die Unterschiede der Ergebnisse von Druckversuchen mit geschmierten und ungeschmierten Druckflächen hervorhob, auch in bezug auf die Auswirkung auf die Längs- und Querverformung.

Herr Potts gab seine Untersuchungsmethoden in sehr ausführlicher Form bekannt, die sich sowohl auf ein- und besonders auf mehrachsigen Spannungszustand erstreckten, wobei Druck-, Zug- und Schubfestigkeiten ermittelt wurden.

Herr Wöhlbier gab die Bestimmungen der Eigenschaften der Gesteine unter verschiedenen Beanspruchungen im ein- und mehrachsigen Bereich im einzelnen an, unter besonderem Hinweis auf Probeform und -größe und auch schon mit gewissen Vorschlägen über den Schlankheitsgrad.

Herr Höfer legte einen ausführlichen Bericht über die Ausführung der Festigkeitsuntersuchungen besonders auch im eigenen Labor vor und gab beachtenswerte Versuche über die Festlegung der Scherfestigkeit bekannt. Von seinem Institut wurden auch zur Vervollständigung der Festlegungen Untertagemessungen vorgenommen. Gleichzeitig bezog sich sein Referat auf die Bedeutung der Schmierflächen und des Wertes von Dauerversuchen.

Herr BORECKI gab einen ähnlichen Bericht, darüber hinaus beschäftigte er sich mit der Anwendung der Isotopenmethode und mit der Bestimmung des Elastizitätsmoduls im anstehenden Gestein. Er gibt Größen der Probekörper an, in diesem Falle 56 mm Durchmesser und 50—70 mm Höhe. Die Untersuchungen an kreisförmigen Proben sind beachtenswert und besonders auch die Angaben, daß bei Versuchen untertage die Verbandsfestigkeit erheblich unter der im Labor ermittelten Druckfestigkeit liegt.

Ich möchte noch auf die Methode, die Schubfestigkeit unter Druckeinwirkung festzustellen, hinweisen. Sie führt gleichzeitig zur Ermittlung des Winkels der inneren Reibung, der für unsere Untertagebeobachtungen und -berechnungen von sehr großem Wert sein kann.

Herr PROTODJAKONOV gibt eine umfassende Versuchsanordnung auf allen Gebieten der Ermittlung von Festigkeiten an. Besonders hervorzuheben ist meiner Ansicht nach die sehr breite Festlegung bzw. Ermittlung der Zugfestigkeit einmal durch den Scheibenbiegeversuch, durch die Dehnung eines Ringes und durch das Brechen eines Zylinders. Beachtenswert ist ferner die Festigkeitsbestimmung der Gesteine an Proben mit unregelmäßiger Form sowie die Durchführung dreiaxialer Versuche in sehr weitgehend durchgebildeten Versuchsaggregaten. Am Schluß seines Referates gibt er gewisse Hinweise auf die Durchführung weiterer Untersuchungen.

Herr DENKHAUS gibt bestimmte Richtlinien für einachsige Druckversuche an Gesteinen an.

Alle diese Referate erwecken den Eindruck, daß man nunmehr in der Lage wäre, an die Festlegung gewisser einheitlicher Richtlinien zur Festigkeitsbestimmung heranzutreten, und ich könnte mir denken, daß vielleicht schon in dieser Sitzung ein Versuch zu einem solchen Beginnen gemacht werden könnte.

Zwei Referate beziehen sich auf gewisse kritische Betrachtungen über die Abhängigkeiten der Festigkeitswerte von den verschiedenen Spannungszuständen, unter denen das Material steht bzw. den Einflüssen, die der Ausbau auf das Gebirge bei seiner Belastung ausübt. Herr RICHTER befaßte sich mit dem Problem des Systems Ausbau-Gebirge und wies auf die Bedeutung der Verformungshypothese hin, die unter gewissen Bedingungen weit größere Beachtung zu finden hat als die Krafthypothese. Herr KVAPIL gab in einer sehr bedeutsamen Untersuchung den Einfluß der äußeren Einwirkung auf die Belastungsaufnahmefähigkeit der Gesteine und damit auf die Festigkeit bekannt.

Diese beiden Referate behandelten somit nicht ganz exakt das Thema der Tagung. Aber es ist interessant festzustellen, daß im größten Teil der Referate zu Eingang oder im Verlauf der Ausführungen immer wieder zum Ausdruck kam, daß sich viele Forscher auf diesem Gebiet nicht allzu behaglich fühlen, wenn sie die Druckfestigkeit und die Zugfestigkeiten allein als eine Festigkeitseigenschaft des Gesteins schlechthin bezeichnen sollen.

Es ergibt sich daraus, daß wir auf diese Hinweise auch bei Abhandlung des gestellten Themas Rücksicht nehmen müssen. In diesem Zusammenhang verdient eine Bemerkung von Herrn HÖFER über die DIN-Normen der Bauindustrie besondere Beachtung. Er sagte sehr richtig, daß zwar hierin schon Angaben gemacht worden sind, wie gewisse Kennwerte von Gesteinen festgelegt werden können, daß sie aber bei den besonderen Umständen untertage keineswegs ausreichend sind.

Wenn man derartige Normen passend für den Bergbau aufstellen will — und ein solches Ziel schwebt uns ja allen vor, um die Ergebnisse unserer Untersuchungen vergleichen zu können — so muß man auf die grundsätzliche Bedeutung eingehen, die in dem Unterschied der Beanspruchungen über- und untertage besteht.

Darf ich ganz kurz einmal auf einige Unterschiede eingehen. Sie kennen alle die Darstellung des Spannungsdiagramms (Bild 1). In Übertagekonstruktionen wird keinesfalls diese ganze Kurve ausgenutzt, sondern nur ein verschwindend kleiner Teil, nämlich das Gebiet bis zur Proportionalitätsgrenze bzw. Elastizitätsgrenze.

Im Bergbau befinden wir uns im allgemeinen nur in sehr wenigen Fällen innerhalb dieses Gebietes, während das bis zum Bruch von größerem Interesse ist.

Wir können uns aber auch mit diesem Zweig der Kurve noch nicht begnügen, sondern hier fängt eigentlich das Hauptgebiet unserer bergmännischen Betrachtungen erst an. Nach dem Bruch, wie man es bei Steinsalz besonders gut im Versuch darstellen kann, ergibt sich ein Ast dieser Kurve, der bei fallender Spannung eine große Volumenerhöhung erfährt. Bei weiterer Beanspruchung folgt ein Gebiet, das bei geringerer Volumenabnahme eine sehr starke Spannungsaufnahme zeigt.

Wenn Sie sich daran erinnern, daß wir sehr viel Bruchbau, zum Beispiel im Steinkohlenbergbau, betreiben, so können Sie sehen, daß das beeinflußte Gestein die ganzen Phasen dieser Kurve durchlaufen muß: Überschreitung der Elastizitätsgrenze, Übergang in das plastische Gebiet mit Bruch, beim Hereinbrechen der Dachschichten und Absenken des Haupthangenden zunächst mit großer Volumenerhöhung, Entlastung des Druckes teilweise bis Null, und beim Auflegen des Hangenden wieder eine zunehmende Kompression mit stark ansteigendem Druck.

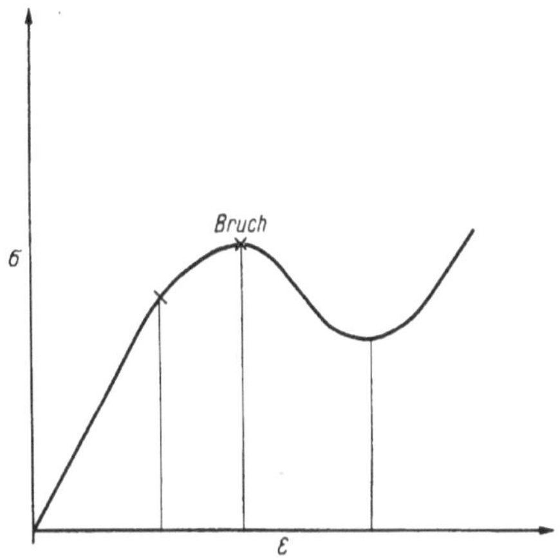

Bild 1

Die Betrachtungen kann man auf andere bergmännische Hohlräume ausdehnen, beispielsweise auf Strecken, in denen das umgebende Gebirge durch die starke Entlastung zunächst zu Bruch geht, und durch das Vorhandensein des Ausbaues wieder eine Kompression erfährt.

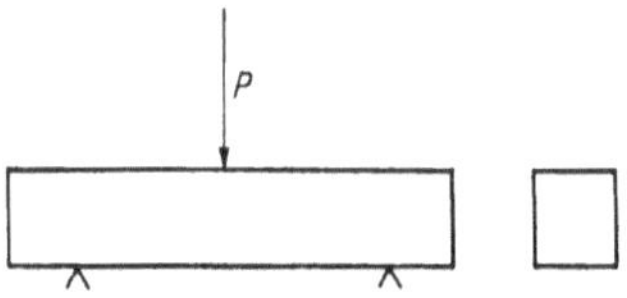

Bild 2

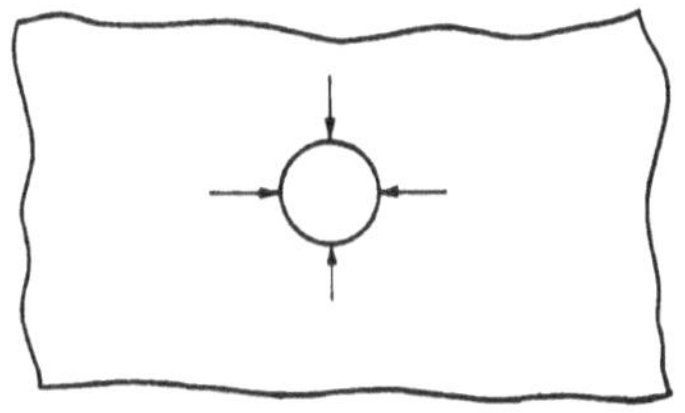
Bild 3

Bei Festlegung von Vorschriften der genannten Art müssen diese Tatsachen Berücksichtigung finden und die Versuchsanordnung muß entsprechend vorgesehen werden, so daß die Ergebnisse für die Praxis verwertbar werden.

Es ist noch etwas anderes in bezug auf die Festlegung der Festigkeitswerte zu bedenken: Übertage sind die Belastung und das Konstruktionsglied eindeutig festzulegen bzw. bekannt, beispielsweise im Falle der Biegung eines Balkens. Material und geometrische Form des Konstruktionsgliedes liegen fest.

Bei zu hoher Belastung tritt im äußersten Falle ein Bruch ein, der die Tragfähigkeit völlig aufhebt. Untertage sind die Verhältnisse grundsätzlich verschieden.

Wird eine Strecke aufgefahren, nimmt man also einen Gebirgskern aus dem Gebirgskörper, so interessiert uns dieser Kern zunächst nicht einmal als Konstruktionsglied, höchstens als Material. Die Spannungen jedoch, die durch den ursprünglichen Kern gebunden waren, werden frei, und es kommt zu einer Spannungsumlagerung, die nicht zu einem Belastungsbruch, sondern zu einem Entlastungsbruch führen kann, der im Gegensatz zum obenerwähnten Belastungsbruch keinesfalls die Tragfähigkeit aufheben muß, sondern die Grundlage für eine andersgeartete Tragfähigkeit bildet.

Bei den Übertagebelastungen kennen wir den Querschnitt des Tragkörpers, der unter Spannung kommt. Untertage kennen wir ihn zunächst nicht. Wir wissen zunächst nicht, wie weit die Entlastung innerhalb des Gebirges durch die Schaffung eines Hohlraumes reicht und damit auch nicht, welches Gebiet eigentlich den tragenden Teil und welches den Belastungsteil darstellt. Das Gebirge hat nicht nur die Aufgabe des tragenden Konstruktionsgliedes, sondern auch die der Belastung zu übernehmen.

Diese Fragen werden Ihnen bekannt sein. Aber ich glaube, im Zusammenhang mit der Festlegung von Festigkeiten dürfte dieser Hinweis zweckmäßig erscheinen.

Ich glaube, daß wir mehr auf die Beobachtung dieser Entlastungsbrüche eingehen und zu ihrer Klärung Großversuche ansetzen sollten, die deshalb schwierig sind, weil die Probekörper so groß gewählt werden müssen, daß sie den gesamten Einflußbereich des Hohlraumes selbst umfassen. Man sollte in diesem Falle auch das eigentliche Gebirgsmaterial selbst wählen und nicht ein modellähnliches Material.

Diese Untersuchungen können naturgemäß immer nur jeweils für einen speziellen Fall durchgeführt werden, beispielsweise zur Ermittlung der Spannungsverhältnisse für einen Pfeiler im Salz-, Kaligebirge oder in der Kohle, für einen normalen Abbau, für eine Strecke oder für einen Schacht.

Auf diese Weise kämen wir, so meine ich, unserem Ziel näher, Berechnungsgrundlagen einfachster Form zu schaffen, die in der Praxis überprüfbar sind.

Zum Schluß darf ich kurz darauf hinweisen, daß Herr Dr. Höfer gestern meinte, daß eine Einbeziehung der gebirgsmechanischen Grundwerte in den Kreis unserer Betrachtungen über die Festigkeiten einen Aufwand bringen würde, der zur Zeit nicht zu bewältigen sei. Wenn dieser Aufwand auch groß ist, so glaube ich, daß wir zumindest auf Teile dieses Gebietes doch nicht verzichten können. Es sei nur auf die Bedeutung des Wassergehaltes in Gebirgsarten hingewiesen, die wasserempfindlich sind, sowie auf die Gleitflächen, die ja gerade in der Gebirgsmechanik eine große Rolle spielen, und die an Grenzzustände der Spannungen gebunden sind, die mit den Bruchzuständen innerhalb des festen Gebirges physikalisch übereinstimmen. Eine eindeutige Verbandsfestigkeit beispielsweise ohne Kenntnis des starken Einflusses des Wassergehaltes auf tonige Schichten festzulegen, ist nicht denkbar.

Meine Herren! Verzeihen Sie, wenn ich etwas ausführlich geworden bin. Ich möchte jedoch annehmen, daß wir innerhalb der folgenden Diskussion häufig auf diese Gedankengänge stoßen werden. Darf ich Sie nun bitten, zu den Referaten, die gestern gehalten wurden, Stellung zu nehmen.

Darf ich um Wortmeldungen bitten?

Herr Martos

Der Diskussionsbeitrag von Dr. F. Martos ist in erweiterter Form an anderer Stelle dieses Berichtes abgedruckt, da er eine in sich abgeschlossene Ausarbeitung beinhaltet.

Herr Mohr

Ich danke Herrn Martos für seinen Diskussionsbeitrag. Die Kennwerte, deren Bezeichnung uns aus der Bodenmechanik bekannt sind und deren zahlenmäßige Ermittlung die

Ergebnisse seiner Untersuchungen darstellen, gelten zwar zunächst für die von ihm untersuchten Gebiete, können jedoch auch für Kohlengebiete von großer Bedeutung sein.

Herr WATZNAUER

Ich habe eine ganz kurze Frage zu Ihrem einleitenden Referat, und zwar zu der Kurve $\sigma - \varepsilon$. Ich beziehe mich auf jene Stelle der Kurve, wo durch das Kreuz der Ort des Bruches angedeutet wurde. Ist an dieser Stelle nicht eine prinzipielle Grenze in dem ganzen Diagramm? Kann man die beiden Kurven links und rechts überhaupt aneinander nehmen; denn das, was Sie links der Kurve haben, ist ein festes Gestein, was Sie rechts haben, ist eine Bruchmasse. Das heißt, die Definition der Festigkeit und natürlich auch die Art der Probenentnahme muß links der Grenze eine andere sein als rechts davon. Links der Grenze sind wir in dem Gebiet, wo wir als Bergleute arbeiten, rechts der Grenze dagegen in jenem, wo wir bodenmechanisch denken müssen. Besonders scharf käme dies beim Tonbergbau oder beim Anfahren von Schwimmsand zum Ausdruck.

Herr MOHR

Sie haben vollkommen recht, man muß dort einen scharfen Strich ziehen. Es ist nur eine Methodik der Darstellung, um den Übergang zu kennzeichnen. Sie haben auch insofern recht, als wir rechts der Grenze mit den bisherigen bodenmechanischen Grundlagen operieren müssen. Eine andere Möglichkeit besteht zur Zeit nicht. Und ich glaube, daß es auch ohne weiteres möglich ist, wenn man nur die Proben so wählt, daß sie im Verhältnis zu der Korngröße oder Blockgröße sehr groß sind. Wir treffen uns vollkommen in unseren Ansichten.

Wünscht einer der Herren das Wort?

Herr POTTS

Ich bin an der Bemerkung interessiert, die von Herrn Prof. MOHR gemacht wurde, und zwar an seiner graphischen Darstellung der Abhängigkeit zwischen der Verformung und Spannung über den elastischen und plastischen Bereich hinaus. Ich bin interessiert an einer Methode der Festigkeitsbestimmung, wenn wir nicht wissen, wie sich die Schicht an der Stelle selbst verhält.

Wir können Untersuchungen unter Anwendung von Instrumenten ausführen, um die allgemeine Bewegung der Schichten und die allgemeine Spannung zu bestimmen, und festlegen, welche besondere Methode wir anwenden sollen.

Dies kann an einigen Beispielen praktischer Messungen in Kohlen- oder Salzgruben illustriert werden.

Bei Einbau der Streßmeter usw. in verschiedenen tiefen Teilen der Pfeiler oder des Stoßes bekommen wir die Lage der Hochspannungszone oder der entlasteten Zone. Die Frage ist nun die, wo entnehme ich die Proben, um die Festigkeitsversuche durchzuführen. Die Beispiele unserer Messungen zeigen, daß, bevor die Methode der Festigkeitsuntersuchung bestimmt wird, zuerst die Art der Belastungs- und Spannungsänderung unter Tage festgestellt werden muß.

Herr MOHR

Ich danke Herrn Professor POTTS für seinen wertvollen Beitrag, der Spannungs- bzw. Verformungsmessungen am Rande von Abbauen bzw. von Pfeilern behandelte. Ich möchte darauf hinweisen, daß diese Messungen nicht etwa in Zusammenhang gebracht werden können mit meiner rein schematischen Darstellung, die ja etwas ganz anderes zeigen wollte, nämlich eine gewisse Systematik im Verhalten eines Materials vor und nach dem Bruch, wobei selbstverständlich nur ein einachsiger Spannungszustand vorausgesetzt werden kann.

Ihr Beitrag bezieht sich auf komplexe Beanspruchungen, bei denen die Festigkeiten grundsätzlich andere sind. Die Verformungen müssen sich beispielsweise, je mehr man sich dem Kern eines Pfeilers nähert, wesentlich ändern, denn darin liegt ja gerade die außerordentliche Schwierigkeit, mit der wir es zu tun haben, nämlich daß die Festigkeit theoretisch nach dem Inneren eines großen Pfeilers gleich unendlich werden kann. Wir haben also grundsätzlich — und das ist rechnerisch auch zu erfassen — ganz andere Spannungszustände am Stoß eines Pfeilers, an dem zumindest theoretisch ein ebener Spannungszustand vorliegt, während wir nach dem Innern zu die Beanspruchung in horizontaler Richtung senkrecht auf die freien Flächen keineswegs vernachlässigen dürfen. Wenn es sich um einen Kreis handelt, ist es einfacher zu übersehen. Darin liegt es ja gerade begründet, daß wir das Maximum der Tangentialspannung charakterisieren können als die Grenze der Fließzone.

Ich glaube, daß wir uns verstanden haben, Herr Professor Potts, daß es sich hierbei also um zwei grundlegend verschiedene Dinge handelt: bei mir um eine rein schematische Darstellung, bei Ihnen um eine exakte Messung in bezug auf Verformungs- und Spannungsänderung durch Spannungsverlagerung infolge des Abbaus.

Herr Höfer

Ich glaube, in den Worten von Herrn Prof. Potts kam doch ein wichtiger Gedanke zum Ausdruck, der für unsere Überlegungen mit zu beachten wäre, nämlich: wo sind die Proben zu entnehmen und welchen Belastungsverhältnissen war die Probe schon im Gebirge ausgesetzt? Dies scheint mir insbesondere deshalb wichtig, da der Ort der Probenahme die Vorgeschichte des Probekörpers beinhaltet, die im späteren Versuchsergebnis dann mit zum Ausdruck kommen wird. Es ist wohl ein Unterschied, ob wir die Probe direkt am Stoß entnehmen, der schon weitgehend plastiziert worden ist, oder ob wir die Probe aus dem Festen entnehmen, beispielsweise in der Mitte eines Pfeilers, wo sie unter einem sehr hohen Druck stand, sich aber nicht Entspannen kann, sondern erst nach ihrer Entnahme aus dem Verband. Dann kann es auch noch von Bedeutung sein, wie lange wir die Probe im Labor liegen lassen.

Herr Mohr

Der Hinweis von Herrn Dr. Höfer ist meines Erachtens sehr wichtig, denn wir wissen, daß es zumindest Versuche gegeben hat, die tatsächliche Spannung festzustellen, unter der das Gebirge steht. Das ergibt sich eben aus der Entlastungskurve, die entsteht, wenn wir die Probe entnehmen, und aus der Wiederbelastungskurve, die einen ganz anderen Verlauf hat als die erstmalige Belastung. Allerdings ist es durch viele Versuche mit Steinsalz nicht gelungen, diesen Knickpunkt eindeutig festzulegen, so daß wir uns davon wieder abgewandt haben.

Wir müssen jedoch damit rechnen, daß eine entnommene Probe, die unter Druck gestanden hat, sich innerhalb des Bereiches bis zu der ersten Belastungsgrenze anders verhält als eine solche, die noch nicht unter Druckspannung stand. In Salzgestein hat man diese Schwierigkeit durch Tempern zu beseitigen versucht. Diese Tatsache muß Berücksichtigung finden. Ich danke Herrn Höfer für diesen Hinweis.

Darf ich Herrn Kohoutek um seinen Diskussionsbeitrag bitten?

Herr Kohoutek

Der Diskussionsbeitrag von Herrn Kohoutek ist an anderer Stelle dieses Berichtes abgedruckt.

Herr Mohr

Ich danke Herrn Kohoutek für seine interessanten Ausführungen über seine Methode der Bestimmung des E-Moduls aus der Verformung, die sich untertage in den Betrieben ergibt.

Wünscht jemand weiterhin das Wort zu diesem Diskussionsbeitrag?
Dann darf ich Herrn Professor Gimm bitten.

Herr Gimm

Ich möchte zu zwei Problemen sprechen, nämlich erstens über die Bedeutung der petrographisch-geologischen Untersuchungen und zweitens über die Zweckmäßigkeit der Entnahme von Bohrkernproben und neuen Erkenntnissen bei solchen Proben.

Zum ersten Punkt:

Herr Wöhlbier sagte gestern, daß er selbst und andere, vor allen Dingen amerikanische Forscher, es für zweckmäßig halten, daß von jeder im Labor untersuchten Probe eine petrographische Analyse gefordert würde. Er führte allerdings an, daß andere Forscher gegenteiliger Meinung sind. Ich möchte mich der Meinung von Herrn Wöhlbier anschließen und sagen, daß man auf jeden Fall von jeder Probe, deren Eigenschaft man im Labor untersuchen will, eine genaue petrographische Analyse machen muß. Ich möchte diese Behauptung mit einem einfachen Beispiel beweisen.

In der Literatur werden doch für ein und dasselbe Gestein, zum Beispiel den sogenannten Granit, recht verschiedene Druckfestigkeitswerte angeführt. Eine Ursache für die großen Streuungen ist von verschiedenen Rednern unserer Tagung hier angesprochen worden, nämlich die Unterschiedlichkeit der Festigkeitsprüfungen.

Nach meiner Meinung kommt aber eine noch größere Streuung durch die petrographischen Unterschiedlichkeiten zustande. Diese hohen Streuungen der Druckfestigkeitswerte finden sich nämlich nicht nur in unserer eigenen Literatur, sondern auch in der Literatur über Baustoffprüfungen. Nun haben wir gehört, daß gerade die Baustoffprüfungen doch einigermaßen genormt sind. Wenn also dort schon große Streuungen auftreten, dann kann die Ursache nur in den petrographischen Unterschieden liegen.

Das, was wir in der Literatur gemeinhin als Granit bezeichnen, ist ja gar kein einheitliches Gestein, sondern eine Sammelbezeichnung für eine ganze Reihe von Gesteinen unterschiedlicher Zusammensetzung. Wir dürfen uns daher nicht wundern, wenn diese unterschiedlichen petrographischen Zusammensetzungen sich auch auf die Ergebnisse der Festigkeitsuntersuchungen auswirken. Man sollte deshalb bei einer angestrebten Normung der Festigkeitsuntersuchungen auf jeden Fall fordern, daß petrographisch-mineralogische Analysen von jeder Probe bzw. von jeder Gruppe von Proben angefertigt werden. Dabei müßte man folgendes feststellen: Die Anteile der verschiedenen Minerale am Aufbau des Gesteins sowie Struktur und Textur.

Nun zum zweiten Problem:

Die Bohrkernproben werden von verschiedenen Forschern als die zweckmäßigste Methode der Probenahme angesehen. Ich möchte mich dieser Meinung anschließen, ohne das nun für die Laboruntersuchungen näher zu begründen. Ich möchte vielmehr eingehen auf die neuen Möglichkeiten, die uns die Bohrkernproben für Untersuchungen in situ geben.

Dabei möchte ich mich beschränken auf den Einfluß des Spannungszustandes und anderer Faktoren auf die Zerstörungsformen von Bohrkernproben.

Bei manchen Bohrungen treten eigenartige Formen der Druckschieferung auf. Es wäre besser, wenn man in Anlehnung an die Ausführungen von Herrn Mohr vielleicht nicht von Druckschieferungen, sondern von Entlastungsschieferungen sprechen würde. Dazu möchte ich zunächst einmal auf Untersuchungsbohrungen hinweisen, die wir von Freiberg aus im Rahmen der Forschungsgemeinschaft mineralgebundene Gase durchgeführt haben.

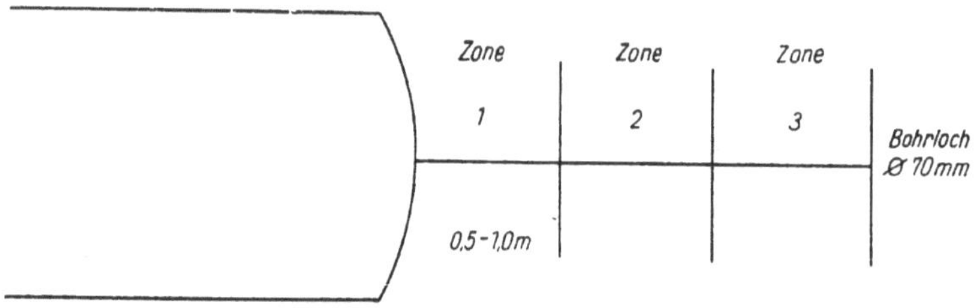

Bild 1

Wir vermuteten aus verschiedenen Gründen, daß Gesteine, die zu Gasausbrüchen neigen, zum Beispiel die sogenannten Gassalze, eine kleinere Festigkeit aufweisen als normale gasfreie Salze. Um diese Vermutung durch exakte Zahlenwerte näher zu begründen, haben wir vor einiger Zeit in Freiberg damit begonnen, kurze Flachbohrungen mit Bohrkernen von ungefähr 70 mm Durchmesser in ausbruchverdächtigen Abbauen der Kaligrube Menzengraben zu stoßen.

Bei diesen Bohrungen sind wir nun auf interessante Ergebnisse gekommen, allerdings — wie es manchmal in der Wissenschaft zugeht — auf einem Umwege. Wir wollten Festigkeitsuntersuchungen machen, haben aber festgestellt, daß wir in Gassalzgebieten keine genügend großen Kerne gewinnen können. Wir sind dabei zu folgenden interessanten Beobachtungen gekommen (Bild 1):

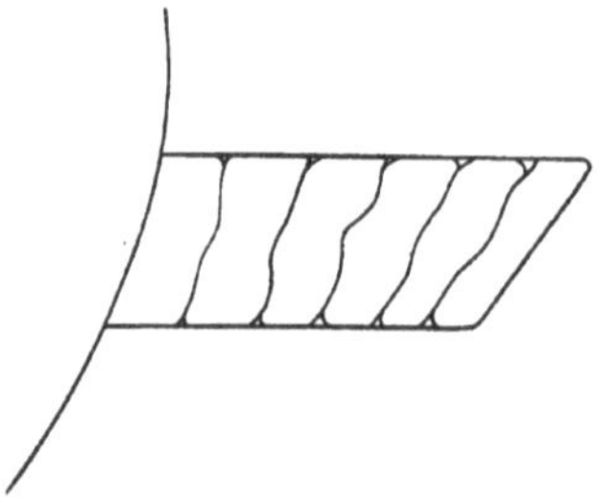

Bild 2

Bild 3

Ich zeichne im Grundriß eine Abbaukammer mit einer Versuchsbohrung. Dabei hat sich folgendes gezeigt:

Wir haben in manchen Bohrungen drei verschiedene Zonen mit unterschiedlicher Form der Kernzerstörung festgestellt. In der ersten Zone, die bei den bisherigen Versuchen eine Teufe von 0,5—1 m hatte, haben wir in den Kernen Entlastungsklüfte beobachtet, die etwa parallel zur Ortsbrust verliefen (Bild 2).

Der Abstand der Risse war unterschiedlich und betrug etwa 2—5 cm.

Hinter dieser entspannten Zone lag die Zone 2, bei der man keine Regelmäßigkeiten der Kernzerstörung feststellen konnte. Die verhältnismäßig großen Kerne (Länge ca. 5 bis 20 cm) waren zerstückelt durch Bruchgrenzen, die ganz verschiedenartig verlaufen konnten (Bild 3).

Wenn wir nun bei einer solchen Bohrung eine Zone mit Gassalzen antrafen, dann zeigte sich folgende seltsame Form: Die Kerne zerfielen beim Bohren in konvex gewölbte dünne Schalen (Bild 4).

Die Dicke der Schalen war wesentlich geringer als in der Nähe der Ortsbrust und lag bei etwa 0,5—1 cm. Diese Untersuchungen sind noch nicht abgeschlossen und müssen noch in anderen Gruben durchgeführt werden. Es hat sich gezeigt, daß diese Methode die sicherste Methode zur Prognose von Gasausbrüchen war. Wir bekamen jedes Mal mit hundertprozentiger Garantie beim Schießen einen Gasausbruch, wenn sich in der Versuchsbohrung eine solche Form der Kernzerstörung gezeigt hatte. Offensichtlich handelt es sich hier um eine Entspannungsschieferung, deren Ursache im einzelnen noch nicht endgültig geklärt ist.

Man könnte mit gewisser Berechtigung diese Entspannungsschieferung als einen Beweis dafür betrachten, daß beim Bohren kleine Mikrogasausbrüche stattgefunden haben.

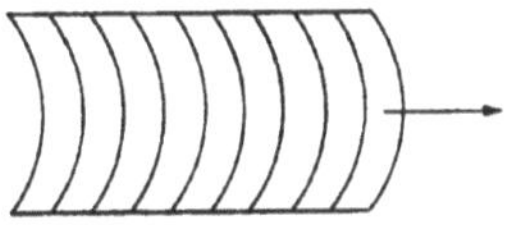

Bild 4

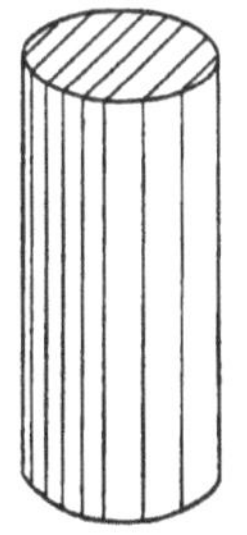

Bild 5

Eine völlig andere Form der Kernzerstörung ist mir jetzt aus ultratiefen Bohrungen in Westdeutschland bekannt geworden, welche zur Erkundung von Erdgas im Hauptdolomit des Zechsteins niedergebracht wurden. Es handelt sich dabei um Bohrungen im Lindener Wald bei Hannover in Teufen von 3500—5000 m im unteren und mittleren Buntsandstein sowie in verschiedenen Schichten des Zechsteins. Dabei zeigten sich ganz andere Formen der Kernzerstörung. Die Bohrkerne sind zerstört durch senkrechte Risse (Bild 5).

Der Bohrkern ist geschiefert längs solcher senkrechter Risse. Es handelt sich um eine Form der Kernzerstörung, die völlig entgegengesetzt ist der Form der Kernzerstörung, die wir bei unseren Gasausbruchsprognosen vorfanden. Die Ursachen dieser Kernzerstörungen in den ultratiefen Erdgasbohrungen sind meines Wissens noch nicht richtig geklärt. Die Bohrfachleute nehmen vorerst an, daß es sich um einen Einfluß des hohen Druckes der Spülung handelt. In diesen Teufen muß man mit mehreren hundert Atmosphären Spüldruck arbeiten. Die Spülflüssigkeit dringt ein und reißt den Kern auseinander.

Es kann meiner Meinung nach auch so sein, daß hierbei die besonders hohen Spannungen, die in diesen Teufen zu erwarten sind, eine Rolle spielen.

Zusammenfassend möchte sich sagen, daß man die Bohrkernuntersuchungen stärker als bisher durchführen soll, nicht nur mit der Absicht, ideale Probekörper für die Laboruntersuchung zu gewinnen (wobei ich *ideal* nur als relativ verstanden wissen möchte), sondern auch im Hinblick darauf, daß man aus den Formen der Kernzerstörung Rückschlüsse auf den Spannungszustand bzw. auf den Einfluß besonderer Faktoren ermöglichen kann, die die Festigkeit beeinflussen.

Herr Mohr

Ich danke Herrn Professor Gimm für seine außerordentlich wichtigen Hinweise. Ich darf hinzufügen, daß außer bei rein petrographischen Untersuchungen auch bei sonstigen Flachbohrungen schon weitgehend die Struktur des Gebirges mit untersucht wird. Insofern kommt auch der Angabe von Professor WÖHLBIER besondere Bedeutung zu, der auf die Rücksichtnahme evtl. vorliegender Schichtung bei der Probeentnahme aufmerksam macht.

Es ist mir sehr interessant gewesen, daß Sie bei den Flachbohrungen derartige Schnitte festgestellt haben, und ich möchte an Sie die Frage richten, ob die Schnitte, die Sie in dem Entlastungsbereich bekommen haben, möglicherweise Gleitflächen darstellen, die sich infolge der Belastung durch den noch anstehenden Pfeiler gebildet haben. Wir wissen, daß Gleitflächen innerhalb des entlasteten Bereichs bei entsprechender Belastung entstehen. Sie gaben an, daß sich ihre Lage plötzlich ändert, sobald man in den Bereich der eigentlichen Belastung kommt. Auch nach unseren theoretischen Ansichten müßte die Richtung hier eine andere sein, und gleichzeitig müßte man erwarten, daß ein anderes Gleitflächenpaar auftritt, was vielleicht, wenn auch etwas undeutlich, in Ihrer Darstellung zum Ausdruck gekommen sein könnte.

Diese Entlastungsflächen, Entlastungsschieferung, von der Sie sprechen, spielt besonders dann eine große Rolle, wenn man aus Bohrkernen gewisse Schlußfolgerungen auf das Verhalten des Gebirges beim späteren Abbau ziehen will. Ich habe in Bohrlöchern mit Teufen von etwa 300—500 m immer wieder festgestellt, daß bestimmte Gesteinsarten zu dieser Entlastungsschieferung neigen. Das ist meines Erachtens eine Folge — wie schon der Name sagt — der Druckentlastung unter der Wirkung der Dickspülung. Interessant war mir auch Ihre Mitteilung, daß Sie in großen Teufen vertikale Risse bekommen haben, die ich in der Form noch nicht beobachten konnte.

Darf ich Sie noch einmal bitten, zu den Gleitflächen, insbesondere zu ihrer Lage, Stellung zu nehmen?

Herr GIMM

Über mögliche Formen der Kernzerstörung in Pfeilern können wir aus unseren Ergebnissen bisher nichts sagen, und zwar lediglich deshalb, weil unsere Bohrungen bisher nur gemacht worden sind an der Ortsbrust von Kammer- und Streckenvortrieben. Ich kann mir aber durchaus vorstellen, daß man in dem Pfeiler zumindest die Entspannungszone bekommen könnte. Ich dächte, man sollte diese Versuche einmal machen. Aber sie sind bei uns bisher nicht gemacht worden. Bei unseren Versuchen ging es darum, Proben zu gewinnen für eine Prognose von Gasausbrüchen — und da interessierte uns nur das Gebiet vor der Ortsbrust.

Herr MOHR

Wünscht einer der Herren noch einen Diskussionsbeitrag zu den Angaben von Herrn Professor GIMM zu geben?

Herr BERGER

Ich möchte noch einmal auf die Art der Probenahme hinweisen. Wenn Herr Prof. GIMM eben sagte, daß bei Druckversuchen an Probekörpern die Werte streuen, dann sind damit wohl nicht die Streuungen gemeint, die durch strukturelle Unterschiede bedingt sind. Für jeden Probekörper sind drei Meßwerte charakteristisch.

Im Bauwesen werden noch immer große Fehler gemacht, indem z. B. Widerlager aus Naturstein nicht entsprechend der Gefügeregelung bzw. Absonderung eingebaut und damit die Festigkeit nicht voll ausgenutzt wird. Wir haben, um diese Unterschiede einmal an Hand von Zahlen zu verdeutlichen, den Quarzporphyr vom Petersberg bei Halle gewählt und 10 cm-Würfel nach den drei Kluftrichtungen Lager, Gang, Walze geschnitten. Im

Durchschnitt ist die Druckfestigkeit senkrecht zur Lagerrichtung 2090 kp/cm², senkrecht zum Gang 2382 kp/cm², senkrecht zur Walze 2210 kp/cm². Es wurden Probekörper mit möglichst gleicher Ultraschall-Absorptionskurve für die Reihenversuche ausgewählt und miteinander verglichen. Die Ultraschallgeschwindigkeit zeigt bei Lager, Gang ,Walze nur geringe Unterschiede: Lager 5630, Gang 5590, Walze 5620 m/s. In den einzelnen Richtungen sind die Werte sehr konstant.

Um Hinweise auf die Mikroklüftung des Quarzporphyrs zu erhalten, haben wir 10 cm-Würfel durch Sprengung zerlegt: In jeder Würfelserie wurde jeweils senkrecht zur Kluftrichtung ein Loch gebohrt und eine Normalsprengkapsel Nr. 8 eingeführt. Beim Sprengen in einem entsprechenden Stahlbehälter zerfiel der Prüfkörper vollständig. Vom Rückstand wurden Siebanalysen hergestellt und halbquantitative Mineralauszählungen durchgeführt. Bezeichnend für die Gleichmäßigkeit der Sprengungen war z. B. das Rißbild der Metallhülsen von den Sprengkapseln. Senkrecht zur Lagerrichtung entstanden unregelmäßig-polyedrische Metallfragmente, während senkrecht zum Gang bzw. der Walze Stäbchenformen auftraten. Die statistische mikroskopische Untersuchung des Sprengrückstandes ergab deutliche Hinweise für das Festigkeitsverhalten der einzelnen Mineralien im Gesteinsverband. Diese Ergebnisse stimmten gut mit den Resultaten von Dünn- und Anschliffuntersuchungen des gleichen Gesteins überein. Es wäre wünschenswert, die Frage zu klären, wie weit diese Sprengversuche für die Untersuchung des Festigkeitsverhaltens generell herangezogen werden können.

Herr Mohr

Ich danke Herrn Berger für seine Ausführungen. Ich möchte darauf hinweisen, daß die Auswertung derartiger Schießversuche außerordentlich schwierig ist, daß auf der anderen Seite aber bereits Versuche über die Korngröße der Berge beim Schießen durchgeführt worden sind, und zwar untertage in Strecken mit dem Ziel, eine gewisse Abhängigkeit von Festigkeiten und sonstigem Verhalten des Gebirges zu finden, auch abhängig von der Teufe.

Im übrigen glaube ich, wenn wir auch hier und da Streuwerte bei unseren Versuchsergebnissen bekommen, dürfte das nicht allgemein entmutigend sein, sofern diese Werte noch innerhalb eines Bereiches liegen, der Rückschlüsse auf die wirkliche Festigkeit bzw. auf die Grenzwerte dieser Festigkeiten noch zuläßt.

Wünscht jemand das Wort zu den Ausführungen von Herrn Berger?

Herr Neubert

Meine Herren!

Ich hatte Gelegenheit, vor etwa einem Monat die sehr interessanten Versuche beim Steinkohlenbergbauverein in Essen-Kray kennenzulernen, mit denen mich Herr Dr. Everling bekannt machte. Hierbei konnte ich feststellen, daß die Auswirkungen der verschiedenen Versuchsreihen recht unterschiedlich waren. Die Schichtenfolge war zunächst ohne, dann mit Schmierung ausgestattet. Die Auswirkungen waren derart verblüffend anders, daß man sagen kann, es ist zunächst ein Versuch. Man erhält Resultate, die aber unter anderen Bedingungen ganz anders sein können. Darin besteht eine gewisse Gefahr für Trugschlüsse, wenn man vom Modell ausgeht. Herr Professor Gimm machte bereits darauf aufmerksam, daß auch der tektonische Charakter eine maßgebende Rolle spielt. Die aus der Tektonik zurückliegender Vorgänge entstandenen Schwächezonen in verschiedenen Schichten einschließlich der Kleintektonik mit den vorhandenen Diaklasen ändern sich.

Diese stellen vorgezeichnete Gleitflächen dar. Ich glaube, daß man zu ganz anderen Ergebnissen kommt, wenn man ein Modell herstellt mit und ohne diese vorgezeichneten Richtungen.

Der Fragenkomplex wird noch schwieriger. In der Erdkruste sind laufend Kräfte wirksam. Der Geologe STILLE faßte seine Auffassung etwa mit folgenden Worten zusammen: Zeiten der Ruhe und Zeiten der Revolution innerhalb der Erdkruste lösen sich ab. Es ist wie ein Atmen. Diese Feststellung kompliziert die Frage. Um zu einer klaren Schlußfolgerung kommen zu können, sind die Ausführungen von Herrn Prof. POTTS außerordentlich wertvoll. Es wäre von besonderem Interesse, die Untersuchungen nach verschiedenen Richtungen durchzuführen. Um eine räumliche Vorstellung zu erhalten, wäre eine Darstellung mit Stereoeffekt aufschlußreich. Auf diese Weise bekäme man ein Bild von den verschiedenen Richtungen der Beanspruchung, wie sie in der Erdkruste stattfinden und im bergbaubeeinflußten Gebiet sich laufend ändern.

Ich möchte in diesem Zusammenhang noch auf eine andere Tatsache hinweisen: Wenn wir die Auswirkungen des Abbaues verfolgen, so stellen wir bei Abbau eines Flözes markscheiderisch an der Tagesoberfläche einen ganz bestimmten Bruch- und Grenzwinkel fest. Dieser Bruch- und Grenzwinkel bleibt bei Abbau des zweiten geringmächtigen Flözes ungefähr gleich. Er ändert sich jedoch beachtlich, wenn das dritte oder weitere Flöze gebaut werden. Die Bruch- und Grenzwinkel werden wesentlich steiler.

Wenn wir den Ursachen nachgehen, so müssen wir feststellen, daß gewisse Schichten innerhalb des Gebirgskörpers gebrochen werden. Manche Schichten werden sich plastisch verformen. Andere Schichten werden gebrochen und nachträglich tritt eine Verheilung ein. Wir haben also eine Vielgestalt von Erscheinungen innerhalb des Gebirgskörpers. Ist der Zerrüttungsgrad genügend fortgeschritten, so sind die Auswirkungen an der Tagesoberfläche durch Anwachsen der Grenz- und Bruchwinkel zu erkennen. Auch im Zeitfaktor ist die Veränderung wahrzunehmen. Je mehr unterbaut ist, um so schneller wird der Endzustand erreicht. Zu Beginn, wenn ein oder zwei Flöze gebaut werden, beträgt der Zeitfaktor fünf bis sieben Jahre, wie in den MARTIN-HOOP-Schächten im Zwickauer Revier nachgewiesen ist.

Diese Erscheinung ändert sich, wenn drei und mehr Flöze abgebaut sind. Die Auswirkungen sind in viel kürzerer Zeit abgeschlossen. Wenn wir die Darstellung von Herrn Prof. MOHR anziehen, so war der erfolgte Bruch durch ein Kreuz bezeichnet. Es brach zunächst einmal irgendeine Schicht. Die Darstellung müßte noch ergänzt werden, worauf auch Prof. POTTS bereits hingewiesen hat. Es tritt eine Unstetigkeit ein, die sich so darstellen ließe, daß die Spannung σ in Form eines Staffelbruchs abnimmt, bis der Druck allmählich vom Auflagematerial wieder aufgenommen wird. Ein stetiger Kurvenanstieg wird die Folgeerscheinung sein.

Eine grundsätzlich andere Erscheinung wird eintreten, wenn der zerrüttete Gebirgskörper wie eine Art Polster wirkt. Wir kennen diese Wirkung, wenn der Ausbau mit einer Kiesmasse hinterfüllt ist. Der Druck setzt gleichmäßig auf dieses Kiespolster auf. Es zeigt sich eine ziemlich gleichmäßige Beanspruchung über den gesamten Ausbau. So kann man sich vorstellen, daß auch im Gebirgskörper, wenn ein fortgeschrittener Zerrüttungsgrad besteht, eine Schicht als Polster wirken kann, so daß andere Erscheinungen eintreten als zu Beginn des Abbaues.

Ich komme auf die bei der Forschungsstelle beim Steinkohlenbergbauverein festgestellten Beobachtungen zurück. Unter anderen Verhältnissen treten ganz andere Auswirkungen ein. In dieser Hinsicht könnten die Untersuchungen von seiten der Geophysiker Aufschluß geben. Wenn es sich um einen elastisch-plastischen Gebirgskörper handelt, bei dem noch keine Zerrüttung eingetreten ist, so dürften die Beobachtungen zutreffendes Material liefern. Dagegen lassen sich bei vorhandener Zerrüttung in der Geophysik keine Angaben machen, die zu einer Beurteilung des unterschiedlichen statistisch-dynamisch beanspruchten Gebirgskörpers führen können.

Herr MOHR

Ich darf Herrn Professor NEUBERT für seine Ausführungen danken. Da sich Herr Dr. EVERLING schon seit längerer Zeit zu Wort gemeldet hat, möchte ich ihm im Anschluß daran das Wort erteilen, da er vielleicht selbst noch einiges über diese Modellversuche sagen wird.

Ich darf nur noch einmal auf das zurückkommen, was Herr NEUBERT in bezug auf die Absenkung und die Grenzwinkel sagte. Ich muß gestehen, daß ich bisher bei meinen Beobachtungen niemals so klar habe feststellen können, daß nach Abbau mehrerer Flöze, nach Zerrüttung des Gebirges sich der Grenzwinkel so stark ändert, und zwar so viel größer wird. Wenn der Grenzwinkel eine gewisse Beziehung zum Bruchwinkel hat, so müßte er in etwa eine Funktion des Wertes $\frac{\pi}{4} + \frac{\varrho}{2}$ darstellen. Hierbei ist aber noch die Kohäsion sehr wesentlich, die teilweise erhebliche Werte, wenigstens in den festen Gebirgsschichten, annehmen kann. So könnte man eigentlich vermuten, daß es gerade umgekehrt wäre, daß der Grenzwinkel auf diese Weise kleiner würde.

Es wäre erklärlich, wenn der Winkel der inneren Reibung beim Zubruchgehen durch die Verklemmung der einzelnen Blöcke größer wird. Das ist vielleicht auch die Vorstellung, die Sie von der Polsterung in bezug auf die Absenkung haben.

Ich glaube, daß es allerdings auch auf die Art des Gebirges ankommt, auf das Verhältnis der Mächtigkeit der lockeren Schichten zu der der festeren Schichten wie Kreide, Mergel und Kalkstein, sowie der Karbonschichten im Hangenden der abzubauenden Flöze.

Darf ich jetzt Herrn Dr. EVERLING bitten.

Herr EVERLING

Meine Herren!

Zunächst zu den Diskussionsbeiträgen von Herrn Prof. GIMM und Herrn Prof. WÖHLBIER. Darin ist erwähnt worden, daß ich im Rahmen der Untersuchungen der Forschungsgemeinschaft Neumühl den Einfluß der petrographischen Zusammensetzung eines Gesteins auf die Festigkeit geringer gefunden habe als den Einfluß der Sedimentationsflächen. Das widerspricht natürlich nicht der Tatsache, daß die petrographische Zusammensetzung selbst die Festigkeit ebenfalls stark beeinflußt. So kann die Standfestigkeit zweier Strecken, von denen eine in Schieferton, die andere in Sandstein steht, ganz verschieden sein, auch wenn in bezug auf die Sedimentationsrichtungen gleiche Verhältnisse bestehen. Es kommt hinzu, daß die Messungen, von denen ich damals berichtet hatte, sich nur auf das Nebengestein eines einzigen Flözes, nämlich Girondelle, bezogen hatten, in dem die petrographischen Unterschiede innerhalb des dort anstehenden Sandsteins viel kleiner gewesen sein mögen als zwischen den Nebengesteinen verschiedener Flöze.

Herrn Prof. NEUBERT bin ich sehr dankbar für die Frage zu den Modellversuchen, denn sie gibt mir Anlaß, auf das zu kommen, was ich jetzt sowieso sagen wollte. Ich halte ebenso wie Herr Dr. L. MÜLLER, Salzburg, den Aufbau des Gebirges mit seinen Klüften und Gleitschichten für viel wichtiger für das Verhalten des Gebirges, insbesondere im Steinkohlenbergbau, als die Festigkeit des Mediums, des Gesteins selbst. Ich möchte deswegen warnen, in diesem Kreise die Fragen der Festigkeitsermittlung gar zu wichtig zu nehmen. Ich würde es begrüßen, wenn wir uns aufgrund der bisher von allen Seiten her vorliegenden Erfahrungen doch schon entschließen könnten, heute oder morgen zur Formulierung von Prüfrichtlinien zu kommen, wie es ja das Thema dieser Tagung sein sollte, und diese Formulierung nicht bis zum nächsten Jahr aufzuschieben, nur wegen der Vielfalt der bestehenden Möglichkeiten. Ich würde sagen, es ist besser, die vielfältigen Belastungsarten, die z. B. Herr Protodjakonov sehr vollständig zusammengestellt hat, zunächst beiseite zu lassen und für einfache Verhältnisse, für Druckversuche, vielleicht noch für Biegeversuche, doch schon Richtlinien aufzustellen.

Auf der anderen Seite bleibt die Bedeutung von Versuchen bestehen, die das Verhalten des Gesamtgebirges erfassen. Dazu gibt es zwei Wege.

Der eine, der u. a. von Herrn Dr. Müller, auch schon von mehreren hier anwesenden Herren erwähnt wurde, nämlich Untertagemessungen in situ, erfaßt einen größeren Ausschnitt des Gebirges durch verschiedene dazu geeignete Meßverfahren.

Der zweite ist der Weg der Modellversuche. Herr Prof. Neubert wies auf die Gefahr hin, Trugschlüsse aus Modellversuchen zu ziehen, weil die Ergebnisse der Modellversuche sehr stark von kleinen Einzelheiten des Modellaufbaues abhängen, z. B. von der Anzahl oder von dem Abstand der Gleitschichten innerhalb des Gebirgsmodells. Ich glaube allerdings, daß die Gefahr von Trugschlüssen am Modell immer noch geringer ist als unter Tage, weil man am Modell wenigstens weiß, wo die Gleitschichten liegen, so daß zumindest ein definierter Ausgangszustand existiert, während es unter Tage nur mit den schwierigsten und aufwendigsten Mitteln möglich ist, die Umgebung des Hohlraums, den man betrachtet, überhaupt zu beschreiben.

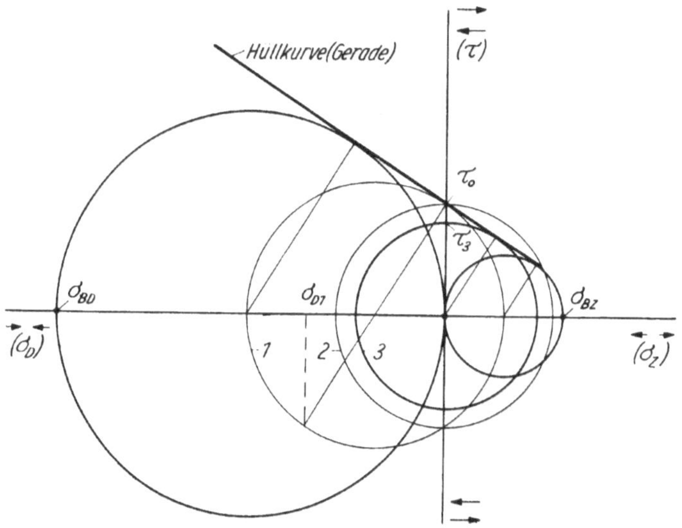

Bild 1. Zur Definition der Schubfestigkeit

σ_{BZ} = einachsige Zugfestigkeit,

σ_{BD} = einachsige Druckfestigkeit

τ_0 = Schnitt der Hüllkurve mit der τ-Achse, oft als Schubfestigkeit bezeichnet; $\tau_0 = 1/2\sqrt{\sigma_{BD} \cdot \sigma_{BZ}}$ bei gerader Hüllkurve.

1 = zu τ_0 gehöriger Bruchspannungskreis, der eine Überlagerung des einachsigen Druckes σ_{D1} mit der Schubspannung τ_0 darstellt.

2 = Spannungskreis, der die reine Schubbeanspruchung τ_0 darstellt; diese liegt jenseits des Bruchzustands.

3 = Spannungskreis der reinen Schubbeanspruchung τ_3, die zum Bruche führt. Es ist stets $\tau_3 \leqq \sigma_{BZ}$ und $\tau_3 < \tau_0$.

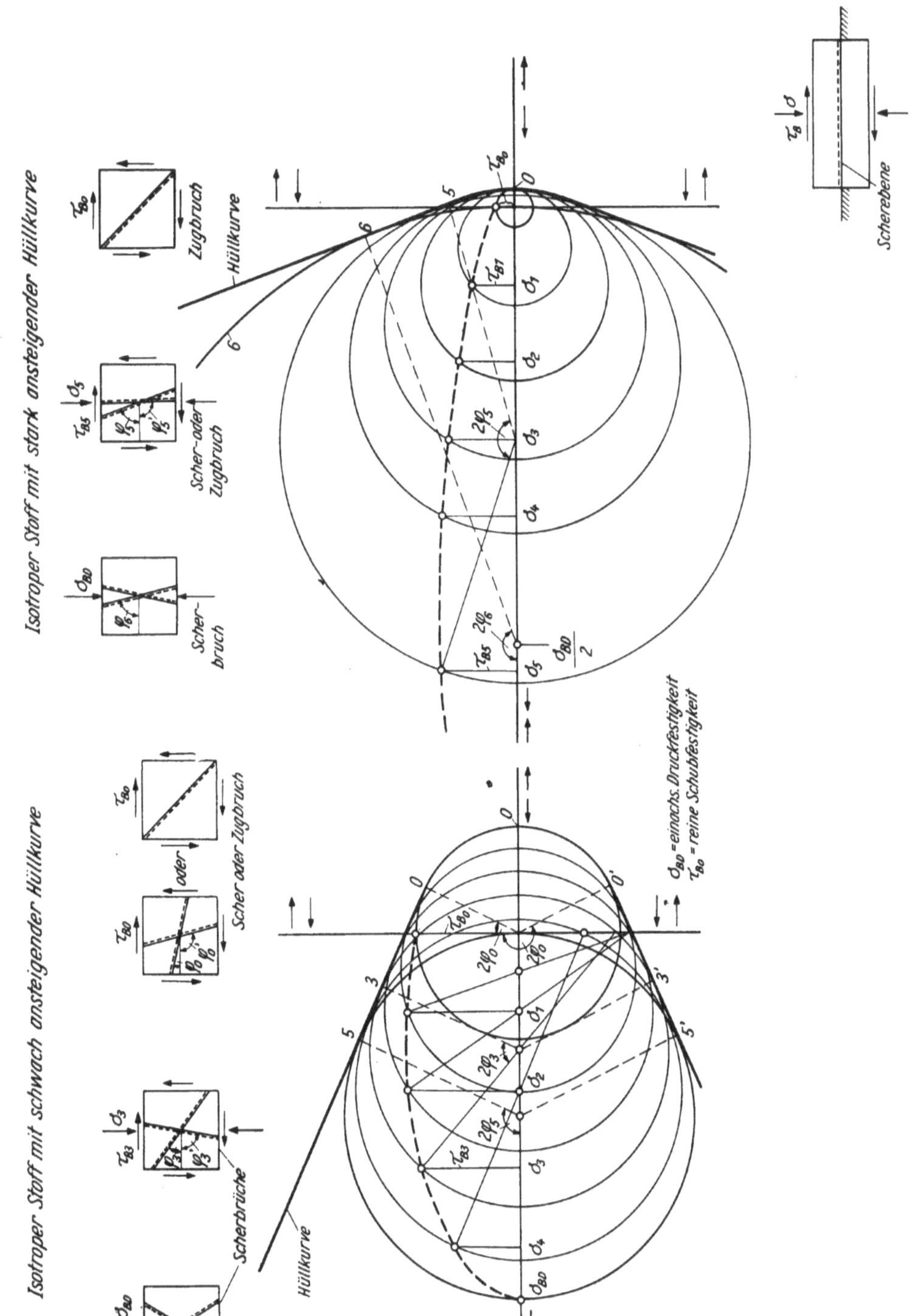

Bild 2. Zur Definition der Schubfestigkeit: Bruchwinkel

Abhängigkeit der zum Bruche führenden Schubspannung τ_B von der senkrecht zur Scherebene wirkenden Druckspannung σ bei gegebener Hüllkurve der Bruchspannungskreise:

Festigkeitskennlinie — — — — — — —

Die Bruchflächen liegen nach MOHRS Theorie in den ....______ eingezeichneten Richtungen. (Die Verhältnisse beim praktischen Scherversuch mit vorgegebener Bruchebene lassen sich nicht ohne weiteres nach MOHR darstellen, da hierbei Zwangszustände vorliegen).

Trotzdem behalten selbstverständlich Untertagebeobachtungen ihren großen Wert. Darum hat Herr Dr. JACOBI (Steinkohlenbergbauverein) parallel zu den Modellversuchen über Tage eine sehr große Anzahl von Untertageaufnahmen durchgeführt und führt diese laufend weiter, und zwar nicht punktweise (Druckmessungen, Elastizitätsmessungen), sondern vor allem großflächig fotografisch. Dadurch, daß man unter Tage empirisch durch Fotografieren beobachtet, erreicht man zugleich eine Art statistischer Auswahl der wichtigsten Merkmale. Das schließt natürlich nicht aus, daß man diese Fotografien auch zahlenmäßig durch Angabe der Bruchabstände, Bruchrichtungen und Bruchhäufigkeiten auswertet.

Ich habe nun noch ein kleines technisches Anliegen, auf das ich nur kurz eingehen möchte, und zwar zur Definition der Schubfestigkeit.

Wenn man Schubversuche ausführt in idealisierter Form, nämlich in der Weise, daß man einen Körper unter Druckbeanspruchung setzt und zugleich unter Schubbeanspruchung, dann kann man ein Diagramm aufstellen, in dem die Schubspannung τ aufgetragen ist, bei der der Körper zu Bruch geht, in Abhängigkeit von der Normalspannung σ. Dieses Diagramm sieht bei lockeren Böden nahezu geradlinig aus, bei festen Gesteinen verläuft es möglicherweise etwas gekrümmt.

In Bild 1 ist nur sein Schnitt τ_3 mit der τ-Achse vermerkt, in Bild 2a und 2b ist es gestrichelt eingezeichnet. τ_3 ist die Schubfestigkeit. Worauf ich hinweisen möchte, das ist der prinzipielle Unterschied zwischen diesem Diagramm und der MOHRschen Hüllkurve, die hiermit gar nichts zu tun hat. Sie schneidet die τ-Achse im Punkte τ_0 (Bild 1). τ_0 ist viel größer als die Schubfestigkeit. Der Verlauf der Hüllkurve weicht weit von der Funktion $\tau_{\text{Bruch}} = f(\sigma)$ ab (Bild 2).

Die beiden Kurven haben jedoch gleiche Aussagekraft: Jede von beiden kann die Gesamtheit aller zum Bruch führenden Spannungs-Kombinationen beschreiben.

Herr MOHR

Haben Sie vielen Dank für Ihren Beitrag, Herr Dr. EVERLING. Auch persönlich bin ich Ihnen dankbar, daß Sie auf diese Hüllkurve noch einmal eingegangen sind,die teilweise nicht die nötige Beachtung findet, die sie verdient. Darüber hinaus haben Sie vorgeschlagen, gewisse Richtlinien für die spätere Festigkeitsbestimmung aufzustellen, die wir benötigen, und zwar für Untertagemessungen und für Modellversuche. Ich glaube und hoffe, daß es möglich ist, Herr Professor BILKENROTH, wie Herr Dr. EVERLING wünscht und wie ich es eingangs schon sagte, daß wir derartige Richtlinien heute schon in irgendeiner Form festzulegen beginnen. Es scheint mir deshalb so notwendig, weil die Untersuchungen, die wir hier besprechen, zur Stoffkunde der Gebirgsmechanik gehören, also die Grundlage dieser Mechanik bilden, und wir sie so lenken müssen, daß ihre Ergebnisse in ihrer Form unseren besonderen Belangen entsprechen und vergleichbar sind. Dazu dienen, wie Sie schon sagten, Modellversuche, die auch ich in ihrem Wert hoch einschätze, wenn sie entsprechend den betrieblichen Verhältnissen vorgenommen werden, und die Spannungsverhältnisse denen entsprechen, die wir innerhalb des Gebirges zu erwarten haben. Ich darf darauf hinweisen, daß die Festigkeitslehre in ihren Anfängen die gleichen Schwierigkeiten hatte, mit denen wir zu kämpfen haben. Man muß aber einmal den Mut aufbringen, allgemein gültige Festigkeitsbestimmungen zu treffen und auch Verallgemeinerungen durch Schaffung von Formeln einfachster Art vorzunehmen, selbst wenn sie nicht völlig mit den Feinheiten physikalischer Erkenntnisse übereinstimmen. Sie müssen lediglich eine sichere Abschätzung der betrachteten Verhältnisse gestatten.

Wenn man bedenkt, daß in der Festigkeitslehre die einfachen und notwendigen Formeln, die ständig benutzt werden, keinesfalls theoretisch richtig sind — ich erinnere nur an die einfache Biegegleichung, die durchaus nicht allgemein Gültigkeit hat — so müßte man trotz des höheren Grades der Schwierigkeit doch auch in der Gebirgsmechanik zu ähnlichen Festlegungen kommen können.

Herr Bilkenroth

Ich möchte lediglich zu diesen Ausführungen sprechen, ohne anderen Herren das Wort wegnehmen zu wollen.

Zunächst einmal zum Modellversuch:

Ich habe in meinen einleitenden Worten darauf hingewiesen, daß dem Gebirgsmechaniker immer wieder vom Bergmann in der Grube gesagt wird: „Wann bringst du endlich einmal etwas?" Und ich habe den Eindruck, als ob man sich in vielem von den Bedingungen, die wirklich unter Tage gegeben sind, leiten läßt. Springen wir einmal aus dem rein bergmännischen Gebiet heraus in das Gebiet der Verarbeitung der Mineralien, die der Bergmann gewinnt, und nehmen wir meinetwegen das Gebiet der Kohleveredlung. Dort machen wir zum Brikettieren, zum Verkoken, zum Schwelen eine Unmenge Probenarbeit im Laboratorium. Wenn Sie vergleichen, wie diese mit der praktischen Ausführung übereinstimmen, so werden Sie in vielen Fällen finden, daß eine genaue Vergleichbarkeit fehlt.

Prof. Rammler in Freiberg hat sich vor kurzem in großen Umfang mit der Vergleichbarkeit von Kohleveredlungsversuchen auf dem Gebiete der Brikettierung mit den Ergebnissen des Laboratoriums zu denen des Betriebes selbst befaßt. Bei der Vielzahl dieser Untersuchungen ist auch bestätigt worden, daß die Verhältnisse in der Praxis oft anders aussehen, daß sich aber Vergleichswerte zwischen den Ergebnissen des Labors und den tatsächlichen Betriebsverhältnissen doch ergeben. Ich glaube, das sind auch die Beziehungen, die wir in der Gebirgsmechanik finden können.

Ich halte es nicht für richtig, nur mit Meßversuchen in situ, im Gebirge selbst, wie das Herr Dr. Müller vorschlägt, und nicht auf der einfachen Basis anzufangen. Selbstverständlich müssen dann auch immer wieder die Vergleiche des Laboratoriumsversuchs, der Messung im Laboratorium, gegenüber den tatsächlichen Verhältnissen in Beziehung gebracht werden. Aber man muß mit dem Einfachen und nicht mit dem Schwierigen anfangen.

Deshalb begrüße ich es, daß Herr Dr. Everling den Vorschlag macht, daß man auf unserer Tagung mit Festlegungen einen Anfang machen sollte. Ich glaube, daß wir uns heute nachmittag schon mit diesen Dingen befassen können, wenn die allgemeine Diskussion zu Ende geht. Herr Dr. Höfer hat sich auch Gedanken über diese Fragen gemacht. Wir können uns dann mit diesen Gedankengängen einmal befassen.

Besser einmal ein Anfang, der etwas verkehrt ist, als nichts!

Herr Mohr

Ich halte die Ausführungen für außerordentlich bedeutungsvoll und glaube von mir sagen zu können, daß ich darin einen wesentlichen Schritt in der weiteren Entwicklung unserer Forschung sehe.

Meine Herren!

Ich darf damit die Diskussion des heutigen Vormittags abschließen. Ich danke allen Herren, die sich so lebhaft daran beteiligt haben. Sie haben uns wertvolle Hinweise gegeben, so daß wir wahrscheinlich in der Lage sind, ein ganz positives Ergebnis dieser Tagung feststellen zu können.

Tagungsleiter Herr Bilkenroth

Meine Damen und Herren!

Wir setzen unsere Beratungen fort. Nach der gestrigen Absprache wird die Diskussion weitergeführt. Die Diskussionsleitung hat Herr Prof. Knothe.

Diskussionsleiter Herr Knothe

Meine Damen und Herren!

Wir fahren in der weiteren allgemeinen Diskussion fort. Ich möchte eine kleine Ergänzung zur Diskussion von Herrn Prof. Neubert bringen. Ich möchte nämlich bemerken, daß auch wir festgestellt haben, daß der Grenzwinkel und der Bruchwinkel sich ändern infolge des Abbaues von Flözen. Wir haben eine Reihe solcher Beispiele, daß wir festgestellt haben, daß nach Abbau von zwei oder drei Flözen der Bruchwinkel steiler wird. Einen gewissen Einfluß hat auch, ob wir den Abbau mit Spülversatz führen oder ob es ein Bruchbau ist. Wenn wir Bruchbau machen, dann kann diese Erscheinung schon nach Abbau des ersten oder zweiten Flözes erfolgen, wenn wir mit Spülversatz abbauen, tritt diese Erscheinung später auf, nämlich nach Abbau mehrerer Flöze.

Ich bitte jetzt um weitere Wortmeldungen für die Diskussion. Ich glaube, es wollte Herr Prof. Watznauer sprechen.

Herr Watznauer

Ich wollte anschließend an die von den Herren Wöhlbier und Gimm für notwendig erachteten petrographischen Untersuchungsmethoden eine sehr heikle Frage anschneiden:

Was wissen wir darüber, was im Gestein bei der Verformung vor sich geht? Darüber liegen sehr wenige Untersuchungen vor, nur von werkstofftechnischer Seite weiß man einiges über Metalle u. ä. In den meisten Fällen werden die Festigkeitswerte notiert, aber der materielle Ablauf des Versuches, d.h., das, was mit der Probe geschehen ist, wird nicht erfaßt. Die Art der Kluftbildung, die Art des Zerfalls der Probe, die Änderungen im Mineralbestand bei langzeitigen Versuchen sind m. W. überhaupt noch nicht beobachtet worden.

Ich würde vorschlagen, daß man die Probe nicht nur vor, sondern auch nach dem Festigkeitsversuch mikroskopiert, um diese Veränderung zu erkennen. Ich glaube, daß dies auch eine Bedeutung für den richtigen Ansatz und die Deutung von Modellversuchen hat. Wenn auch ein Material, das man im Modellversuch verwendet, die gleichen Festigkeitswerte hat wie das natürliche, so kann es sich im Versuch ganz anders verhalten als das Gestein, das im Bauwerk der Belastung unterworfen wird. Ich möchte noch einmal betonen: Trotz derselben Festigkeitswerte! Denn der Aufbau des Gesteins, das Bindemittel des Gesteins u.a. spielen bei der Verformung eine ganz erhebliche Rolle.

Herr Knothe

Besten Dank für die Ausführungen. Jetzt spricht Herr Buisson.

Herr Buisson

Herr Präsident! Meine Herren!

Die Versuche, die wir unter der Leitung von Herrn Prof. Schwartz durchgeführt haben, müssen noch bezüglich der Frage der Festigkeit erweitert werden. Ich habe daher mit großem Interesse Ihre Diskussionen zu diesem Thema verfolgt.

In der Tat ermöglichen die Bewegungsstudien und das Studium der Deformation bei den Abbauarbeiten in den Flözen und Strecken die Feststellung bestimmter Bewegungsgesetze, die zweifellos die Grundlage für unsere Versuche darstellen. Die Kenntnis dieser Gesetze ermöglicht es uns, sowohl örtlich als auch zeitlich richtige Voraussagen für die Bewegung in den Flözen und in den Strecken zu machen und gestattet wohl die bessere Nutzbarmachung des Ausbaues. Andererseits gestattet uns die Bewegungskontrolle die Feststellung der tatsächlichen Verschiebungen und eine Analyse der Bewegung des Gesteins und des Materials, das für den Ausbau benötigt wird.

Im Falle der Anormalitäten können systematische Versuche aus durchaus akzeptablen Gründen angestellt werden. Diese Versuche sind im allgemeinen als sehr fruchtbar für künftige Erfolge zu bezeichnen. Im gegenwärtigen Stadium nähern wir uns der Verwirklichung dieser Wünsche und Ansichten.

Beim Suchen für Gründe für die Anormalitäten lassen wir uns von dem Ziel, die charakteristischen Parameter zu finden, leiten, die eine Kennzeichnung der Eigenschaften des Nebengesteins, ihrer Kohäsion und ihrer Klüfte ermöglichen. Wir können daher zonengemäß die Anormalität analysieren und die Faktoren bestimmen, die die Ursache dafür sind.

Sie sehen daher, meine Herren, warum Ihre gegenwärtigen Gedanken für uns so äußerst interessant sind, und darüber hinaus werden Sie sich wohl ein Bild machen können, wie die Forderung einer Anzahl von Autoren, zum Beispiel von Herrn Dr. Müller, Österreich, oder Dr. Denkhaus, Südafrika, geboren wurde, die Versuche unter Tage verlangen, und zwar unter realen Bedingungen, unter Bedingungen, die die Beobachtung der Wirkung des Gesteins ermöglichen; daran gerade sind wir besonders interessiert.

Bevor ich abschließe, möchte ich das große Interesse hervorheben und unterstreichen, das wir Ihren Versuchen in bezug auf Standardisierungsfragen entgegenbringen, wobei Charakterparameter durch die Meßweise erzielt werden sollen. Dies würde uns gestatten, daß in Zukunft dann jeder von der Arbeit des anderen profitieren könnte. Das ist, glaube ich, das Hauptziel, uns zusammenzusetzen und zusammenzufinden.

In Fragen der Bewegungsmessungen und der Festigkeitsuntersuchungen stehen wir Ihnen gern zur Verfügung, um unsere Methoden und Ergebnisse auszutauschen. Wir würden uns sehr freuen, wenn Versuche von verschiedenen Delegationen aus diesem Kreise an uns herangetragen werden, damit, wie ich bereits gesagt habe, einer vom anderen profitiert.

Herr Almasan

Meine Herren!

Ich nehme das erste Mal an einer solchen Tagung teil. Wir hatten keine Möglichkeit, Ihnen einen schriftlichen Vortrag vorzulegen. Ich erlaube mir deshalb, Ihnen kurz vorzustellen, wie in unserem Land die Untersuchungen über Gesteinsmechanik durchgeführt werden.

Wie Ihnen vielleicht bekannt ist, haben wir uns früher nur mit der Untersuchung der physikalisch-mechanischen Eigenschaften in Salzlagerstätten befaßt. Auf diesem Gebiet sind einige Arbeiten durchgeführt. Heute werden im Zusammenhang mit der Vergrößerung der Abbauarbeiten Untersuchungen in allen Lagerstätten und bei verschiedenen Gesteinstypen durchgeführt. Sie sind darauf orientiert, praktische Ergebnisse zu erzielen. Zur Zeit befassen sich mit der Untersuchung der Gebirgsmechanik zwei Organisationen. Das ist das Laboratorium für Gebirgsmechanik des Bergbauinstitutes in Petrosani und das Laboratorium des Geologischen Komitees in Bukarest.

Die Methoden, die wir anwenden, sind ungefähr die gleichen, wie sie schon von einigen, die hier aufgetreten sind, genannt wurden. Das, was ich mehr sagen kann, als bisher gesagt wurde, wäre nur, daß wir alle Arbeiten, die wir durchführen, in erster Linie auf die praktische Seite orientieren und sie dem gegenwärtigen Stand der Technik entsprechen lassen.

So werden z. B. im Laboratorium des geologischen Komitees Untersuchungen von Gesteinen und zur Bestimmung ihrer physikalisch-mechanischen Eigenschaften durchgeführt, und zwar für alle neuen Lagerstätten, die sich im Stadium der Aufschließung befinden. Diese Untersuchungen werden parallel mit petrographischen Untersuchungen der Gesteinsarten durchgeführt. Außerdem sind sie von mikrotektonischen Untersuchungen begleitet.

Wenn wir alle Ergebnisse verbinden, die in den neuerschlossenen Lagerstätten erzielt worden sind, so erhält man die Möglichkeit, die entsprechenden Abbaumethoden herauszufinden.

Im Laboratorium in Petrosani werden in Verbindung mit der Untersuchung der Gesteinseigenschaften für ein und dieselbe Lagerstätte Arbeiten zur Bestimmung des Gebirgsdruckes unter Tage und außerdem Untersuchungen zur Bestimmung der Senkungen durchgeführt. Wenn wir die Fragen einer Lagerstätte komplex untersuchen, dann erzielen wir gute Ergebnisse für die Auswahl von Ausbautypen, für die Verfahren zur Beherrschung des Hangenden; Ergebnisse, die jedoch die Berechnung des Gebirgsdruckes nicht gestatten.

Abschließend möchte ich sagen, daß die Arbeit des Internationalen Büros für Gebirgsmechanik sehr wichtig ist und uns hilft, die Arbeit auf diesem Gebiet in jedem Land besser zu orientieren. Unserer Ansicht nach haben die Bemühungen um die Standardisierung der Untersuchungsmethoden der Gesteinseigenschaften große Bedeutung. Ich möchte jedoch hinzufügen, daß neben der Standardisierung der Untersuchungsmethoden zur Untersuchung der Eigenschaften der Gesteinsarten wir uns auf die Durchführung komplexer Untersuchungen orientieren müssen. Wir müssen soviel wie möglich unter Tage messen, unter natürlichen Bedingungen unsere Resultate prüfen. Es ist unsere Meinung, daß bisher noch keine genaue Formeln zur Berechnung des Gebirgsdruckes für alle Bedingungen festzulegen sind. Deshalb müssen wir uns soviel wie möglich mit der Forschung der natürlichen Bedingungen befassen. Ich danke für Ihre Aufmerksamkeit.

Herr Knothe

Ich danke für die Information. Wer wünscht weiter das Wort zur allgemeinen Diskussion?

Herr Tanfield

Herr Präsident! Meine Herren!

Ich möchte über einige, kürzlich in England durchgeführte Arbeiten berichten. Sie zeigen die Wichtigkeit der Messungen der korrekten elastischen Konstanten. Ich möchte die indirekte Messung der elastischen Konstanten im festen Massiv vorschlagen. Das ist die Arbeit, die von Hill, Berry und Sales an der Universität Nottingham durchgeführt wird. Das ursprüngliche Ziel war es, die Mohrschen Gleichungen für die Spannungsverteilungen um Hohlräume abzuleiten. Das erfordert natürlich, daß man als mathematisches Modell ein einfaches System anwendet.

In der ersten Arbeit wurde angenommen, daß die Schichten isotrop, homogen und elastisch sind. Das waren die hauptsächlichsten Annahmen. Es gab natürlich auch noch andere Annahmen, die sich speziell auf die mathematische Technik bezogen. Die Behandlung war soweit zweidimensional, das heißt, daß der Hohlraum unendlich in der Richtung des Fortschritts angenommen wurde, und eine andere Annahme war, daß die Tiefe des Hohlraumes gegenüber der Breite sehr groß war.

Unter diesen Annahmen wurden Ergebnisse über die Spannungsverteilung und die Verschiebungen oder Bewegungen erzielt. Um die Ergebnisse zu überprüfen, wurden die Verschiebungen mit Senkungsbeobachtungen über Tage verglichen. Das ist das einzige, was man in dieser Beziehung machen kann.

Das interessanteste Ergebnis war das für eine vollständige Annäherung des Hangenden und des Liegenden oder eine vollständige Zusammendrückung des Hohlraumes, daß die Senkung an der Oberfläche unabhängig von den elastischen Konstanten ist. Dieser Grenzwert der Übertagesenkung zeigt praktisch keine Abhängigkeit von den elastischen Eigenschaften. In der Wirklichkeit hat man aber gefunden, daß die realen Senkungen in der Praxis noch größer waren, obwohl das durch die Berechnungen erzielte Senkungsprofil wesentlich größer war, als es in der Praxis auftrat. Nach der Berechnung würden meßbare Senkungen in größeren Entfernungen sein als in der Praxis — also ein größerer markscheiderischer Grenzwinkel.

Bei der Überprüfung der mathematischen Annahmen und der bergmännischen Voraussetzungen wurde gefunden, daß das Flöz nicht in genügender Größe abgebaut war. Es müßte also erwartet werden, daß die wirkliche Senkung geringer ist, und wenn das unmittelbare Hangende verbrochen ist, so daß sich der Hohlraum nicht vollständig schließen kann, sollte wiederum die Senkung an der Oberfläche kleiner sein als der Maximalwert. Das bedeutet für kleine Baufelder, daß die hauptsächlichsten Annahmen nicht genügend sind, das heißt also, daß diese drei Annahmen — homogen, isotrop und elastisch — für die Fälle der Praxis nicht angenommen werden können und eine oder mehrere dieser Annahmen ihr nicht entsprechen.

Die nächste Aufgabe war, die augenscheinliche Alternative dieser drei Bedingungen zu überprüfen und die wahrscheinlichste Annahme, was ist nun das Richtigste, zu finden. Das Gebirge ist geschichtet und daher nicht isotrop. Eine weitere Untersuchung wurde unter der Annahme durchgeführt, daß die Isotropie zwar nicht in der Vertikalen, aber in der Horizontalen gegeben ist. Diese Untersuchung wurde kürzlich beendet und es ergab sich bei dieser Annahme, daß die Absenkung der Oberfläche von den elastischen Konstanten abhängt. Durch eine mathematische Manipulation ist es möglich, die theoretische Senkung mit praktischen Beobachtungen an der Universität Nottingham zu vergleichen. In diesem Falle wurde gefunden, daß eine sehr gute Übereinstimmung besteht.

Hierbei werden jedoch die wirklichen Werte der elastischen Konstanten nicht eingesetzt. Daher steht die Frage: Welche Werte der elastischen Konstanten sollen in einer Analyse dieser Art angewandt werden und wie ist ihre Abhängigkeit von Ergebnissen aus Messungen im Laboratorium? Oder auf der anderen Seite: Gibt es evtl. die Möglichkeit, diese Art der Analyse anzuwenden, um reelle Werte der elastischen Konstanten für das Gebirge zwischen dem Abbau und der Oberfläche sowohl in vertikaler als auch in horizontaler Richtung zu erhalten?

Herr Knothe

Herzlichen Dank für die interessanten Ausführungen. Ich möchte bemerken, daß wir auch Untersuchungen geführt haben, um die Senkungen, die an der Oberfläche auftreten, mit denen zu vergleichen, die aus theoretischen Erwägungen bei Annahme gewisser Konstanten hervorgehen. Wir haben es bei teilweisem Abbau versucht und nach unseren Beobachtungen waren die Senkungen der Oberfläche größer, als es aus den theoretischen Material-Konstanten, die im Laboratorium gefunden wurden, hervorging.

Herr Meisser

Ich möchte vom Standpunkt der Physik noch einmal darauf hinweisen, daß man auch in der Grube am anstehenden und möglichst auch am ungestörten Gestein mehr Anstrengungen machen muß und messen muß. Es wird in Zukunft wichtig sein, auch noch andere Verfahren zu entwickeln, um von Bohrlöchern aus, nicht nur von der Strecke aus, geophysikalisch die entsprechenden Konstanten zu bestimmen, die die Träger der Festigkeitseigenschaften sind.

Herr Kvapil

Bei der Festigkeitsuntersuchung von Gesteinen können auch Kleinigkeiten einen bedeutenden Wert haben, wie z. B. der Verlauf der Spannungs-Verformungskurve.

Betrachten wir einen auf Biegung bis zum Bruch belasteten Gesteinsbalken und schneiden aus dem gedrückten Teil des Balkens den Probekörper A, aus dem gezogenen Teil den Probekörper B gemäß Bild 1.

Vergleichen wir die Stress-Strain-Kurven beider Probekörper aus dem Druckversuch, wie sie schematisch im unteren Teil des Bildes 1 aufgezeichnet sind, so sehen wir, daß die Kurve der Probe A aus dem Druckbereich des Balkens konvex und die der Probe B aus dem Zugbereich des Balkens konkav ist. Die Unterschiede in den Deformationskurven sind durch den vorherigen unterschiedlichen Deformationsprozeß bedingt, welchen das Gestein bei der Belastung des Balkens durchgemacht hat. Auf diese Tatsache machte schon vor mehr als 30 Jahren Prof. M. Roš aufmerksam. Die Unterschiede der Defor-

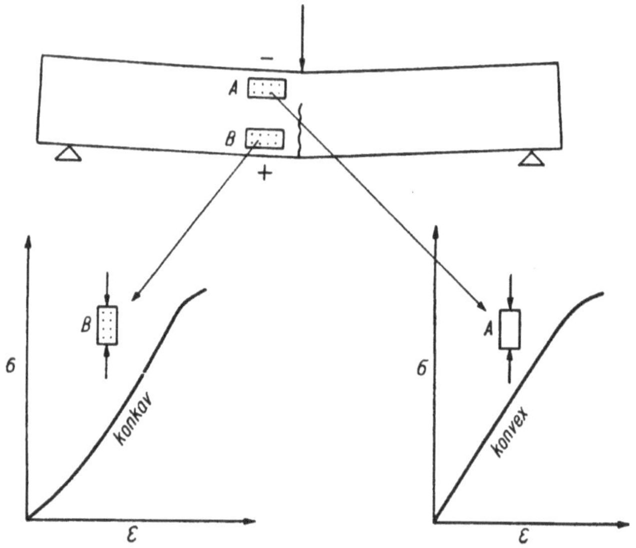

Bild 1

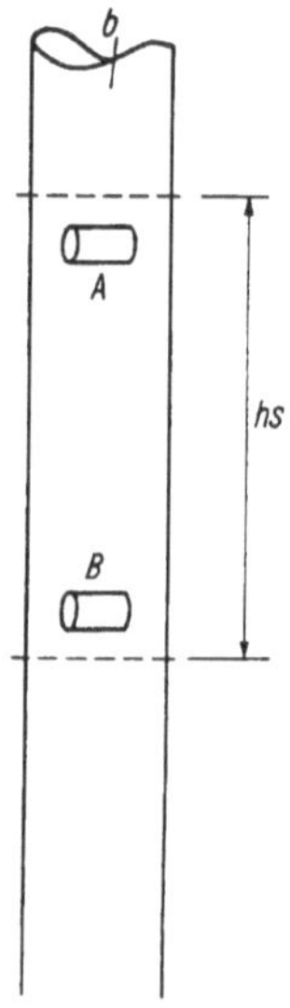

Bild 2

mationskurven sind z. B. bei Marmor, Kalksteinen und überhaupt bei kohlensauren Gesteinen gut ausgeprägt.

Die unterschiedliche Deformationscharakteristik der Gesteinsproben aus den Zug- oder Druckbereichen kann in einigen Fällen der Forschung dienlich sein. Ich möchte auf die Möglichkeit aufmerksam machen, die unterschiedlichen Verformungscharakteristiken der Druckproben aus dem Zug- und Druckbereich für die Präzisierung der Analyse von Tiefbohrungen auszunutzen.

Mit der Bohrung b nach Bild 2 kann die Mächtigkeit der einzelnen Schichten genau festgestellt werden. Im Bild 2 ist die Mächtigkeit einer Schicht mit h_s bezeichnet. Aus dem oberen Teil der Schicht können wir aus dem Kern das Probestück A herausschneiden, aus dem unteren Teil den Körper B. Die Orientierung beider Körper muß gleich sein. Es ist selbstverständlich, daß es möglich ist, aus dem Bohrkern am oberen und unteren Rand

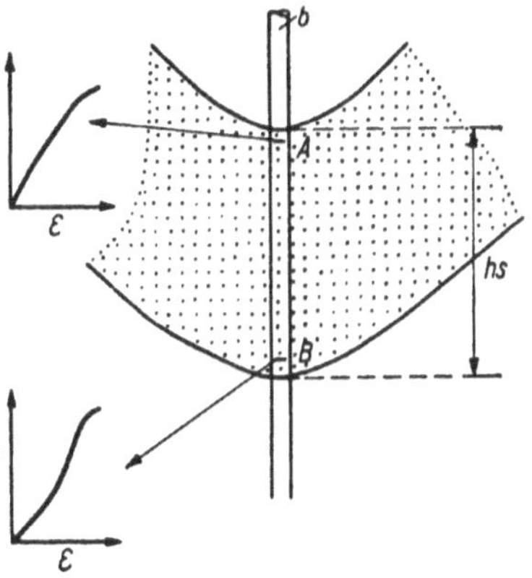

Bild 3

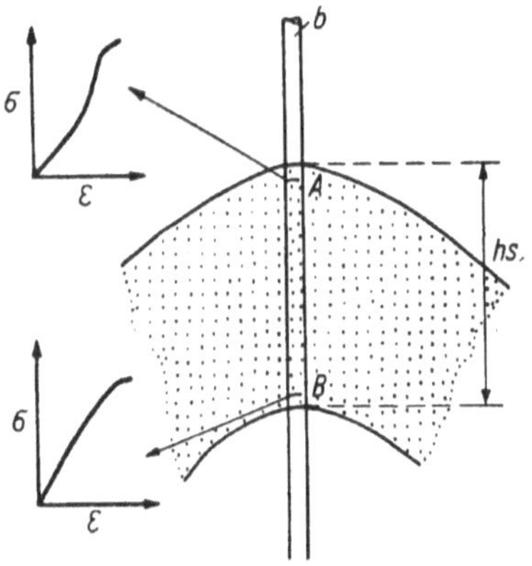

Bild 4

der untersuchten Schicht einige Paare von Probekörpern A und B herauszuschneiden und zwar so, daß die horizontalen Achsen der Probekörper nach verschiedenen Richtungen orientiert sind.

Unter der Voraussetzung, daß die Probe A aus dem oberen Teil der untersuchten Schicht von der Mächtigkeit h_s eine konvexe Deformationskurve hat und die Probe B eine konkave, dann kann man mit Recht annehmen, daß die Bohrung b durch eine Synklinale hindurchgeht. Ein solches Beispiel ist im Bild 3 aufgezeichnet.

Wenn aber die Probe A eine konkave Verformungskurve und die Probe B eine konvexe hat, wie es im Bilde 4 aufgezeichnet ist, dann ist es sehr wahrscheinlich, daß die Bohrung b durch eine Antiklinale hindurchgeht.

Die σ—ε-Kurve der Druckproben aus dem Druck- und Zugbereich von auf Biegung beanspruchten Balken ist nicht bei allen Gesteinen unterschiedlich. Bei den Gesteinen mit ausgeprägten Unterschieden der Spannungs-Verformungs-Kurven kann auch der einfache Vergleich helfen, Folgerungen aus den tektonischen Prozessen vom Gesichtspunkt des Spannungszustandes der Gesteine besser zu beurteilen.

Daher ist es erwünscht, daß in einigen Fällen bei der Untersuchung der Gesteinsdruckfestigkeit nicht nur die Zahlenwerte angegeben werden, sondern auch die Deformationskurven, deren Charakteristiken in vielen Fällen eine erhebliche Bedeutung haben können.

Herr Knothe

Ich danke für die Bemerkungen. Sind noch weitere Wortmeldungen? — Wenn nicht, dann wären wir mit der allgemeinen Diskussion zu Ende. Ich darf allen Teilnehmern für die wertvollen Beiträge danken.

ERGEBNIS DER ABSPRACHEN ZUR GLEICHARTIGEN DURCHFÜHRUNG VON FESTIGKEITSUNTERSUCHUNGEN

Auf der Grundlage der Referate und Diskussionen über die *Methodik der Festigkeitsuntersuchungen in den verschiedenen Ländern* arbeiteten die Herren EVERLING, HÖFER und POTTS einen Vorschlag für die gleichartige Durchführung von Druckversuchen aus und unterbreiteten ihn den Teilnehmern am 2. Ländertreffen.

Nach eingehender Diskussion wurde nachstehendes als vorläufige Richtlinie gebilligt:

Entwurf der Richtlinie zur Durchführung von Druckversuchen an Gesteinen

1. Probennahme

Die Proben für Druckversuche sind als Kerne zu erbohren:

a) untertage;
b) aus untertage gewonnenen Handstücken, die nicht durch Schießarbeit gewonnen werden dürfen;
c) aus Tiefbohrungen.

Das Bohren soll trocken erfolgen. Unmittelbar nach der Probennahme sind die Bohrkerne bzw. Handstücke mit einer wasserundurchlässigen Umhüllung zu versehen. Salzgesteine sind bis zur eigentlichen Versuchsdurchführung im Exsikkator aufzubewahren.

2. Probenvorbereitung

Von jedem Entnahmeort sind nach Möglichkeit mindestens 6 Proben zu untersuchen. Der Ort der Probennahme und die Orientierung der Proben sind genau zu vermerken. Bei speziellen strukturellen Unterschieden sind die Proben nach drei orthogonalen Richtungen zu entnehmen.

Aus den Bohrkernen sind Zylinder in einer Länge, die gleich dem doppelten Durchmesser sind, abzuschneiden. Die beiden Endflächen sind durch Schleifen so genau wie möglich zu ebnen.

Für den Probendurchmesser werden folgende Vorschläge gemacht:

a) Internationale Norm BX: $1^1/_8'' = 42$ mm,
b) eine andere Größe, die etwa bei 100—120 mm liegt und noch genau festzulegen ist.

Die wirklichen Abmessungen und das Gewicht sowie alle äußerlich feststellbaren Eigenschaften der Proben sind genau aufzunehmen.

3. Versuchsdurchführung

Die Probe ist zwischen die Druckplatte einer Prüfmaschine einzubringen. Eine der Druckplatten muß kuglig gelagert sein. Die Druckflächen werden nicht geschmiert. Die Belastung ist allmählich mit einer Geschwindigkeit von ungefähr 10 kp/cm² s oder 100 *psi*/s aufzubringen.

Die Belastung ist bis zum Bruch zu steigern und der Höchstwert abzulesen.

Bei den Versuchen sind petrographische Untersuchungen und Bestimmungen des Wassergehaltes der Proben durchzuführen.

4. Sonstiges

Falls sich Proben von dem angegebenen Schlankheitsgrad $L/D = 2$ nicht herstellen lassen, so sind die Werte aus kürzeren Proben nach der folgenden Formel umzurechnen

$$\sigma_N = \frac{8 \cdot \sigma_D}{7 + 2 \cdot D/L}$$

mit σ_D = gemessene Druckfestigkeit
D = Probendurchmesser
L = Probenlänge
σ_N = Festigkeit des Normkörpers mit $L/D = 2$.

Die Schlankheit soll dabei $L/D = 1$ nicht unterschreiten.

Die Umrechnung ist im Protokoll zu vermerken.

Nur in Fällen, wo die Entnahme von Bohrkernen nicht möglich ist, kann auf Prüfverfahren an unbearbeiteten Proben (z. B. nach Protodjakonov) übergegangen werden.

Die Ergebnisse dieser Versuche sind mit denen der vorher festgelegten Art nicht vergleichbar.

Arbeitsprogramm
des Internationalen Büros für Gebirgsmechanik für das Jahr 1961

Nach eingehender Aussprache beschlossen die Teilnehmer des 2. Ländertreffens des Internationalen Büros für Gebirgsmechanik für das Jahr 1961:

1. Das Wörterbuch für Gebirgsdruckfragen in

   Deutsch-Englisch-Französisch-Russisch

   ist druckreif zu überarbeiten und zu drucken.
2. Die Zusammenstellung der Gebirgsdruck-Weltliteratur ist weiter zu ergänzen, mit dem Stand 31. Dezember 1960 abzuschließen, zu überarbeiten und in Druck zu geben.
3. Der Aufbau der Bibliothek gebirgsmechanischer Veröffentlichungen ist weiter voranzutreiben.
4. Da eine Bearbeitung von Einzelthemen in kleinen Arbeitsgruppen unumgänglich ist, wird beschlossen, drei Arbeitsgruppen zu bilden:

a) Gruppe *Begriffsbestimmungen*

Als Gruppenleiter wird vorgeschlagen: Herr Mohr
als Mitarbeiter die Herren Buisson
Neubert
Stassen
Tanfield
Wöhlbier

und ein Mitarbeiter des Bergbauinstitutes der Akademie der Wissenschaften der UdSSR sowie des VNIMI.
Dieser Gruppe wurde empfohlen, bis Ende Februar 1961 ein Arbeitsprogramm auszuarbeiten und spätestens im II. Quartal 1961 zur ersten Aussprache in Berlin zusammenzukommen.

Anmerkung der Redaktion:
Die für die Gruppe *Begriffsbestimmung* vorgeschlagenen Herren gaben ausnahmslos ihre Zustimmung zur Mitarbeit.
Weiter wurde noch Herr Watznauer benannt.
Das Bergbauinstitut der Akademie der Wissenschaften der UdSSR benannte Herrn Panov und VNIMI Herrn Averšin zur Mitarbeit in der Gruppe *Begriffsbestimmungen*

b) Gruppe *Gerätetechnik für Untertagemessungen*

Vorschlag für den Gruppenleiter: Herr Borecki
Vorschlag für die Mitarbeiter die Herren: Hoffmann
Jacobi
Knothe
Meisser
Potts
Sibek

sowie einen Vertreter des CERCHAR
und einen Vertreter der Sowjetunion.
Beratungsvorschlag: II. Quartal 1961 in Krakow.

Anmerkung der Redaktion:

Die vorgeschlagenen Herren gaben mit Ausnahme von Herrn JACOBI ihre Zustimmung zur Mitarbeit in der Gruppe *Gerätetechnik für Untertagemessungen*.
Vom CERCHAR, Paris, wurde Herr DECLEAUX benannt und aus der UdSSR Herr SLOBODOV.

c) Gruppe *Festigkeitsuntersuchungen*
Vorschlag für den Gruppenleiter: Herr KVAPIL
Vorschlag für die Mitarbeiter die Herren: EVERLING
GIMM
HÖFER
JENKINS
MARTOS
MÜLLER, L.
PETYREK
PROTODJAKONOV
und einen Vertreter des CERCHAR.
Beratungsvorschlag: März 1961 in Prag.

Anmerkung der Redaktion:

Die vorgeschlagenen Herren gaben ausnahmslos ihre Zustimmung zur Mitarbeit in der Gruppe *Festigkeitsuntersuchungen*.
Vom CERCHAR wurde für eine Mitarbeit in der Gruppe *Festigkeitsuntersuchungen* Herr TINCELIN vorgeschlagen.

5. Die Mitglieder des Internationalen Büros für Gebirgsmechanik stimmten zu, daß das Internationale Büro für Gebirgsmechanik einen gemeinsamen Meßeinsatz zur Erprobung von Verformungs- und Spannungsmeßgeräten durchführt, und zwar in Koordinierung mit dem auf der Grube Příbram durchzuführenden Forschungsprogramm.
Die Mittel für diesen Einsatz stellt das Internationale Büro für Gebirgsmechanik zur Verfügung.
Es ist vorgesehen, etwa 3 Meßgruppen zu je 4 Mann zu bilden, die mit Teilnehmern aus verschiedenen Ländern besetzt sind.
6. Über das 2. Ländertreffen ist ein Bericht herauszugeben und zu drucken.
7. Durchführung des 3. Ländertreffens im IV. Quartal 1961.

Abschlußprotokoll und Schlußwort

Zum Abschluß der Arbeitstagung des Internationalen Büros für Gebirgsmechanik wurde von den Teilnehmern ein Protokoll über den Verlauf des 2. Ländertreffens unterzeichnet.

Nach der Unterzeichnung des Protokolls sprach Herr Prof. MOHR für die Teilnehmer am 2. Ländertreffen und der Leiter des Internationalen Büros für Gebirgsmechanik, Herr Prof. BILKENROTH, schloß die Arbeitstagung.

Herr MOHR

Meine Herren!

Das Büro hat in dem Protokoll erwähnt, daß die hier versammelten Teilnehmer ihm ihren Dank ausgesprochen haben. Ich glaube, im Namen aller sagen zu können, daß es meiner Meinung nach eine sehr denkwürdige Sitzung war, an der wir haben teilnehmen können.

Für alle Herren, die sich mit den Fragen der Festigkeiten von Gesteinen schon länger befassen, wird es eine Befriedigung sein, nunmehr eine Vergleichsmöglichkeit der Ergebnisse der Fachkollegen zu haben. Besonders diejenigen, in deren Instituten schon seit langem Reihen- und Routineversuche durchgeführt werden, werden es begrüßen, nunmehr bald nach allgemein anerkannten Regeln arbeiten zu können. Ich halte diesen Schritt, zu einer ersten Vereinbarung zu kommen, für denkwürdig.

Wenn man die Tagungen der letzten Zeit auf dem Gebiet der Gebirgsdruckforschung überblickt, so konnte man hier und da die Befürchtung fühlen, daß wir vielleicht irgendwann zu theoretisierender Unproduktivität kommen könnten, wenn nicht Festlegungen dieser Art, die natürlich den allerersten Schritt darstellen, getroffen werden. Die völlige Übereinstimmung der hier anwesenden Fachkollegen läßt die Hoffnung aufkommen, daß wir bei der nächsten Tagung die Möglichkeit haben werden, den ersten Schritt auch auf dem Wege zu tun, gewisse Bemessungsverfahren für die einfachsten vorliegenden Fälle festzulegen. Die bisherigen Untersuchungen auf all diesen Gebieten haben ergeben, daß es keinesfalls entmutigend ist, wenn Ergebnisse und Theorien teilweise recht weit streuen.

Wir wissen aus der Praxis, daß selbst so bedeutende Festlegungen, wie sie in der Technischen Mechanik schon vor langer Zeit getroffen worden sind und die Grundlage für alle unsere Übertagebauten bilden, noch heute immer wieder verbessert werden bzw. daß für spezielle Fälle neue Bemessungsverfahren aufgestellt werden müssen, wobei ich an die sehr akute Frage der Berechnung des Schachtausbaus erinnere.

Es ist besonders darauf hinzuweisen, daß derartige Festlegungen keinesfalls dazu dienen sollen, die weitere Grundlagenforschung in irgendeiner Weise einzuschränken.

Im Rahmen des bisher Festgelegten wird auch die Möglichkeit belassen, den besonderen Belangen der Zweckforschungen nachkommen zu können.

So glaube ich, daß wir innerhalb dieser Tagung einen recht bedeutsamen Schritt vorwärtsgekommen sind, und daß wir die Hoffnung hegen können, daß die weiteren Richtlinien für Bemessungsverfahren zu einer wirklich brauchbaren technischen Gebirgsmechanik zum Vorteil des Bergbaus in allen Ländern führen werden.

Wenn ich Ihnen in diesem Zusammenhang, meine Herren des Büros, noch einmal unseren Dank ausspreche, so glaube ich, daß Sie mit besonderer Genugtuung auf diese Tagung zurückblicken können.

Herr Bilkenroth

Meine Herren!

Gestatten Sie, daß ich Ihnen zum Abschluß für ihr Kommen und für Ihre Mitarbeit recht herzlich danke. Ich glaube feststellen zu dürfen, daß wir eine fruchtbringende Arbeit geleistet haben und daß wir wieder ein Stück vorwärtsgekommen sind. Es ist ja notwendig, daß wir auf diesem wichtigsten Gebiet unseres gesamten Bergbaus weiterkommen, und zwar schnell weiterkommen, damit das Ziel, was letztlich jeder Bergmann und insbesondere die Wissenschaftler des Bergbaus haben müssen, erreicht wird, nämlich die Sicherheit der Menschen untertage, und zum anderen die Erleichterung der Gewinnung der Materialien, zum Wohle des Bergbaues, wo er auch sei.

Darf ich Ihnen damit, meine Herren, nochmals danken und unsere Tagung offiziell schließen.

EXKURSION ZUR EISENERZGRUBE SCHMIEDEFELD DES VEB MAXHÜTTE

Gebirgsdruckwirkungen beim Abbau steiler Erzlagerstätten unter besonderer Berücksichtigung der Verhältnisse in der Eisenerzgrube Schmiedefeld

von W. Gimm, Freiberg/Sa.

Einleitung

In Deutschland wurden eingehende Untersuchungen über den Gebirgsdruck hauptsächlich in Kohlenlagerstätten der flachen Lagerung durchgeführt, daneben auch im Kalibergbau und Erzbergbau der flachen Lagerung. Die Druckwirkungen in der steilen Lagerung sind lediglich im Steinkohlenbergbau, vor allem im Ruhrgebiet, in mehreren Arbeiten näher untersucht worden.

Über die Druckwirkungen auf standfesten Erzlagerstätten mit standfesten Nebengesteinen gibt es dagegen im deutschen Schrifttum — abgesehen von einer älteren Arbeit von Landwehr über die Druckwirkungen im Gangerzbergbau des Siegerlandes — kaum neuere Arbeiten. Die Gründe für die ungenügende Erforschung des Gebirgsdruckes beim Abbau derartiger Lagerstätten sind hauptsächlich folgende:

1. Stärkere Druckwirkungen, die zu besonderen Maßnahmen zwangen, traten beim Abbau derartiger Lagerstätten nicht ständig, sondern nur zeitweise und nur in bestimmten Zonen auf.
2. Die in Gangstrecken beobachteten Rißbildungen, Schalenablösungen und Zerstörungen des Ausbaues wurden von vielen Praktikern ausschließlich auf die Belastung des Streckenausbaues durch den überlagernden Versatz oder auf die Ablösung einzelner Gesteinsschalen an vorhandenen Klüften infolge der Schwerkraft zurückgeführt. *Eine Bewegung der hangenden und liegenden Nebengesteinspartien wird bei den vorliegenden festen Gesteinen meist nicht für möglich gehalten* (Pickert/Dietterle).

In den letzten Jahren traten zeitweise beträchtliche gebirgsmechanische Schwierigkeiten in einzelnen Erzgruben der DDR auf, insbesondere in den sächsischen Gangerzgruben Freiberg (Halsbrücke) und Pechtelsgrün sowie in der thüringischen Eisenerzgrube Schmiedefeld. Da außerdem einige Grubenbefahrungen bereits bei oberflächlicher makroskopischer Beobachtung ergaben, daß die in der Praxis vorherrschende Meinung über die Zerstörung des Streckenausbaues durch das Gewicht des Versatzes verkehrt ist, wurden am Freiberger Institut für Bergbaukunde seit 1958 einige Untersuchungen über die Gebirgsdruckwirkungen in den genannten Gruben durchgeführt. Über die wichtigsten Ergebnisse dieser Untersuchungen soll im folgenden berichtet werden, um eine Vorbereitung auf die geplante Exkursion nach Schmiedefeld zu geben.

Es sei vorausgeschickt, daß die erwähnten Untersuchungen bisher nur mittels sorgfältiger makroskopischer Beobachtungen, Fotografien und einfacher Konvergenzmessungen durchgeführt wurden. Nur an wenigen Stellen der Grube Schmiedefeld erfolgten einige zusätzliche Messungen mit Druckmeßdosen. Obwohl die wissenschaftliche Erforschung des Gebirgsdruckes in diesen Lagerstätten noch keineswegs abgeschlossen ist, gestatten die bisherigen Arbeiten doch schon einige wesentliche Erkenntnisse von grundsätzlicher Bedeutung.

Druckwirkungen beim Abbau geringmächtiger Erzgänge (Freiberg, Pechtelsgrün)

Die Untersuchungen wurden 1958 in Freiberg von Pickert und Dietterle, 1959 in Pechtelsgrün von Krause durchgeführt. Die Ergebnisse der Freiberger Untersuchungen wurden 1959 in der Zeitschrift Bergakademie veröffentlicht. Im folgenden sollen lediglich die wichtigsten Ergebnisse dieser Arbeiten mitgeteilt werden.

Geologie

Die Gänge der Freiberger Grube sind durchschnittlich 1,0—2,5 m mächtig, der Gang von Pechtelsgrün ist durchschnittlich 0,6—2,0 m mächtig.
Die Teufe der z. Zt. bebauten Sohlen liegt in Pechtelsgrün zwischen 100 und 350 m, in Freiberg zwischen 350 und 450 m.

Das Einfallen liegt in beiden Gruben etwa zwischen 70 und 90°. Die Gangfüllung besteht in Freiberg vor allem aus Fluorit, Quarz, Baryt und wenig Bleiglanz; in Pechtelsgrün handelt es sich um einen Quarzgang, der einige Erzminerale, hauptsächlich derben Wolframit, enthält. Vorherrschende Nebengesteine sind in Freiberg grauer Biotitgneis, in Pechtelsgrün Granit. Erzgänge und Nebengestein haben in beiden Gruben im allgemeinen eine gute Standfestigkeit. Lokal ist die Standfestigkeit durch verschiedene Einflüsse verringert, z. B. verlettete Klüfte parallel oder spitzwinklig zu den Salbändern im Gang und Nebengestein, sowie drusige Hohlräume. In Pechtelsgrün gibt es vor allem im Zentrum der Lagerstätte bis 5 cm starke Trümer von Muskowit und Molybdänglanz, welche als Gleitflächen wirken können.

Ausrichtung und Abbauverfahren

Der Sohlenabstand beträgt in beiden Gruben 50 m. Die Ausrichtung erfolgt vorwiegend durch Gangstrecken in den Erzgängen. In beiden Gruben wird Firstenstoßbau mit Versatz angewendet. In Pechtelsgrün wird außerdem Schrägbau und Magazinbau betrieben.

Druckwirkungen in Gangstrecken

Die Untersuchungen haben folgende Gegebenheiten und Gesetzmäßigkeiten ergeben:
Im unverritzten Feld zeigen die Gangstrecken im allgemeinen keine nennenswerten Gebirgsdruckwirkungen, so daß sie ohne Ausbau offengehalten werden können. Lediglich beim Durchörtern von tektonisch besonders stark beanspruchten Zonen (Ruschelzonen) muß lokal ein schwacher Ausbau zum Schutz gegen Firstfallgefahr eingebracht werden.

Die Gangstrecken werden im Normalfall erst bei der Aufnahme des Abbaues im betreffenden Gebiet ausgebaut. Dabei wurde früher fast ausschließlich mit relativ starren Ausbauformen gearbeitet. Am häufigsten werden sogenannte Firstenkästen verwendet, welche aus an den Stößen eingebühnten Altschienen oder Holzkappen und aufgelegtem Verzug aus Holz oder Altschienen bestehen. Daneben wurden deutscher Türstock aus Holz sowie gewölbeförmiges Mauerwerk aus Ziegelsteinen oder Stampfbeton benutzt.

Der Ausbau in der jeweils unteren Gangstrecke zeigt in der ersten Periode des in seiner Firste umgehenden Abbaues keine nennenswerten Beschädigungen. Wahrnehmbare Druckwirkungen treten erst dann ein, wenn der Abbau eine Höhe von 20—25 m über der unteren Gangstrecke erreicht hat. Es kommt dabei z. B. zu geringen Verformungen der eingebühnten Kappen, die Gebirgsbewegungen sind dabei jedoch oftmals so gering, daß sie durch einfache Konvergenzmessungen nicht genügend erfaßt werden können.

Beim weiteren Abbaufortschritt tritt in der unteren Gangstrecke allmählich wieder eine Beruhigung des Gebirges ein (Pickert/Dietterle).

In der Gangstrecke auf der nächsthöheren Sohle zeigen sich in der ersten Periode des darunter umgehenden Abbaues keine erkennbaren Druckwirkungen. Erst wenn sich der von unten hochkommende Abbau auf 10—15 m der oberen Gangstrecke genähert hat, treten in dieser deutliche Gebirgsbewegungen auf. Diese wiederholen sich hierauf periodisch als Folge des Verhiebes jedes weiteren Abbaustoßes. Unter der Einwirkung dieser Kräfte wird der Ausbau verformt und geht stellenweise zu Bruch. Gleichzeitig lösen sich im Nebengestein große Gesteinsblöcke ab. Die Art der Zerstörung der Kappen oder Gewölbe zeigt eindeutig, daß es sich nicht um eine Beanspruchung in vertikaler Richtung sondern um seitliche Beanspruchungen handelt.

Bild 1. Seitliche Auslenkung der Stahlkappe eines Firstenkastens, Freiberg, nach PICKERT/DIETTERLE

Bild 2. Durch seitlichen Schub geknickte Holzkappe unter unverformtem Holzbohlenverzug des Firstenkastens, Freiberg, nach PICKERT/DIETTERLE

Zur Erläuterung Bild 1 (PICKERT/DIETTERLE), Bild 2 (PICKERT/DIETTERLE), Bild 3 (PICKERT/DIETTERLE). Diese Bilder zeigen deutlich, daß die eingebühnten Kappen durch seitlichen Druck verformt wurden, während der in der Längsrichtung der Strecke eingebrachte Verzug, welcher doch unmittelbar durch das Gewicht des Versatzes belastet ist, zum großen Teil unbeschädigt geblieben ist. Es ist also in bestimmten Zonen zu einer deutlichen Konvergenz der Nebengesteinsstöße gekommen. Die Konvergenz beträgt in Freiberg durchschnittlich 3—4 cm, max. 7 cm. In diesem Zusammenhang sei noch erwähnt, daß bei Zusammenbrechen des Firstenkastens der Versatz nur bis zu einer geringen

Höhe nachbricht. *Der Versatz trägt sich also durch die eingetretene Verfestigung bis zu einem gewissen Grade selbst, so daß der Kappenausbau (in der unteren Gangstrecke) nur eine relativ niedrige Belastung durch ihn erfahren kann* (nach Pickert/Dietterle).

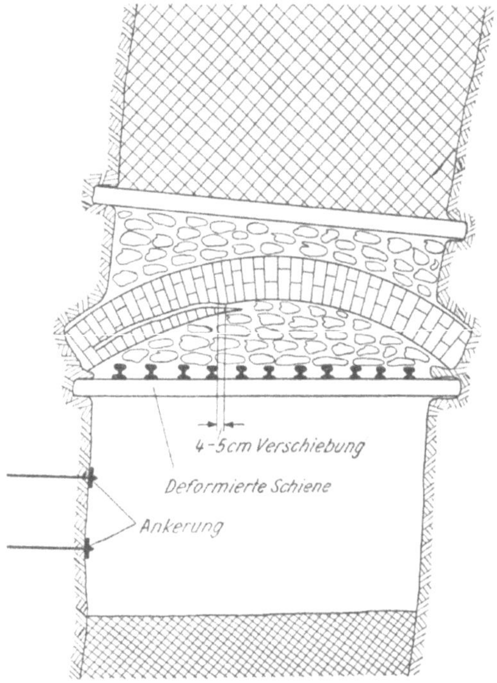

Bild 3. Zerstörungen an einem Firstengewölbe, Freiberg, nach Pickert/Dietterle

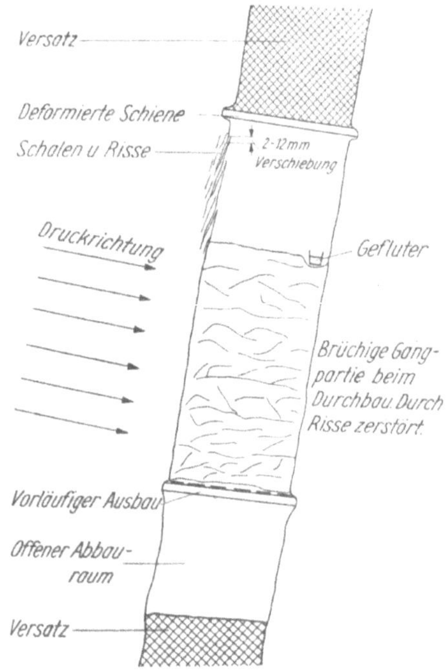

Bild 4. Schematische Darstellung der Druckwirkungen beim Durchbau einer Erzschwebe, Freiberg, nach Pickert/Dietterle

Druckwirkungen im Abbau

Im Abbauraum werden während des größten Teiles der jeweiligen Betriebsdauer in der Regel keine besonderen Druckwirkungen beobachtet. Gelegentlich auftretende Druckwirkungen haben lokalen Charakter und können auf den Einfluß besonderer Faktoren zurückgeführt werden, z. B. drusige Hohlräume, verlettete Klüfte oder Molybdänglanz - Muskowit-Trümer. Der Abbau braucht deshalb im Normalfall nicht ausgebaut zu werden.

Erst wenn sich der Abbau bis auf ca. 15—20 m der oberen Gangstrecke genähert hat, *kann im Abbau eine erhöhte Neigung zur Schalenablösung in der Firste und an den Stößen beobachtet werden. Mit zunehmender Annäherung des Abbaues an die nächsthöhere Sohle nimmt die Größe der sich ablösenden Schalen und Blöcke des Erzes und des Nebengesteins ständig zu. Schließlich wird die Gangfüllung durch die dynamischen Kräfte so stark beansprucht, daß eine völlige Zerklüftung (der Erzschwebe) eintreten kann* (nach Pickert/Dietterle). Zur Erläuterung Bild 4.

Schlußfolgerungen

Die Beobachtungen haben gezeigt, daß die bei anderen Lagerstättenverhältnissen festgestellten Gesetzmäßigkeiten auch für den Abbau von standfesten Erzlagerstätten steiler Lagerung gelten. Die eintretenden auffälligen Druckwirkungen in den jeweils oberen Gangstrecken und im oberen Teil des Abbaues sind ein Beweis dafür, daß auch bei diesen

Lagerstätten der Abbaufront eine Hochdruckzone und eine Entspannungszone voranläuft. Besonders starke Beanspruchungen treten bei Überlagerungen von Hochdruckzonen auf. Dies ist vor allem dann der Fall, wenn die Erzschwebe zwischen dem von unten herankommenden Abbau und der oberen Gangstrecke durch den Verhieb laufend verkleinert wird. Dabei werden die hangenden und liegenden Nebengesteinsstöße ihrer ursprünglichen Unterstützung durch den ursprünglich standfesten Lagerstätteninhalt beraubt. Die Erzschwebe stellt einen kleinen Restpfeiler dar, welcher hauptsächlich durch die Konvergenz der Nebengesteinsstöße zermürbt wird.

Druckwirkungen beim Abbau mächtiger Erzlager (Schmiedefeld)

Auf der Grube Schmiedefeld bei Saalfeld sind seit Sommer 1959 auf den oberen Sohlen außerordentlich starke Druckwirkungen eingetreten, welche von beträchtlichen Bergschäden in der unterbauten Ortschaft Schmiedefeld begleitet wurden. Diese Druckwirkungen wurden 1960 von Fankhänel untersucht.

Geologie

Im Gebiet von Schmiedefeld kommen in einer Serie kristalliner Schiefer des Ordoviziums mehrere Eisenerzlager vor, von denen nur eines, das sogenannte obere Lager, durchgehend bauwürdig ist. Das obere Lager hat am Ausbiß eine Mächtigkeit von 15—20 m, welche nach der Teufe zu abnimmt. Auf der 150 m-Sohle beträgt die Mächtigkeit 8—12 m, auf der 180 m-Sohle 5—7 m. Das Lager fällt im Durchschnitt mit ca. 30—35° ein. Es ist von mehreren Längs- und Querstörungen in einzelne Schollen zerlegt, siehe Bild 5 (nach Fankhänel). Das Erz besteht aus kleinen Ooiden von Chamosit (Durchmesser ca. 0,25 bis 1 mm) und einer Grundmasse von Siderit, Quarz, Ton und Glimmer. Unmittelbares Liegendes ist der bis 40 m mächtige Lagerquarzit. Hangendes ist der bis 300 m mächtige Lederschiefer. Die unteren 1—5 m werden als gebänderter Lederschiefer bezeichnet, eine Wechsellagerung von feinsandigen und tonigen Schichten. Der kompakte Lederschiefer ist ein fester Tonschiefer.

Bedeutung der Grube Schmiedefeld

Das Roherz hat einen Fe-Gehalt von 35%. Durch Rösten wird es auf 40% Fe angereichert und als saures Erz zusammen mit eisenhaltigen Kalksteinen in der Maxhütte in Unterwellenborn verhüttet.

Ausrichtung

Die Grube ist durch mehrere Stollen, einem Hauptschacht und einige seigere und tonnlägige Blindschächte ausgerichtet. Die ursprünglichen Hauptstrecken auf den oberen Sohlen wurden im Erzlager selbst aufgefahren. Auf der 150—180 m-Sohle wurden Richtstrecken im Liegenden aufgefahren, die jedoch infolge der gestörten Tektonik stellenweise auch im Erzlager verlaufen.

Abbauverfahren

Der Abbau begann am Ausbiß als Tagebau (zum Teil Trichterbau) und wurde dann später im Tiefbau fortgesetzt. Als Abbauverfahren wird eine Art Firstenstoßbau mit Trockenversatz betrieben. Das Abbauverfahren ist in Bild 6 (Fankhänel Anlage 5) dargestellt. Es unterscheidet sich vom normalen Firstenstoßbau hauptsächlich durch das Stehenlassen von unregelmäßigen Pfeilern von durchschnittlich 5 × 5 m Grundfläche. Von den oberen Sohlen sind stellenweise zum Schutz der Strecken weitere streichende Erzfesten

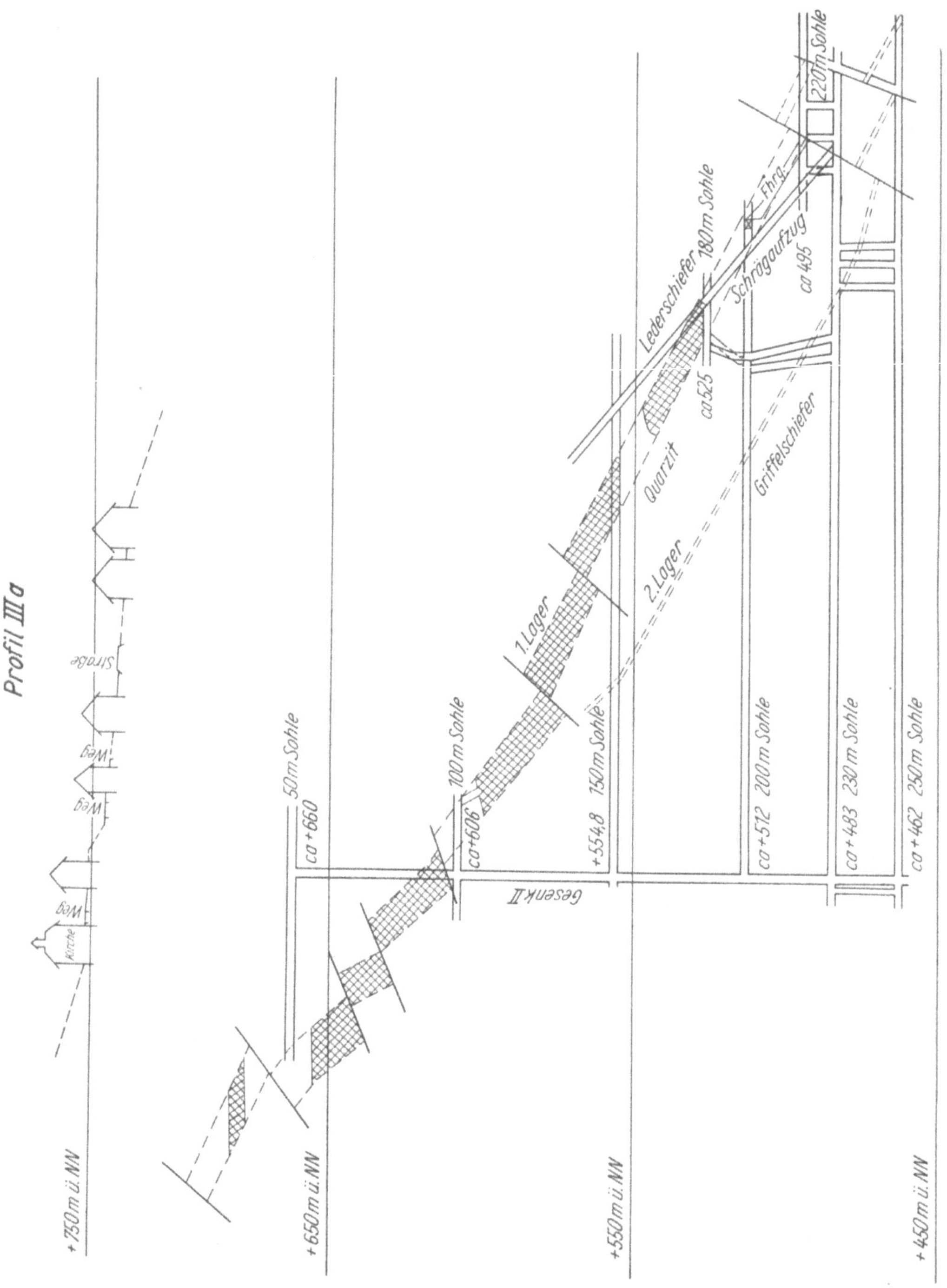

Bild 5. Schematisches Profil durch das Erzlager von Schmiedefeld, nach Fankhänel

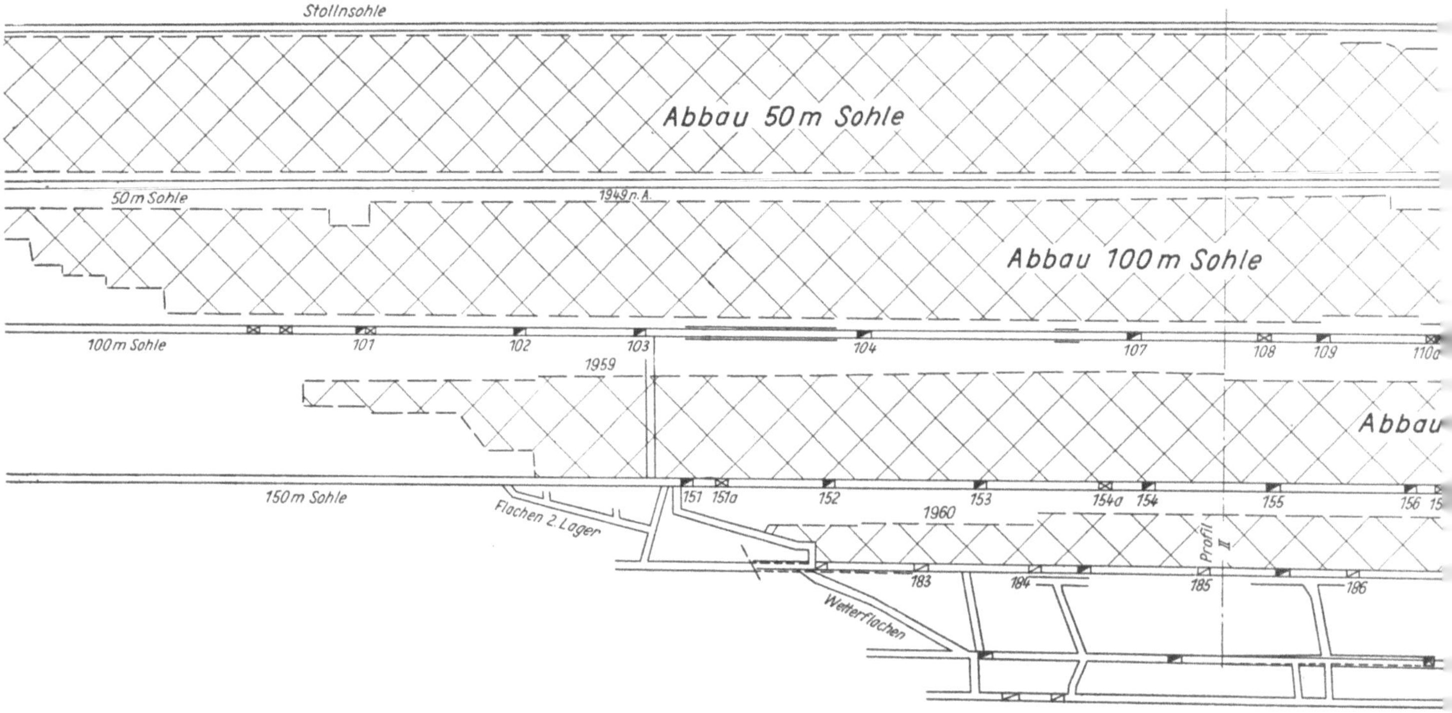

Bild 7. Seigerriß des mittl. Teiles (K

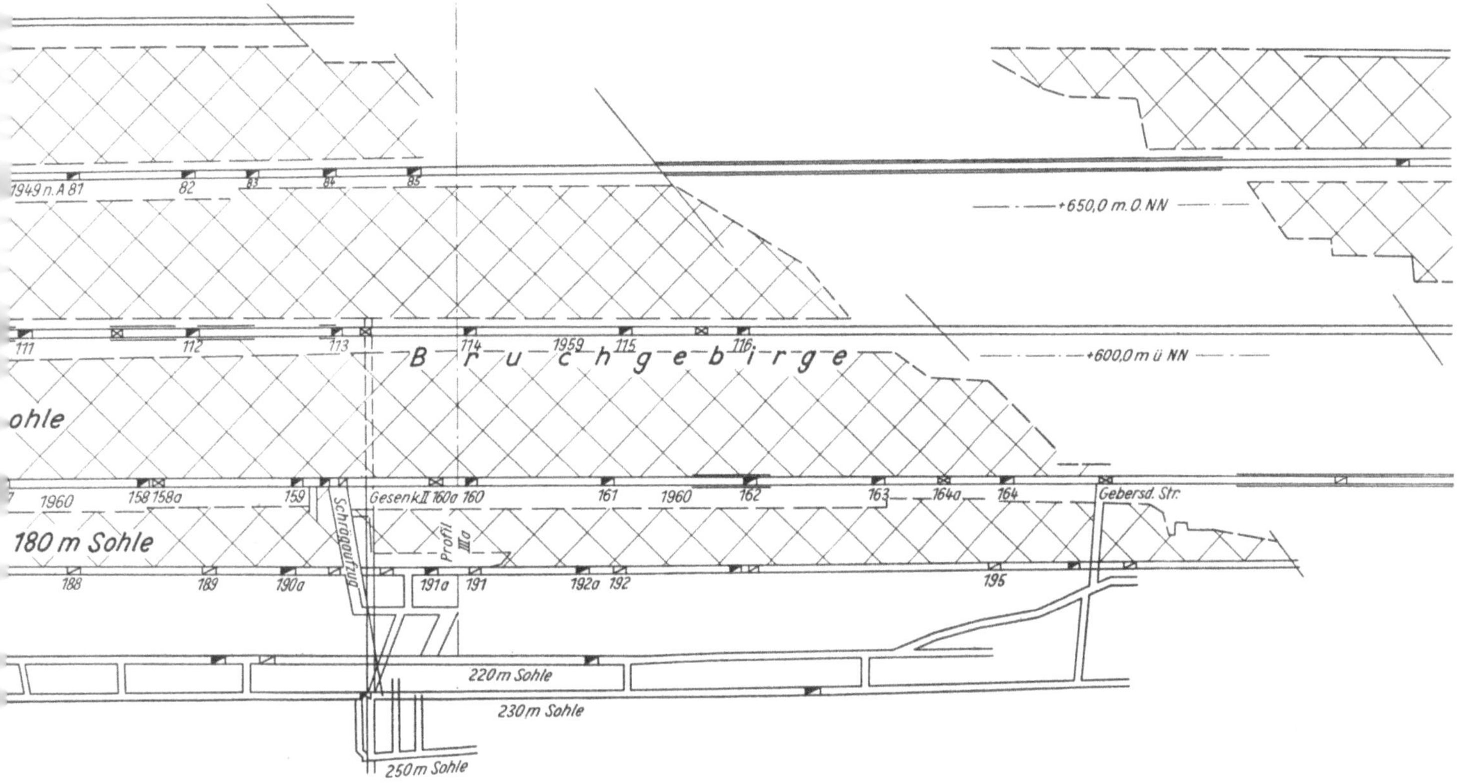

rube Schmiedefeld, nach Fankhänel

von etwa 5—10 m Höhe stehengeblieben, siehe Bild 7 (Fankhänel Anlage 18). Die einzelnen Sohlen wurden nacheinander von oben nach unten in Angriff genommen. Zwischen jeder Sohle erfolgte dagegen der Abbau in der beim Firstenstoßbau üblichen Weise jeweils von unten nach oben.

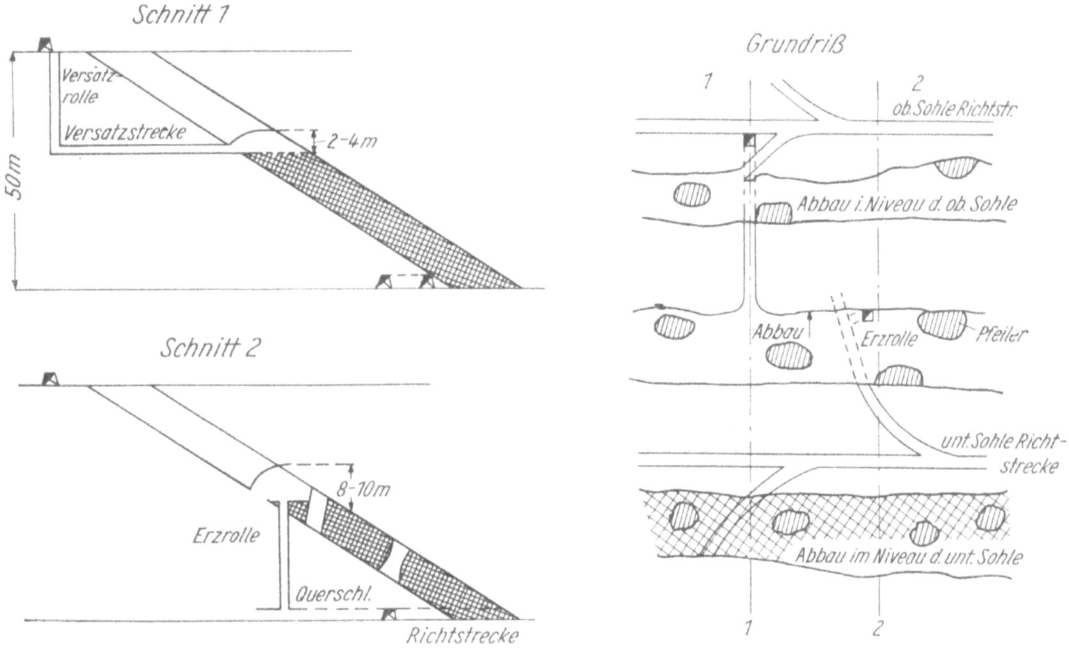

Bild 6. Firstenstoßbau in Schmiedefeld, nach Fankhänel

Festigkeitsverhalten

Auf der petrographisch gleichen benachbarten Lagerstätte Wittmannsgereuth wurden 1952 von Höfer und Dietze und 1955 von Jacob einige Festigkeitsuntersuchungen an Probekörpern durchgeführt. Dabei wurden folgende Druckfestigkeiten (σ_1 bis zum Bruch) festgestellt:

Erz	etwa	1190—1260 kp/cm²
Lederschiefer		730— 870 kp/cm²

Bei kleinen Probekörpern hat also das Erz eine größere Festigkeit als das Hangende. Bezüglich der Verbandsfestigkeit sind die Verhältnisse jedoch gerade umgekehrt. Das Erz enthält wesentlich mehr tektonisch gebildete Schwächeflächen (vorwiegend bankrechte feine Spalten mit Ausfüllung von sekundären Mineralien, vor allem Pyrophillit) als die Nebengesteine. Die tektonische Vorzerklüftung ist offensichtlich bei der Faltung des Gebirges entstanden und hat sich in dem anscheinend spröderen Erz stärker ausgeprägt als im Nebengestein. Die Verbandsfestigkeit ist zahlenmäßig noch nicht ermittelt worden, doch scheint folgende Reihenfolge gültig zu sein:

1. Lagerquarzit (als Gestein mit der größten Festigkeit),
2. kompakter Lederschiefer als Haupthangendes,
3. gebänderter Lederschiefer, als Dachschichten,
4. Erzlager,
5. Übergangserz = liegende Zone des Erzes mit Übergang zum Lagerquarzit.

Ganz allgemein kann gesagt werden, daß alle Gesteine der Grube Schmiedefeld auch im Verband eine relativ günstige Standfestigkeit aufweisen, so daß die Grubenbaue während langer Zeiten oftmals ohne Ausbau offengehalten werden können.

Die Beobachtungen über die Druckwirkungen haben gezeigt, daß in Schmiedefeld grundsätzlich die gleichen Gesetzmäßigkeiten wie in Freiberg und Pechtelsgrün gelten. Besonders intensive Druckwirkungen treten also in Abbauen und Strecken nur zeitweise auf, vor allem während der Annäherung eines Abbaues an die nächsthöhere Sohle. Infolge der wesentlich größeren Mächtigkeit der Lagerstätte sind die Bewegungen allerdings wesentlich größer als in Freiberg.

Die wichtigsten Beobachtungen sollen im folgenden aufgeführt werden:

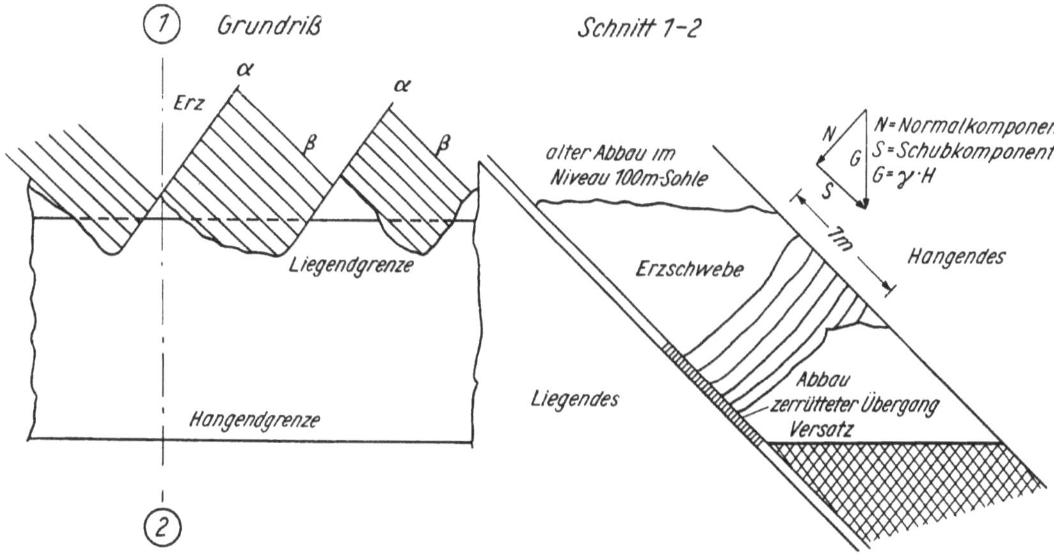

Bild 8. Druckwirkungen im Abbau bei Annäherung an die nächsthöhere Sohle, Grube Schmiedefeld, nach FANKHÄNEL

Beobachtungen in Abbauen: Der kompakte Lederschiefer bleibt während der größten Zeit des Abbaues als kompakte Platte etwa in seiner ursprünglichen Lage. Dagegen lösen sich die geringmächtigen Dachschichten (gebänderter Lederschiefer) verhältnismäßig frühzeitig ab. Zur Sicherung gegen Firstfallgefahr muß deshalb der gebänderte Lederschiefer planmäßig beraubt oder neuerdings durch Ankerausbau gesichert werden.

Wenn sich der Abbau von etwa 5 m (obere Sohlen) bis auf 10 m (100 m Sohle) der nächsthöheren Sohle genähert hat, öffnen sich am Erzstoß bankrechte Druckschlechten. Dadurch werden bankrechte Erzschalen bis zu etwa 50 cm Stärke abgelöst. Die abgelösten Erzschalen bauchen sich gegen den Abbauhohlraum aus, s. Bild 8 (Anlage FANKHÄNEL Nr. 17). Die Druckschlechten sind tektonisch vorgebildet, wobei 2 verschiedene Streichrichtungen auftreten, welche mit dem streichenden Erzstoß spitze Winkel bilden. Etwa zur gleichen Zeit findet eine Zerrüttung am Liegenden im sogenannten Übergangserz statt. Dieses Übergangserz zeichnet sich im Gegensatz zum normalen Erz durch einen höheren Tongehalt aus und hat infolgedessen eine relativ geringere Festigkeit. Im Übergangserz findet eine deutlich erkennbare Zerrüttung und Schieferung statt; bei hinzutretender Feuchtigkeit bildet sich eine *Gleitschicht* aus, welche *ein Abgleiten größerer Erzblöcke in den*

Abbauhohlraum begünstigt. Die Entspannungsvorgänge im Erzkörper sind teilweise akustisch durch knackende Geräusche wahrnehmbar, sie haben also den Charakter von kleinen plötzlichen Spannungsauslösungen.

Die Erzfesten im Abbau wirken lediglich als eine Art vorläufiger Ausbau. Nach langer Zeit werden sie zermürbt, wobei gelegentlich die aus Laborversuchen bekannten Doppelkegel auftreten, siehe Bild 9 (Fankhänel Anlage 12, Bild 3).

Beobachtungen in Strecken: Die Beobachtungen in Strecken lassen ein beträchtliches Ausmaß der Bewegungen erkennen. Am größten waren die Bewegungen auf der 50 m-Sohle, wo die ursprüngliche Streckenbreite von 2,5 m sich innerhalb von 7 Monaten auf 0,5 m verengt hat. Durch diese starken Stoßkonvergenzen mußte trotz Ausbau ein Teil der Strecken aufgegeben werden und ist heute nicht mehr befahrbar. Wegen des gegenüber Freiberg wesentlich größeren Ausmaßes der Druckwirkungen konnten die einzelnen Beanspruchungen an den verschiedenen Stößen deutlich erkannt werden, siehe Bild 10 (Fankhänel Anlage 21). Am Hangendstoß wirken auf den Ausbau gleichzeitig Schub und Normalkraft ein. Dadurch wird der Ausbau, z. B. Mauerwerk und Betonausbau, in einzelne Schalen zerstückelt, welche sich vor allem unter dem Einfluß der Schubkomponente gegeneinander zusammenschieben. Am Liegendstoß wirkt lediglich die Schubkomponente. Diese bewirkt eine Ausbauchung des Ausbaues, wobei sich schließlich klaffende Risse bilden. Infolge des Fehlens einer zweiten Komponente (Normalkraft) am Liegendstoß findet jedoch kein weiterer Zusammenschub der einzelnen Schalen statt. Die Zerstörungen beschränken sich auf solche Strecken, die im Erzlager selbst verlaufen. Im standfesten Liegenden (Lagerquarzit) klingen die Bewegungen schnell ab und hören nach max. 5 m Entfernung von der Unterkante des Erzlagers vollständig auf.

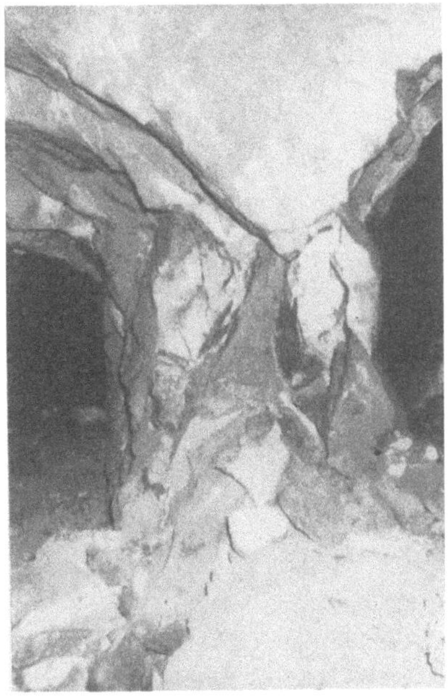

Bild 9. Bildung eines Doppelkegels an einem Erzpfeiler im Abbau, Grube Schmiedefeld, nach Fankhänel

Druckwirkungen in Strecken und Abbauen

Während der größten Zeit des Abbaues ist infolge der hohen Standfestigkeit der Gesteine, insbesondere wegen der hohen Biegungssteifigkeit des Haupthangenden, der Spannungsausgleich gehemmt. Die Zeiten starker Druckwirkungen, welche von einem schnelleren Spannungsausgleich begleitet sind, sind jeweils nur kurzzeitig (einige Monate) und sind voneinander getrennt durch etliche Jahre mit relativer Ruhe im Gebirge. Derartige Zeiten intensiver Gebirgsbewegungen treten immer dann ein, wenn die Schwebe durch den von unten herankommenden Abbau auf ein bestimmtes Maß (5—10 m) geschwächt ist. Die dann noch verbleibenden schmalen Erzschweben können dem Gewicht des auf großer Fläche im Abbau freigelegten Haupthangenden nicht mehr widerstehen. In diesen Zeiten kommt es zu starken Zerstörungen in Strecken und Abbauen. Gleichzeitig setzen starke Bodensenkungen an der Tagesoberfläche ein, welche Senkungsbeträge bis zu über 2 m aufweisen. Der Bruchwinkel, unter dem sich die Bewegungen bis zur Tagesoberfläche fortpflanzen, liegt bei etwa 70°. Diese Bewegungen werden offensichtlich durch das Vorhandensein größerer tektonischer Störungen (vor allem sogenannte Schmiedefelder Hauptstörungen) erheblich begünstigt, so daß sich das Hangende in großen Schollen, entlang von tektonischen Störungszonen absenkt.

Eine schematische Darstellung des zeitlichen Ablaufes von Abbau und Druckwirkungen ist in Bild 11 (FANKHÄNEL Anlage 22) dargestellt.

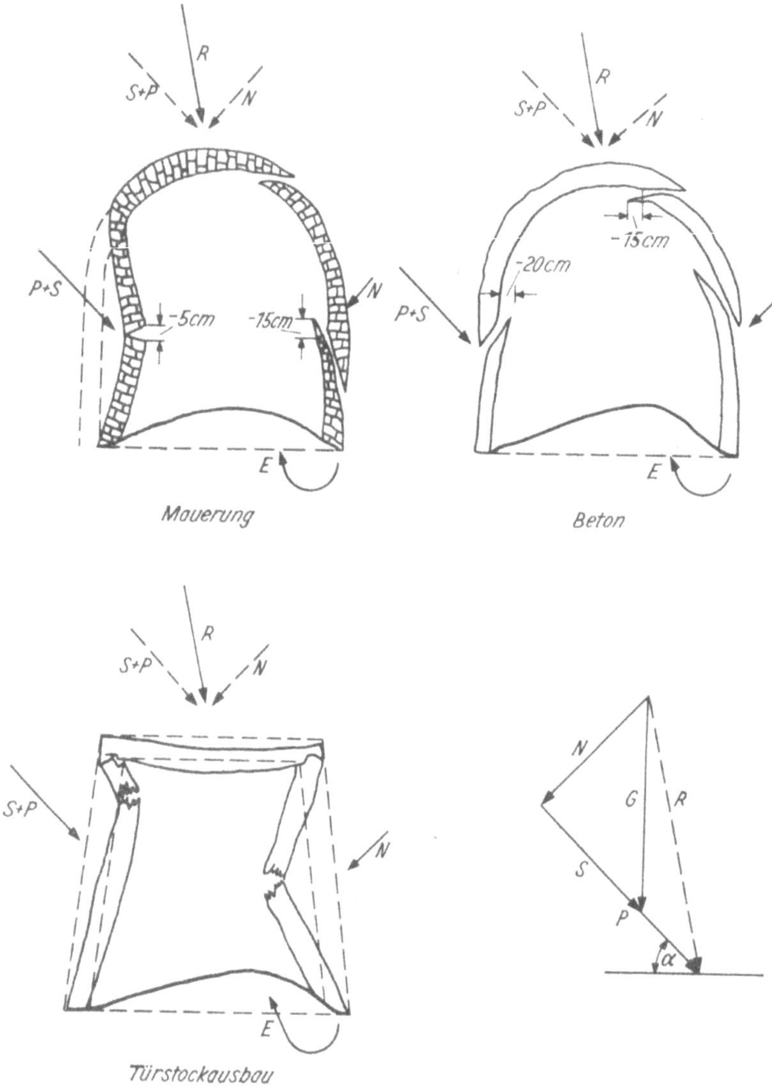

Bild 10. Schematische Darstellung der Druckwirkungen im Streckenausbau, Grube Schmiedefeld, nach FANKHÄNEL. $G = \gamma \cdot H$; N = Normalkomponente ($G \cdot \cos \alpha$); S = Schubkomponente ($G \cdot \sin \alpha$); $P = m \cdot b$; R = Resultierende; E = Entspannung der Sohle; α = Einfallwinkel des Erzlagers

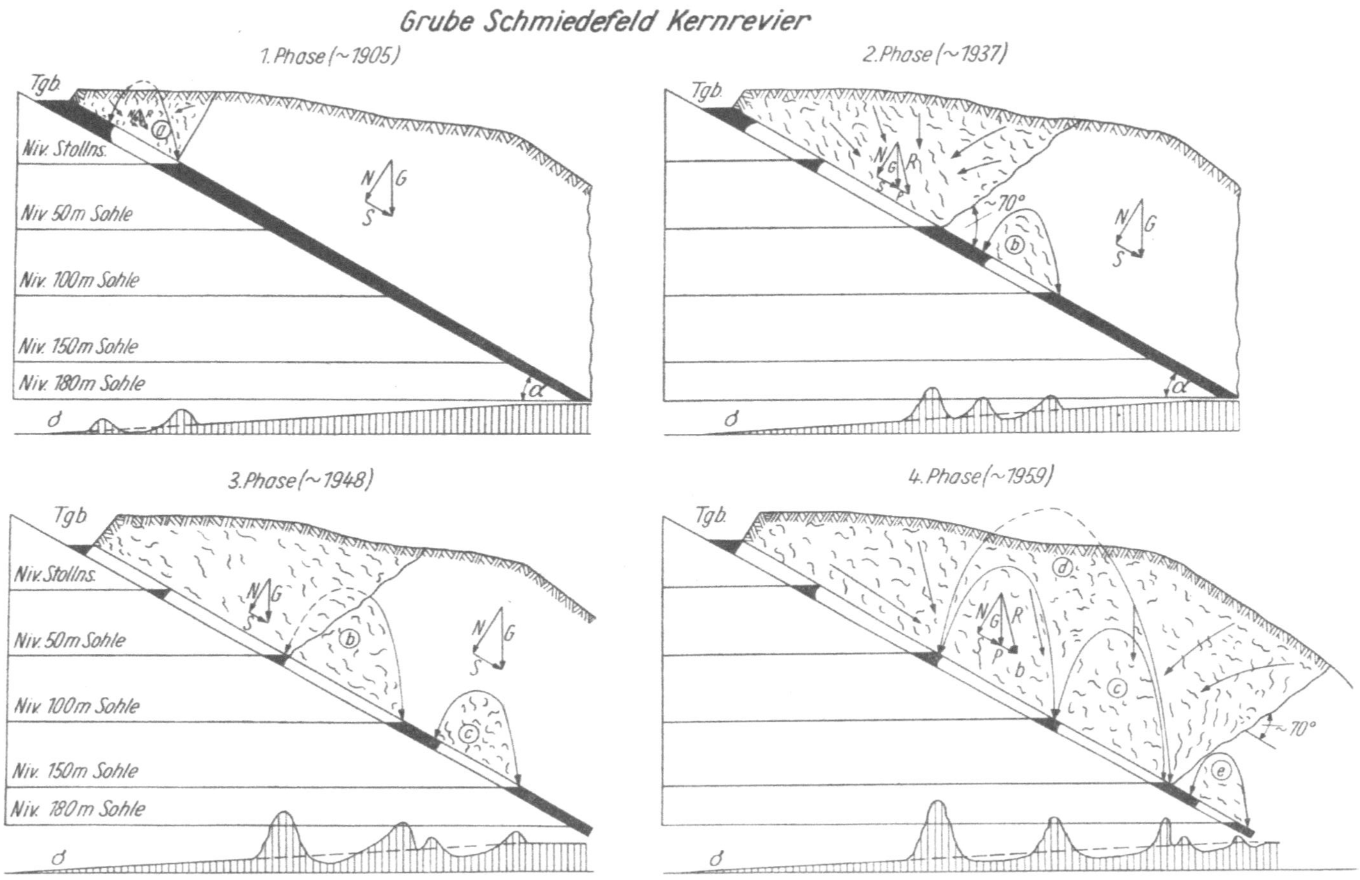

Bild 11. Schematische Darstellung des zeitlichen Ablaufes der Druckwirkungen, Grube Schmiedefeld, nach FANKHÄNEL
R = Resultierende; N = Normalkomponente; S = Schubkomponente; G = Gewicht des überlagernden Gebirges ($G = \gamma \cdot H$);
P = Dynamische Kraftwirkung d. sich bewegenden Massen ($P = m \cdot b$) Bewegungsrichtung des sich entspannenden Gebirges;
α = Generaleinfallen der Lagerstätte

Geologische und technologische Situation in der Eisenerzgrube Schmiedefeld

von E. FANKHÄNEL, Saalfeld/Saale

Im Anschluß an die Ausführungen von Herrn Professor Dr. GIMM möchte ich als Vorbereitung für die morgige Befahrung einen kurzen Gesamtüberblick über die Grube Schmiedefeld geben.

Die im Gebiet von Schmiedefeld im Abbau begriffene sedimentäre Chamositlagerstätte gehört in einen Streifen des höheren Ordoviciums am Süd-Ost-Rand des Schwarzburger Sattels. Die produktive Ausbildung des Ordoviciums läßt sich von der Südrandspalte bis zur Nordrandspalte des Thüringer Waldes verfolgen. Bauwürdige Teile der Eisenerzhorizonte befinden sich zwischen Schmiedefeld und der Nordrandspalte bei Wittmannsgereuth. Sie liegen in Form einer großen Anzahl von Einzelschollen mit komplizierter Tektonik vor. Vom mineralogischen Bestand her ist das Chamositerz als ein wasserhaltiges Eisen–Aluminium-Silikat zu bezeichnen. Es liegt in einer oolithischen Form vor, bei der Chamositooide in eine Grundmasse aus vorwiegend Siderit eingebettet sind. Der Fe-Gehalt des Erzes im Anstehen schwankt zwischen 32 und 35%.

Die ausgeprägte Tektonik ist vor allem von zwei Verformungsakten bestimmt:

1. Variskische Pressungstektonik führte zu einem Faltenbau mit Sätteln und Mulden unterschiedlicher Größe.
2. Die nachfolgende jüngere Bruchtektonik hat diesen variskischen Faltenbau in ein wirres Bruchschollenmosaik zerlegt und eine Verstellung und Verbiegung der Schollen bewirkt.

Die wichtigsten bruchtektonischen Elemente sind Längsstörungen (sogen. Staffeln) etwa im Streichen des Lagers und Querstörungen diagonal bis rechtwinklig zum Lager streichend. Die Sprunghöhen der meisten Störungen reichen von wenige cm bis ca. 20 m. Die südwestliche Begrenzung des Schmiedefelder Grubenfeldes bildet die sogen. Kambrische Kluft, an der die erzführenden Schichten herausgehoben und abgetragen sind. Eine weitere große Querstörung — die sog. Schmiedefelder Hauptstörung — verläuft etwa 750 m nordöstlich parallel zur Kambrischen Kluft und unterteilt die Lagerstätte in das sog. West- und Ostfeld. Neben den sehr zahlreichen kleineren Störungen sind auch einige Systeme von Schwächeflächen im Erzlager vorhanden, die offensichtlich durch tektonische Vorbeanspruchung in der Phase der Faltungsvorgänge entstanden sind.

Insgesamt sind zwei Erzhorizonte in bauwürdiger Ausbildung vorhanden. Der obere Erzhorizont unterteilt sich in das Hauptlager (Oberes Lager) und in das nur lokal bauwürdige Untere Lager.

In Ergänzung zu den Ausführungen von Herrn Professor Dr. GIMM ist hinsichtlich Mächtigkeit und Einfallen der Lagerstätte zu sagen, daß die Grenze der Bauwürdigkeit von 1,5 m auf der 220 m-Sohle erreicht wird. Das Generaleinfallen der Lagerstätte von 25—30° ist nicht überall gleichmäßig vorhanden. Am Ausbiß sind steilgestellte Schollen bis zu 80° Einfallen vorhanden, während nach der Teufe zu ein allerdings nicht überall gleichmäßiges Verflachen des Einfallens auf 25—30° zu verzeichnen ist.

Außerhalb des Kernreviers werden in etwa 3—4 km Entfernung das Aßberggebiet und das Gebiet Gebersdorf als tektonisch isolierte Teile des Oberen Erzhorizontes gebaut. Darüber hinaus befindet sich der Untere Eisenerzhorizont mit dem sog. III. Lager im Abbau.

Zur geschichtlichen Entwicklung des Bergbaues im Raum Schmiedefeld ist zu sagen, daß die dortigen Chamositeisenerzvorkommen schon seit dem Mittelalter bekannt und damals von vielen Kleinbetrieben gebaut wurden. 1873 wurde die Maxhütte in Unterwellenborn auf der Basis der Kamsdorfer Spateisensteinvorkommen errichtet. Da jedoch diese Vorräte in Kamsdorf etwa um die Jahrhundertwende zu Ende gingen, wurde die Verhüttung der bei Schmiedefeld bekannten sauren Chamositerze zusammen mit den metasomatisch vererzten Kamsdorfer Kalken in größerem Maße in Angriff genommen. Wie Herr Prof. Dr. Gimm bereits dargelegt hat, wurde ohne genügende Kenntnis von der Ausdehnung der Lagerstätte im Streichen und ihrer Teufe gleichzeitig mit der Erkundung der Abbau begonnen. Dabei wurde die nächsttiefere Sohle meist erst dann erkundet, wenn die Vorräte auf der jeweils gebauten Sohle zu Ende gingen. Notwendigerweise mußte sich daher der Abbau der Lagerstätte von über Tage nach der Teufe zu entwickeln, wobei die einzelnen Sohlen von unten nach oben abgebaut wurden. Diese Abbaufolge hat letzten Endes zu den von Herrn Professor Dr. Gimm vorgetragenen gebirgsmechanischen Auswirkungen geführt.

Zu den Grundzügen der Technologie:

Die Grube Schmiedefeld hat ca. 500 Belegschaftsangehörige, die zu etwa $^2/_3$ unter Tage und $^1/_3$ über Tage beschäftigt sind. Am Ausbiß der Lagerstätte sind Tagebaue angelegt, die im Trichterabbau bis kurz über eine Stollensohle ausgeerzt wurden. Zur Zeit wird im wesentlichen die Gewinnung der zwischen den einzelnen Trichtern verbliebenen Erzrippen betrieben. Im Abbau befinden sich weiterhin das Obere Lager zwischen der 150- und der 100-m-Sohle, oberhalb der 180-m-Sohle, das Untere Lager im Südwesten der 150- und 180-m-Sohle sowie im Aßberggebiet und der Untere Erzhorizont (III. Lager) oberhalb der 150-m-Sohle; das Obere Lager 220-m-Sohle und der weiter abgelegene Lagerstättenteil Gebersdorf befinden sich in der Aus- bzw. Vorrichtung. Die gesamte Tiefbauförderung geht über die 150-m-Sohle zum Hauptschacht, der unmittelbar an der Kambrischen Kluft in den liegenden Phycodenschichten abgeteuft ist. Während oberhalb der 150-m-Sohle Schwerkraftförderung über Erzrollen zur Anwendung kommt, sind die 180-m-Sohle durch einen Schrägaufzug und die tieferen Sohlen durch einen Blindschacht an die Hauptfördersohle angeschlossen.

Das Roherz wird über Tage unmittelbar am Hauptschacht in einem Esch-Kegelbrecher auf max. 100 mm gebrochen und in 2 Kornfraktionen getrennt. Das Rohfeinerz (0—12 mm) kommt ohne weitere Verarbeitung zum Versand und wird in der Sinteranlage der Maxhütte eingesetzt. Das Rohstückerz (12—100 mm) wird in der etwa 1 km entfernten Röstanlage auf ca. 39—40% Fe angereichert und nach erneuter Trennung in 2 Fraktionen — Röststückerz und Röstfeinerz — zur Maxhütte verschickt, wo das Röststückerz im Hochofen und das Röstfeinerz in der Sinteranlage zum Einsatz gelangt. Die Röstung geschah früher in alten Siegerländer Öfen, die von Hand beschickt und abgezogen wurden. Darüber hinaus bestehen z. Zt. 6 größere Röstöfen mit Saugzugeinrichtung und mechanischem Drehtelleraustrag. Die Fördermenge richtet sich nach dem Bedarf der Hütte und beträgt zwischen 750 und 900 tato Roherz, wovon ca. 15% als Rohfeinerz, ca. 8% als Röstfeinerz und ca. 63% als Röststückerz anfallen. Eine Schwierigkeit besteht im Augenblick darin, daß die Entwicklung des Grubengebäudes in Richtung auf geringere Mächtigkeiten und erhöhte Mechanisierung die Sicherstellung der geforderten Qualität erschwert. Darüber hinaus muß ein qualitativ tragbares Verhältnis zwischen dem Förderanteil aus dem Oberen Erzhorizont und dem aus dem Unteren Erzhorizont eingehalten werden, da das Erz des Unteren Erzhorizontes seinem Charakter nach einer sandigen Facies angehört und eine Anreicherung an Kieselsäure in der Gesamtförderung mit sich bringt. Deshalb ist in der Perspektive vorgesehen, eine Schwimm- und Sinkanlage zu errichten, um die Verunreinigungen des Fördererzes in Form von Nebengesteinen bereits vor dem Röstprozeß abzustoßen.

Die Mechanisierung in der Grube hat sich in den letzten Jahren im wesentlichen auf den Einsatz von Schrappern und Raupenbunkerladern der Type HL 280 Rb aus Salzgitter konzentriert. Dabei werden Leistungen von ca. 25—30 t/Mann und Schicht erzielt gegenüber 8—10 t/Mann und Schicht bei manueller Arbeit. Die Erhöhung der Verhiebsgeschwindigkeit durch zweckmäßige Mechanisierung hat eine wesentliche Bedeutung im Hinblick auf die Standfestigkeit der Erzpfeiler bei den z. Zt. zu beobachtenden gebirgsmechanischen Vorgängen.

Die Frage nach den hydrologischen Bedingungen der Lagerstätte muß dahingehend beantwortet werden, daß die ausgeprägte Tektonik bei der relativ geringen Überdeckung die Voraussetzungen schafft für eine Ableitung der Oberflächenwässer auf offenen Spalten und Klüften sowie in zahlreichen Grubenbauen, — Überhauen und Abbauen —, die eine durchgehende Verbindung nach über Tage herstellen. Der Anfall von Wasser in der Grube ist stark intermittierend und zeigt unmittelbare Abhängigkeit von den Niederschlägen an der Tagesoberfläche, insbesondere in der Zeit der Schneeschmelze. Diese Wasserzuflüsse üben einen starken Einfluß auf die gebirgsmechanischen Vorgänge aus, da sie den porophyllitischen Belag der im Erzlager vorhandenen Schwächezonen und die tonig-lettigen Kluftausfüllungen an Störungen zu ausgesprochenen Gleitflächen werden lassen. Die Gesamtmenge der zusitzenden Wässer zu messen ist sehr schwierig. Die Wasserhaltung wird durch den sogen. Unteren Schwefellochstollen gewährleistet, der im Niveau der 150-m-Sohle eine Übertageverbindung herstellt. Es brauchen also lediglich die auf den tieferen Sohlen zusitzenden Wässer bis zum Niveau der 150-m-Sohle gehoben zu werden.

Bisher bestand auf der Grube Schmiedefeld natürliche Wetterführung, die jedoch durch die etappenweise Einführung der zwangsläufigen Wetterführung abgelöst wird.

Bei der morgigen Befahrung sollen die Gebirgsdruckwirkungen auf der 50-m- und auf der 100-m-Sohle besichtigt werden, wobei besonders auf die verschiedene Beanspruchung des liegenden und des hangenden Stoßes hingewiesen wird. Des weiteren ist die Abhängigkeit der Gebirgsdruckwirkungen vom Verlauf der Richtstrecke im Erz oder Nebengestein deutlich zu beobachten. Die angewandten Hilfsmittel zur makroskopischen Beobachtung sowie die betrieblicherseits eingeleiteten Maßnahmen können in Strecken und Abbauen besichtigt und beurteilt werden.

VERZEICHNIS DER TEILNEHMER AM 2. LÄNDERTREFFEN DES INTERNATIONALEN BÜROS FÜR GEBIRGSMECHANIK

ALMĂSAN, B.
Dipl.-Ing., Kandidat der Technischen Wissenschaften, Vizepräsident des Geologischen Komitees der Rumänischen Volksrepublik

BERGER, H.
Professor Dipl.-Ing., Direktor des Institutes für Grundbau und Baugrundmechanik, Leipzig

BILKENROTH, G.
Professor Dr.-Ing., Technischer Direktor des VEB PKB *Kohle*, Berlin, Leiter des Internationalen Büros für Gebirgsmechanik, Mitglied der DAdW

BORECKI, M.
Professor Dipl.-Ing., Direktor des Hauptbergbauinstitutes, Katowice

BUISSON, R.
Ingenieur, Centre d'Etudes et Recherches des Charbonnages de France, Nancy

EVERLING, G.
Dr.-Ing., Steinkohlenbergbauverein, Essen

FODOR, J.
Dipl.-Ing., Leiter des Laboratoriums für Gebirgsmechanik am Forschungsinstitut für Bergbau und Metallurgie in Petrosani

GIMM, W.
Professor Dr.-Ing., Lehrstuhl für Bergbaukunde II im Institut für Bergbaukunde — Tiefbau — an der Bergakademie Freiberg

HÖFER, K.-H.
Dr.-Ing., Wissenschaftlicher Sekretär des Internationalen Büros für Gebirgsmechanik, stellv. Direktor des Institutes für Grubensicherheit, Leipzig, Leiter der Abt. Gebirgsmechanik im IfG

JENKINS, J. D.
M. Sc., Reader in Mining Engineering, University of Durham, Department of Mining Engineering, King's College, Newcastle upon Tyne

KNOTHE, ST.
Professor Dr.-Ing., Polnische Akademie der Wissenschaften und Berg- und Hüttenakademie, Krakow

KOHOUTEK, J.
Dipl.-Ing., Leiter des Laboratoriums für Gebirgsmodellierung des Bergbauinstitutes der Tschechoslowakischen Akademie der Wissenschaften zu Prag

KRÜGER, E.
Dr.-Ing., Abteilungsleiter im VEB PKB *Kohle*, Berlin

KVAPIL, R.
Dr.-Ing., Leiter der Abteilung für theoretische und angewandte Gebirgsmechanik OTAM-LB-SAV, Košice

MARTOS, F.
Dr.-Ing., Kandidat der Technischen Wissenschaften, Diplom-Bergingenieur, Abteilungsleiter im Forschungsinstitut für Bergbau, Budapest

MEISSER, O.
Professor Dr.-phil., Direktor des Institutes für angewandte Geophysik an der Bergakademie Freiberg, Mitglied der DAdW

MOHR, F.
Professor Dr.-Ing. habil., Bergbauplanung GmbH, Essen, Honorarprofessor an der Bergakademie Clausthal

NEUBERT, K.
Professor Dr.-Ing. habil., Direktor des Institutes für Markscheidewesen und Bergschadenkunde an der Bergakademie Freiberg

PEGORARO, V.
Dr.-Ing., Istituto Sperimentale Modelli e Strutture, Bergamo

PETYREK, E.
Diplom-Bergingenieur, Direktor des Bergbauinstitutes der Tschechoslowakischen Akademie der Wissenschaften zu Prag, korrespon-

dierendes Mitglied der Tschechoslowakischen Akademie der Wissenschaften

Potts, E. L. J.
Professor, M. Sc., University of Durham, Department of Mining Engineering, King's College, Newcastle upon Tyne

Richter, R.
Dr.-Ing., Kandidat der Technischen Wissenschaften, Dozent an der Technischen Universität für Schwerindustrie Miskolc-Egyetemvaros, Ungarn

Rotter, D.
Dipl.-Ing., Referent der Klasse für Bergbau, Hüttenwesen und Montangeologie der DAdW zu Berlin

Sibek, V.
Diplom-Bergingenieur, Leiter der Abteilung für Grundlagenforschung des Gebirgsdrucks des Bergbauinstitutes der Tschechoslowakischen Akademie der Wissenschaften zu Prag

Sikovec, R.
Dipl.-Ing., Assistent an der Technischen Hochschule zu Ljubljana

Tanfield, D. A.
Direktor of Extramural Research beim National Coal Board, London

Watznauer, A.
Professor Dr. rer nat., Direktor des Geologischen Institutes an der Bergakademie Freiberg, Mitglied der DAdW

Wöhlbier, H.
Professor Dr.-Ing. habil., Direktor des Institutes für Bergbau an der Bergakademie Clausthal-Zellerfeld

Kolibri 360 GmbH
Ferdinand-Jühlke-Straße 7
99095 Erfurt, Deutschland
produktsicherheit@kolibri360.de